Ich hoffe in zwei Jahren von Swan River zurück zukehren, denn ich habe die Absicht zu den Tropen zurück zugehen und in einer Breite von 22°–23° zu der Westküste von Australien hinüber zu dringen und diese gegen Süden bis nach Swan River zu verfolgen.

Sydney den 18. April 1846.

Ludwig Leichhardt

Dr. Ludwig Leichhardt's
Briefe an seine Angehörigen.

Herausgegeben im Auftrage der Geographischen Gesellschaft
in Hamburg

von

Dr. G. Neumayer und Otto Leichhardt.

Mit einem Anhange:

Dr. Ludwig Leichhardt

als Naturforscher und Entdeckungsreisender

von

Dr. G. Neumayer,
früher Direktor des Flagstaff-Observatory in Melbourne.

Mit einem Portrait Dr. Leichhardt's und einer Karte von Australien.

HAMBURG.
L. Friederichsen & Co.
Geographische und nautische Verlagshandlung.
1881.

VORWORT.

Wer dem Gange der geographischen Forschungen während der letzten vier Decennien und zwar ganz besonders mit Rücksicht auf jene jüngste Kulturstätte, Australien, mit einiger Aufmerksamkeit folgte, der kennt zur Genüge den Namen des deutschen Entdeckungs-Reisenden und Naturforschers Ludwig Leichhardt. Aber auch in weiteren Kreisen hat man von Zeit zu Zeit über diesen Mann mit Interesse Berichte gelesen, die erörterten, wie ein widriges Geschick denselben im Innern jenes Kontinentes festhielt oder wie derselbe unter den Speeren der wilden Papuas sein Leben verlor. Es ist aber trotzdem nicht zu viel behauptet, wenn gleich hier gesagt wird, dass in keiner Klasse der Gesellschaft und in keinem Lande ein volles Verständniss der wissenschaftlichen Bedeutung dieses Mannes zu finden ist, und zwar ein Verständniss, wie es hier, wo es sich darum handelt dessen Verdienste zu würdigen, vorausgesetzt werden muss. Man ist nur allzu geneigt, die auf die Erforschung fernerer Welttheile gerichteten Bestrebungen junger Männer viel eher einem unbestimmten abenteuerlichen Drange, als einem unbezwingbaren Forschungseifer zuzuschreiben. Wir wollen auch, allgemein verstanden, die Berechtigung zu dieser Auffassung keineswegs in Abrede stellen; dass wir es aber in unserem Falle mit einer Erscheinung edlerer Art zu thun haben, dass es sich bei den Bestrebungen des Doctor Leichhardt in erster Linie um die Lösung hoher wissenschaftlicher Aufgaben handelte, soll hier in den von ihm hinterlassenen Briefen erwiesen werden. Wir erkennen darin um so mehr eine

Pflicht gerade an dieser Stelle einen solchen Werth der wissenschaftlichen Erscheinung des der Welt und der Wissenschaft all zu früh entrissenen Mannes zu geben, als aus diesen Briefen hervorgeht, mit welchem Ernst sich derselbe seiner Aufgabe gewidmet, wie er sich vorbereitet für dieselbe, und mit welch' freudigem Opfermuthe er schliesslich sich allen Mühsalen australischer Forschungsreisen hingegeben hat.

Wenn ich es sonach unternehme, hier bei der Herausgabe der Briefe Leichhardt's gewissermaassen die Stellung desselben unter deutschen Naturforschern, die sich in fremden Welttheilen einen unvergänglichen Namen erworben, in einigen, die Sammlung abschliessenden Worten hervorzuheben, so mag dies in dem Umstand seine Berechtigung finden, dass ich selbst mit dem intensivsten Interesse wissenschaftlichen Forschungen in Australien folgte, selbst vielfach mit den namhaftesten Forschungsreisenden vor nun 20 Jahren in Beziehung stand und also eine gewisse Vertrautheit mit dem Gegenstande, der immerhin auch eine specifisch australische Beleuchtung erheischt, besitze. Es mag das Unternehmen fernerhin eine Rechtfertigung darin finden, dass das Dunkel, in welchem das Schicksal des verschollenen Reisenden und seiner Begleiter lag, während der letzten 12 Monate sich in einem Maasse erhellte, dass kaum noch ein Zweifel bestehen kann über den Untergang der ganzen Expedition, welche unter ihrem muthigen Führer vor nunmehr 33 Jahren die Niederlassungen am Condamine verliess, um den damals noch wenig bekannten australischen Kontinent von Osten nach Westen zu durchdringen. Die hier der Oeffentlichkeit übergebenen Briefe leiten in der wirksamsten Weise das ein, was nach dem soeben Gesagten beabsichtigt wird. In unserer, praktischen Zielen zugewendeten und idealen Bestrebungen wenig geneigten Zeit, werden sich gewiss mannigfach Stimmen vernehmen lassen, welche die Veröffentlichung der nachfolgenden Briefe als kaum mit genügendem allgemeinem Interesse ausgestattet, bezeichnen werden. Wir sagen dies um deswillen mit einiger Zuversicht, weil in unserer Zeit der leicht erreichbaren Information über fremde Länder und Völker vergleichsweise wenig Neues aus jenen Briefen geschöpft werden kann, was nicht schon den Gebildeten auf anderen Wegen zugänglich gemacht worden wäre. Indem ich aus dieser meiner Erwartung kein Hehl mache und gleichzeitig mit dem wärmsten Interesse jene die Briefe abschliessenden Worte niederschreibe, werde ich in erster Linie von dem Gedanken geleitet, aus diesen hinterlassenen Briefen jenen Ernst des wissenschaftlichen Strebens ableiten und erweisen zu wollen, mit welchem Leichhardt durch tausendfache Schwierigkeiten innerer und äusserer Natur sich hindurcharbeitete, um nicht nur der Förderung menschlicher Erkenntniss leben zu können, sondern auch um der Menschheit einen neuen Kulturboden zu erkämpfen. Ein Mann, der in der Blüthe seiner Jahre und in der Erfüllung seiner hohen, sich selbst gesetzten Pflichten zu Grunde ging, der nicht die Zeit und Gelegenheit gelassen fand, in umfassenden schriftlichen oder mündlichen Auslassungen seine Lebenspläne und die Beweggründe für dieselben darzulegen, kann naturgemäss nur unvollkommen in seiner Bedeutung sowohl vor der gebildeten Welt im allgemeinen, als in seinem Vaterlande im besondern beleuchtet erscheinen. Und doch knüpft sich gerade an die Individualität, wie sie sich aus dem Lebens- und Bildungsgange entwickelt, an die ganze sittliche Erscheinung des Menschen, der ein hohes Ziel verfolgt und in gewissem Sinne auch erreicht hat, der wahre Kern und Inbegriff unserer Verehrung für denselben.

In Ermangelung daher sonstiger Beweisstücke für Erziehung, Eigenart der Natur und Adel der Gesinnung, sind diese Briefe unschätzbare Belege. Der Umstand, dass sie prunklos und ohne Absicht einer zukünftigen Veröffentlichung an die Seinen geschrieben wurden, verleiht denselben das, was wir für sie vorher in Anspruch nahmen: Die Eigenschaft unverfälschter und anspruchsloser Zeugen für sittlichen Gehalt, wissenschaftliche Bildung, offenen Sinn für Wahrnehmung und Beobachtung des Schreibers. In diesem Sinne sind dieselben, da sie von einem Manne herrühren, welcher Grosses erreicht hat, auch für den Fachmann höchst werthvolle Stücke der Ergänzung und Vervollständigung des Bildes, welches sich derselbe aus den Schriften Leichhardt's, die sich auf seine Arbeiten in Australien beziehen, gemacht hat. Auf diese letzteren, namentlich aber auf das so berühmt gewordene Tagebuch über die Reise Leichhardt's von Moreton-Bay nach Port Essington werden wir später Gelegenheit haben, des Näheren zurückzukommen; hier sei nur so viel bemerkt, dass allerdings diese Schriften durchweg dieselben Eigenschaften, dieselbe Sinnesart erkennen lassen, die uns aus diesen Briefen hervortreten; unmöglich aber ist es, ohne die Beleuchtung, welche uns an der Hand dieser Briefe zu Theil wird, jene an die Welt getretenen grösseren Arbeiten ihrem ganzen inneren Werthe nach zu beurtheilen. Es dürften durch diese Ausführungen die Eingangs angedeuteten Motive für die Veröffentlichung dieser Briefe als genugsam beleuchtet erscheinen, so dass nur noch einige Bemerkungen über das Formelle der Herausgabe der Briefe gegeben werden mögen.

Ueber die Art und Weise der Behandlung der zur Veröffentlichung gebrachten Briefe ist nur sehr wenig zu sagen. Im allgemeinen wurde strengstens an der Fassung, welche der Schreiber derselben seinen Gedanken gegeben, festgehalten; redaktionell wurde selbst nur solches geändert, was sich als in der Eile des Schreibens unterlaufener Irrthum sofort erkennen liess. In manchen Fällen wurde es für nothwendig erachtet, die dem Autor in langjährigem Verkehr mit Engländern geläufig gewordenen englischen Redewendungen mehr in dem Sinne unserer Sprache umzugestalten. Die Nothwendigkeit solcher Aenderungen lag weit mehr begründet in der Eigenthümlichkeit der Sprache, da wo sie sich über specifisch australische Verhältnisse verbreitete, als etwa in Ungewandtheit des Ausdrucks. Es wird hier ausdrücklich hervorgehoben, dass es nur ganz vereinzelte Stellen der Briefe sind, auf welche das eben Gesagte Anwendung findet; denn wenn auch, wie dies in der Natur der Sache begründet liegt, manches flüchtig concipirt erscheint, so ist dennoch der Styl in diesen Briefen ein durchaus klarer, sachlicher und korrekter; eine übereifrige Hand könnte nur bewirkt haben, dass die in den Briefen voll ausgeprägte Individualität verschwommen, wenn nicht ganz verwischt worden wäre. Ohne Zweifel ist es für die Herausgeber nachgelassener Briefe eines bedeutenden Menschen eine kritische Aufgabe, hier das rechte Maass zu treffen. Für den vorliegenden Fall darf der Anspruch erhoben werden, dass man den Absichten des Autors in jedem einzelnen Falle gerecht wurde. Um dies zu erreichen, fehlte es übrigens auch nicht an Winken in den Briefen selbst; es bezieht sich dies ganz besonders auf alles das, was darin persönlicher Natur war und namentlich dazu dienen konnte, das Verhältniss Leichhardt's zu seinen Reisegefährten in trübem oder doch getrübtem Lichte erscheinen zn lassen. In Voraussicht, dass einmal die Zeit kommen könnte, in welcher die von ihm geschriebenen Briefe einen Werth haben und eine Veröffentlichung derselben beabsichtigt werden würde, ihm selbst aber eine nochmalige Durchsicht nicht möglich wäre, sprach er den Seinen den entschiedenen Wunsch aus, dass alles Persönliche bei den Veröffentlichungen unterdrückt werden sollte.

Es ist kaum erforderlich, noch weitere Bemerkungen allgemeiner Natur diesen einleitenden Worten hinzuzufügen; es mag noch gesagt werden, dass sämmtliche Fussnoten, die sich den Briefen beigegeben befinden, von den Herausgebern herrühren.

Es erübrigt noch zu erwähnen, dass mir bei der Herausgabe dieser Briefe Herr Otto Leichhardt, Neffe des Reisenden, die erheblichste Hülfe geleistet. Nachdem einmal die Originale der Briefe von den Verwandten, an welche sie gerichtet sind, in die Hände dieses Herrn gelegt worden waren, war derselbe unablässig bemüht, sie als ein Denkmal für den in wissenschaftlichem Streben zu Grunde gegangenen Verwandten veröffentlicht zu sehen. Jedoch erwiesen sich die Bemühungen, dafür einen Verleger zu finden, erfolglos, und erst als die Geographische Gesellschaft in Hamburg die Herausgabe übernahm, konnte sein, dem Gefühl der Pietät entsprungener Wunsch, den Briefen seines Onkels eine weitere Verbreitung zu geben, in Erfüllung gehen.

Was den Lebensabriss und die Besprechung der Arbeiten und Pläne Leichhardt's anlangt, die den Briefen in einem Anhange beigegeben sind, so kann wohl hier am zweckmässigsten hervorgehoben werden, wie sich Ernst Amandus Zuchold durch Herausgabe eines Lebensabrisses Leichhardt's sowohl wie durch Uebertragung des Tagebuchs über die Reise von Moreton-Bay nach Port Essington in das Deutsche, um das Andenken des verschollenen Naturforschers in seinem Vaterlande ein hervorragendes Verdienst erworben hat.

Zucholdt's »Dr. L. Leichhardt, eine biographische Skizze« (Leipzig, Selbstverlag des Verfassers 1856) enthält wichtige Anhaltspunkte über die äusseren Verhältnisse, Familienbeziehungen und den Studiengang des jungen Gelehrten, welche auch für die vorliegende Arbeit benutzt werden konnten. Sonst stand dabei auch die persönliche Unterstützung des schon genannten Herrn Otto Leichhardt zur Verfügung, so dass also allenthalben da, wo es wünschenswerth erschien, die authentischsten Mittheilungen über Jugendjahre und Familienbeziehung erhalten und verwerthet werden konnten.

Zum Schlusse sei noch erwähnt, dass das den Briefen beigegebene Portrait Leichhardt's nach in der Familie vorhandenen Portraits angefertigt wurde und nach Aussage des noch lebenden Bruders Adolph Leichhardt als sehr ähnlich zu bezeichnen ist. Das Facsimile unter demselben ist den Briefen entnommen.

Hamburg, im Mai 1881.

Dr. **G. Neumayer.**

Inhalt.

Portrait und Facsimile Dr. L. Leichhardt's.

Vorwort.

Leichhardt's Briefe an seine Angehörigen. Seite 1—7.

I. Epoche: Jugendbriefe bis zum Abschluss der Studien in Paris, 8. Juli 1834—30. Juni 1840. Seite 1—67.

II. Epoche: Italien und Abreise von Europa, 1. Juli 1840—30. September 1841. Seite 69—105.

III. Epoche: Briefe aus Australien, 1. October 1841—3. April 1848. Seite 107—173.

Anhang: Dr. Ludwig Leichhardt als Naturforscher und Entdeckungsreisender von Dr. G. Neumayer. Seite 175—215.

Karte von Australien zur Uebersicht der Leichhardt'schen Reiserouten sowie derjenigen Expeditionen, welche sich der Gegend, wo Leichhardt aller Wahrscheinlichkeit nach seinen Tod fand, genähert haben, gezeichnet von L. Friederichsen.

Erste Epoche.

Jugendbriefe bis zum Abschluss der Studien in Paris,

8. Juli 1834—30. Juni 1840.

Göttingen, d. 8. Juli 1834.

1. Mein lieber guter Schwager B.....! *)

Wie lieb ist es mir, dass Du aus jenem fernen Lande (Breslau), in welches ich wahrhaft Bedenken trug Dir Briefe nachzuschicken, auf dieser Erdhälfte wieder angelangt bist. Hamburg ist doch nahe und in 2 Tagen hast Du meinen Brief und kannst ihn frisch, wie er mir aus der Seele kommt, geniessen. Aber sage mir Du armer Mann, was ist das mit Deinem Unglück, welches einmal schon so ernst Dich gefasst und jetzt Dich wieder so unfreundlich geschüttelt hat? Deine Erzählung hat mich tief gerührt, und in Deine Gebete habe ich aufrichtig flehend mit eingestimmt. Nur Geduld! Nur Geduld und Ausdauer! Der, welcher weiss, was dem Menschen frommt, lenkt die Wege auf merkwürdige Weise durch Freuden und Schmerzen, und wir glauben gewöhnlich die letzteren reichlicher zu erhalten, weil wir sie überhaupt nicht so leicht vergessen. Aber warte nur, es wird eine Zeit der Ruhe kommen; der gemächliche Geist des sorgenlosen Alters, wo die Erinnerung an die traurigen Ereignisse unseres Lebens uns Freude machen wird. Es ist schön, wenn Du an die möglichen schweren Unfälle, die uns alle mehr oder weniger einst erwarten, denkst, wenn Du Dir alles vormalst, was die Zukunft Schreckliches Dir bringen könnte. Doch muthlos musst Du darum nie werden. Ernst und stark durch Deinen Glauben musst Du fest dem Kommenden entgegensehen und ruhig überlegen, was wird zu thun sein? Wenn ich jedoch auch sehr billige, dass der Mensch zu Zeiten an sein Ende, an den Tod denkt und dann in dem Gedanken sich sicher fühlt und beruhigt, was willst Du denn, Du stehst ja unter des Allmächtigen Schutz! Wenn dies für seinen Glauben auch ein heilsamer Gedanke ist, so meiss er doch nicht zu oft genährt werden, weil wir Menschen aus einer Furcht vor dem Tode selten herauskommen, und diese Todesfurcht so sehr unsern Lebensmuth niederschlägt, dass wir die Ruhe und das Gleichmaass unserer Seele verlieren. Deshalb habe stets die grösste Hoffnung,

*) Dieser Brief ist an Fr. Barth gerichtet, als er durch Krankheit schwer bedrückt war.

sei mit ganzer Seele für Deine Geschäfte besorgt und erhebe Dich nur seltener in die Wolken, um die Sternenschrift Deiner Zukunft herauszulesen. Doch die Emsigkeit in Deinem Geschäfte ist Dir so sehr zur Gewohnheit geworden, dass ich Dich sogar warnen muss, Dir allen Aerger zu sehr zu Herzen zu nehmen; denn willst Du leben, so ärgere Dich nicht, so gräme und härme Dich nicht — auf keinerlei Weise nicht laut und nicht leise.

Hältst Du Dich noch länger in Hamburg auf und hast Du Zeit, so erfreue mich mit einem zweiten Brief; denn es ist ja leicht möglich, dass wir uns auf lange Zeit noch nicht zu sehen bekommen, da ich erst am 16. September hier abreisen kann. Von hier will ich aber auf einige Tage nach Plänitz und dann über Berlin nach Trebatsch, so dass wohl der Oktober herankommen wird, ehe ich die Meinigen alle wiedersehe. Gehe ich von Trebatsch nach England, so bleibe ich den Winter zwar zu Hause, studire ich aber in Berlin weiter, so muss ich zum November dort sein. Studire ich weiter, mein lieber Schwager, so sage ich Dir im Vertrauen, was ich bis jetzt noch keinem gesagt habe: dann studire ich noch zwei Jahre und zwar nicht um Doctor und Professor zu werden, sondern um ein Fach zu ergreifen, was mich, so Gott will, noch weiter führt. Aber ich bitte Dich, sage davon noch keinem Menschen ein Wort, weil dies mir grosse Sorge machen könnte. Ich stehe noch mitten in den Verhandlungen und die Papiere dürfen noch nicht bekannt gemacht werden. Ich führe hier ein rüstiges, thätiges Leben, gearbeitet wird den ganzen Tag. Die Arbeit selbst muss sich dann in Erholung verwandeln. Auch schweife ich wohl auf den Bergen umher, des Abends, wenn die Sonne untergegangen ist und die rothen Wolken über das Grab dieser Sonne sich legen. Auf dem Vorsprung eines dieser Berge ist ein kleines Ruhebänkchen und auf diesem könntest Du mich häufig in der dunkelnden Abenddämmerung sitzend finden, versunken in Erinnerungen und in Gedanken an Euch alle, überlegend die Wege des Heils und Wohles und bittend, dass der einzige Begleiter in meiner Einsamkeit mir Kraft und Stärke geben möge, alles auszuführen, was die stille Seele beschliesst und für gut hält.

Bekannte habe ich einige, doch besuche ich niemand, sondern sitze immer zu Hause und gehe allein spazieren. Freunde habe ich nur einen, den Engländer John Nicholson, der aber kurz nach Weihnachten Göttingen verlassen und noch nicht geschrieben hat. Wenn Du also an mich denken willst, so werden Deine Gedanken mich immer ungestört treffen.

Nun lebe wohl. L. Leichhardt.

Berlin, d. 28. Februar 1836.

2. Mein lieber Vater.

Obwohl wir lange nichts von einander gelesen, so haben wir doch vielfach von einander gehört, und es ist mir lieb gewesen, dass alle Nachrichten über Deine ununterbrochene Gesundheit und ziemliche Munterkeit übereinstimmen. Auch mit mir geht es in geistiger Beziehung ganz wohl. Frei und ungebunden gebe ich mich meinen Lieblingswissenschaften hin, nicht durch den Gedanken an die Zukunft geplagt, nicht durch Reue über eine übelgebrauchte Vergangenheit; der Sorge für den physischen Unterhalt bin ich für den Augenblick enthoben, obwohl ich zu sehr Dein Kind bin, um im geringsten der Theilnahme an den Gang Deiner Geschäfte mich zu entschlagen. Sorge doch auch Du nicht über meine Carrière, was ich auch werde; danach geht mein ganzes Streben, dass ich einmal etwas Tüchtiges leiste, dass ich mich über das Gewöhnliche erhebe und in den Verwirrungen meines künftigen Lebens mit Klarheit und Besonnenheit handelnd, Ruhe der Seele und Bewusstsein des Rechten mir bewahre. Was nun mein körperliches Wohl betrifft, so darf ich auch darüber gerade nicht klagen; doch kommen einzelne Mängel, von denen ich früher nie heimgesucht wurde. Das Theetrinken ist erschlaffend und der Magen verliert dadurch seine Energie; deshalb hat mir derselbe schon einige Mal dumme Streiche gemacht.

Mein Verhältniss mit William gestaltet sich immer besser; wir haben uns an einander gewöhnt und ineinander gelebt. Ich kann mich nur lobend über seinen Eifer, sein unablässiges Streben nach wissenschaftlicher Ausbildung, seine liebevolle Behandlung gegen mich aussprechen. Wahrlich! es war gut, dass ich so gestellt war, wie ich gegen ihn stand; denn hätte ich mich vor Weihnachten auf irgend eine Weise frei und unabhängig gefühlt, so wären wir keine 14 Tage zusammen geblieben. Aber der junge launenhafte Mann musste endlich einsehen, wieviel ein Freund ihm werth sei, der, wenn auch noch soviel Fehler, mehr Besonnenheit besass als er und mit allen Kräften danach strebte, sich stets auf dieselbe Weise gegen ihn zu zeigen. Glück hat viel dabei mitgewirkt; einzelne zufällige Umstände, aus deren Verlegenheit ich ihm heraushalf, die ich aber vergessen will, weil ich Freundes-Geheimnisse selbst gegen die Theuersten nicht ausplaudern möchte, brachten ihn mir näher, und er schloss sich allmählich vertrauensvoller gegen mich auf. Dies wollte ich erreichen, und nun verwandelte auch ich die ernste Aufmerksamkeit, mit der ich ihn behandelt hatte, in liebreiche Achtsamkeit, die uns denn immer enger und enger band. Vielleicht bleibe ich so lange, wie er noch hier ist, mit ihm in Berlin, um dann auch mit ihm Berlin zu verlassen. Doch ferne sei es, über die Zukunft eine bestimmte Stimme entscheidend abzugeben.

Was der Mensch lieb hat, das mag er treiben. Immer gespannt und munter strebt der berechnende Geist denn vorwärts; jedes Neue gewährt ihm ein neues Interesse; tausend neue Seiten bieten sich seiner aufmerksamen Betrachtung; lebendig in sich, zufrieden mit sich, umschliesst er seine ganze Umgebung mit Feuer und Wärme, wie das Herz, welches mit jedem Schlage durch den ganzen Körper den lebendigen Blutstrom fortführt. Was soll aus Adolph*) werden? ist die Frage. Was er lieb hat, mag er treiben, wiederhole ich, und den ganzen Ernst, die ungeheure Gewichtigkeit dieses Satzes für jeden einzelnen Menschen, möchte ich Dir so fühlbar als möglich machen. Der Bursche kam von Plänitz zurück, und vertraulich sprach ich mit ihm über sein Erlernen der Zimmerei. Ich habe gegen ihn vielleicht eine gar grosse Schuld abzutragen; denn so oft ich in Gedanken auf seinen Aufenthalt in Kottbus zurückkomme, muss ich mir gestehen, dass zwischen uns ein Missverhältniss stattfand, wie es zwischen Brüdern nicht stattfinden darf, und dass ich damals alles, nur kein Knabenerzieher war. Seine Neigungen haben sich entschieden; mit Widerwillen erfüllte ihn der Gedanke, sich einem ganz neuen Kreis von Thätigkeiten anschliessen zu müssen. Wäre ich frei und unabhängig, mein Entschluss wäre gar bald gefasst. Nicht ruhen wollte ich, bis ich diesen Adolph zu einem einsichtsvollen Manne gemacht, der mir über das jetzige, das vergangene Leid vergeben würde Wer Adolph beobachtet und von ihm behauptet, es fehle ihm an Verstand, an Anlagen, der hat noch keinen Knaben beobachtet; eins fehlt ihm, das ist das Interesse an vielen Dingen, die für das Leben von Wichtigkeit sind; es fehlt ihm zur Erregung dieses Interesses der beständig aufmunternde, unermüdliche, unaufhörliche Reiz. Wenn dieser vorhanden ist, so ist meine unveränderliche Meinung, dass Adolph früher ein selbstständiger Mann wird (in Um- und Einsicht) als das ganze männliche Personal Deiner Familie. — Hier Knabe, nimm die Zügel selbst in die Hand, versuch was Deine Kräfte leisten — nur dreist! machst Du einen Fehler, so soll er Dich nicht einschüchtern, sondern ich will ihn verbessern, und dann magst Du von neuem versuchen. Wende Du, mein lieber Vater, Deine Zeit, die Aufmerksamkeit Deiner noch dauernden Lebenstage auf diesen Adolph; Du hast nicht nöthig ihn auch nur fünf Schritt von Deiner Scholle zu schicken,

---

L.'s jüngster, damals 16jähriger Bruder.

und wenn Du an Adolph nicht meine Prophezeiung wahr machst, will ich meinen Kopf verlieren.*) Du hast an Raimund eigenen Fleiss und Geld, an Hermann Geld, an mich Geld verwandt, Adolph kostet Dir auch schon; aber verwende auf Adolph noch denselben Fleiss, dieselbe liebevolle Geduld, die Du Deinem steinigten Acker, jedem Deiner Mitmenschen angedeihen lässt, lass Adolph unter Deiner Aufsicht und Lehre Landwirth werden; bemühe Dich, um belehrenden Stoff zu sammeln, und mein Vater — dieser Acker, dieser Adolph, dieser mürrische Junge wird Dir die herrlichsten Früchte eintragen!

Lebe wohl. Denke an Deinen

Ludwig.

Berlin, d. 14. März 1836.

3. Mein lieber Vater!

So lange es in den Naturwissenschaften noch Dinge giebt, die mir so ganz unbekannt sind, ist mein Studium noch nicht geschlossen — wenn mir nur Mittel und Wege offen stehen, es fortzusetzen. Die schönste Gelegenheit aber ergiebt sich jetzt und »Wer den Augenblick ergreift, der ist der rechte Mann!« Ich habe dieses ganze Semester kein Kolleg angenommen und nur wenig hospitirt, aber zu Hause viel gearbeitet; ich habe Williams gute Bücher benutzt, von denen jedes mehr als ein Kolleg wiegt und zähle diese letzte Zeit mit zu den wichtigsten meines Lebens. Je mehr wir uns verproviantiren, je ruhiger können wir die Zukunft erwarten, obgleich das lange Zögern oder zögernde Ausweiten meiner Studien mich jedesmal in Verlegenheit setzt, wenn man mich fragt: Was studiren Sie? Was für eine Carrière? Was für Examen? Schon gemacht? Nichts von alle dem! Ich setze mir mein eigenes Studium, meine eigene Carrière, meine eigenen Examina zusammen. Je grösser der Bau, desto länger die Zeit; grosse Anlagen haben Jahrhunderte verlangt, und der Strassburger Münster ist nie vollendet worden. Nur Geduld! wiederhole ich, und Hoffnung! Beurtheile Du nur, mein lieber Vater, die Güte der Arbeit und des Werkes, nach dem, was Du siehst, nach den Aussichten, die ich gewähre ein tüchtiger Mensch zu werden.

Sei also ohne Sorgen, lieber Vater, und behalte ferner lieb

Deinen

Ludwig.

---

*) Adolph L. ist ein tüchtiger, geachteter Landwirth geworden, als welcher er heute noch lebt.

Mansfeld, d. 10. September 1836.

4. Mein lieber guter Vater!

Nachdem ich nun den Harz der Länge und Breite nach durchstrichen habe, wählte ich einen der nächsten Punkte, von wo aus mein Brief Dich bald und sicher erreichen kann. Von Quedlinburg, wo wir uns an 2 oder 3 Tage aufhalten mussten, und von wo aus unsere Exkursionen nahe Deinen Geburtsort erreichten, gingen wir nach Thale, Blankenburg, Werningerode, Ilsenburg, Goslar. Hier trennte sich der uns begleitende Dr. Quenstedt, welcher uns in der Lehre der Gebirge Meister war, und wir wanderten weiter nach Clausthal, Andreasberg, Elbingerode. Hier fanden wir unsere Koffer, und nachdem wir uns neu equipirt, wandten wir uns gegen den mittäglichen Harz nach Elrich, Ilefeld, Nordhausen, Kelbra und gelangten gestern nach Mansfeld. Das muntere Wandern, das denkende Herumbewegen zwischen den Wunderwerken der Natur, die schöne Abwechselung von Ermattung und Ruhe hat einen grossen, unendlichen Reiz. Ich möchte wohl immer so wandern, wenn es ginge. Wir beabsichtigen nun Harzigerode und das Velkothal zu besuchen, Ballenstädt zu sehen und über Blankenburg nach Norden zu segeln. Das berühmte oder berüchtigte Schöppenstädt ist das Ziel unserer Reise. Wir kehren von dort nach Halberstadt und nach Magdeburg zurück, wo wir uns auf den Wagen setzen wollen, um so schnell als möglich Berlin wieder zu gewinnen. Besondere Abenteuer haben wir noch nicht weiter erlebt, wenn es nicht heftige Durchnässungen und hin und wieder ein schlechter Gasthof waren. Wir waren ziemlich nahe an Göttingen und es fehlte wenig, dass wir nicht hinüber gingen, um die alten Bekannten zu begrüssen, doch lag es ein wenig zu weit aus unserer ganzen Reisebahn. Gesellschaften haben wir bis auf die erste Zeit nie getroffen; denn die Ferien gehen in Halle, Jena, Göttingen jetzt erst an. Zum 20. September hoffen wir sicher wieder in Berlin zu sein.

Grüsse sie Alle, mein lieber Vater, und bleibe Du selbst gesund und munter. Das wünscht Dir

Dein ewig Dich liebender Sohn
Ludwig.

Berlin, d. 5. März 1837.

5. Mein lieber guter Vater und meine liebe gute Mutter!

William war ungeheuer erfreut, mich wiederzusehen. Er gestand, dass ihm die Zeit herzlich lang geworden, und dass er mich wohl hätte nach Trebatsch begleiten können. Mir selbst war es sonderbar ergangen. Mit den ernsten Gedanken einen lange dauernden Abschied von Euch zu nehmen, war ich zu Euch gekommen. Die Freude Euch zu sehen, die lustige Gesellschaft um mich, die Sorgfalt, die ich für den Kranken *) hegte, zerstreuten mich. Die Trennung kam und die Wehmuth übermannte mich. Ich sah und war mir bewusst, dass ich solchen Abschied noch nie von Euch genommen, dass wir unsern Wechsel vielleicht auf ein Jenseits zu stellen hätten. Wenn man von Gütern sich trennt, erkennt man, welchen Werth sie haben, weit tiefer und schmerzlicher, als wenn man in vertrauter Gemeinschaft lange mit ihnen lebt. Ihr, das weiss der liebe Gott, seid meine höchsten Güter stets gewesen. Ich muss von Euch gehen, weil es der Gang meines Lebens so mit sich bringt. Läuft doch der Strom immer nur da, wo er am leichtesten seine Bahn findet, in dem Thale, das die umgebenden Hügel ihm anweisen. Der Mensch nicht anders. Doch das hat der Mensch vor dem Strome voraus, dass er zurückkehren kann, dass er sein Schicksal in gewissem Grade allmählich in seine Hand bekommt. Ich bin mir meines guten Willens wohl bewusst, doch bin ich bescheiden genug anzuerkennen, dass meine Schulden an Euch durch blossen guten Willen nur zum Theil getilgt werden. Lasst uns sehen! Ihr habt mich, wie eine Nummer in der Weltlotterie; Ihr wisst nicht, ob Ihr eine Niete zieht. Nur vertrauen und hoffen könnt Ihr. Meine Bestimmung als Mensch zu erfüllen, dazu habt Ihr mich von Jugend angehalten; doch Ihr wollt nicht allein dass ich meinen Zweck erreiche, Ihr wollt auch Euer Alter durch mich unterstützt, erleichtert, verjüngt sehen. Das will ich auch. Möge der liebe Gott dies so fügen! —

Trübe und gleichgültig gegen meine Begleiter sass ich im Wagen. Mein Herz blutete mir. Nun fügte es das Glück oder Unglück so, dass der andere Wagen zerbrach, dass meine Aufmerksamkeit sich aufregte, und dass ich hierauf in einen anderen Wagen mitten unter die jungen lustigen Leute gerieth. Das that mir wahrhaft wohl. Ich wurde munterer, nahm Theil an der gesellschaftlichen Unterhaltung und stellte so das Gleichgewicht meiner Seele wieder her. In Deinem nächsten Briefe, mein lieber Vater, schreibe zugleich Deine Erlaubniss zu meiner Reise, im Fall ich diese gebrauchen sollte, was ich vermuthe. Heute nämlich hat William seine Antwort vom Ministerium bekommen, an welches er vor sechs Wochen geschrieben hat. Kaum werde ich zeitig genug meine Antwort und die Reiseerlaubniss für England bekommen.

---

*) L's. Schwager Ehle.

Solltest Du noch Gelegenheit haben, so möchte ich, dass Du die hebräische Bibel noch heraussuchen liessest, die ich vergessen habe. Solche Bücher sind todte Kapitalien, und so wenig ich andere umsetzen möchte, will ich mir doch für diese andere eintauschen, die meinem jetzigen Studium mehr zusagen. Nun lebt wohl und behaltet im Herzen

Euren herzlich Euch liebenden Sohn
Ludwig.

Hamburg, d. 29. April 1837.

6. Mein liebster Vater!

Ueber Deinen Brief habe ich mich herzlich gefreut, und ich eile ihn so schnell wie möglich zu beantworten. Deinen Meinungen über die Freimauerei stimme ich vollkommen bei, nämlich, dass es im höchsten Grade wünschenswerth für mich wäre, wenn ich Freimaurer würde. Ich war davon überzeugt, weil ich glaubte, dass die englischen Logen tüchtige Logen wären. Was ich Dir über die New-Yorker Logen schrieb, schwächt meine Achtung nicht; denn das erkannte ich gleich, dass dies die unsrigen nicht sein konnten. Hauptgrund, der mich bestimmte, war Zeit, Geld und die Unbestimmtheit der Verhältnisse, die mich in England bald erwarten. · Darüber ist kein Zweifel zwischen uns. Das Einzige, was ich allenfalls sagen möchte ist, dass mir das sonderbare Ceremoniell der alten Mutterloge bei der Aufnahme nicht so zusagt, wie die freie Reception in der Loge, zu welcher H. und K. gehören. Freilich sollen es keine gedankenlosen Symbole sein, sondern jedes fordert zu ernstem Nachdenken auf; doch ist es dem an sich ernsthaften Manne angenehmer, die Lehre einfach zu empfangen........ Meine Sachen habe ich jetzt hier; doch unsere Abreise war theils so verzögert, theils so beschleunigt, dass es uns peinlich an der angemessenen Ruhe fehlte, reiflich zu erwägen, um nichts zu vergessen. Deine väterliche Liebe erkenne ich auch jetzt wieder in dem Anerbieten, welches Du mir machst, im Fall ich zurückkehre. Jedoch der erste Brief von England wird Dir zeigen, dass ich nicht nur als Freund, sondern als Bruder in der Familie Nicholson aufgenommen bin. Bis jetzt hege ich immer noch die Ueberzeugung, dass dieser Weg, den ich eingeschlagen habe, der vortheilhafteste ist. Es beschleicht mich ein höchst sonderbares Gefühl, wenn ich denke, wie ich wohl als Schulmann, wozu ich doch gewiss vorbereitet wäre, jetzt leben möchte. Ich finde kein anderes Gleichniss, als das eines Menschen, der auf einem Berge steht und eine weite Landschaft übersieht, während er früher durch enge

Thäler sich durchschlich. Ja! aber wer hoch steht, sieht zwar weit, aber nicht genau, wirst Du sagen. Diesen Einwurf habe ich mir oft gemacht und habe mich deshalb sorgsam mit denjenigen gemessen, die nur in einem Fache gearbeitet haben. Es ist nicht so gefährlich; Erfahrungen brauchen wir Jungens alle noch, ehe wir Alte werden, und es kommt am Ende immer darauf an, viele klare Begriffe in vielen Dingen zu besitzen. Das gesellige Leben hat eigentlich viel Lockendes für mich. Meine Kenntniss des Lebendigen giebt mir ein grosses Uebergewicht häufig über die Männer, mit denen ich zusammenkomme; und ich bin schon zufrieden, wenn ich in der Gesellschaft der Alten keine Dummheiten begehe. Das Hauptgesetz, das ich mir mache ist, so bescheiden in dieser Beziehung zu sein, wie möglich, damit ich durch voreilige Naseweisheit keinen beleidige.

Hier habe ich einen Kaufmann, Herrn B. kennen gelernt, einen Hagestolz, eine kalte, freudenlose Seele, der aber viel gesehen hat und viel erzählen kann.

Die Aengstlichkeit, über die ich mich früher schon gegen Dich beklagte, hat mich jetzt fast gänzlich verlassen, worüber ich mich gar sehr freue; denn sie drückte mich früher hart genug.

Ich fürchte nur noch etwas hierbleiben zu müssen, da William mir erst aus London geschrieben hat. Nun mein lieber Vater Gruss und Kuss von

Deinem herzlich Dich liebenden
Ludwig.

Clifton, d. 22. Mai 1837.

7. Mein lieber Freund Classen! *)

Nachdem eine Woche seit meiner Ankunft in Clifton verflossen ist, und ich die obwaltenden Verhältnisse so ziemlich kennen gelernt habe, beeile ich mich, Ihnen über meine Reise zu berichten. Ich muss aber um Entschuldigung bitten, wenn ich begehre, dass Sie diesen Brief nicht allein an Sich geschrieben betrachten, sondern ihn auch an Schwager B., wenn er noch in Hamburg sein sollte, befördern wollen, der ihn mit nach Trebatsch nehmen mag. Nachdem Sie mich verlassen hatten, suchte ich meine Cajüte, um das Terrain zu untersuchen, auf welchem ich mich befand; meine Gesellschaft bestand aus einer alten Jüdin, die ausnehmend gottesfürchtig war, und die, da ich ihr etwas Hebräisch vorlas, wirklich glaubte, ich sei ihres Glaubens, aus einem jungen jüdischen Cigarrenhändler, der in London

*) F. N. Classen in Hamburg, Bruder von August Classen.

eine Fabrik anlegen will, aus dem Reitknecht und Kutscher des Lord Londonderry und dann aus dem Schiffspersonale. Es kam mir höchst sonderbar vor, mich von der englischen Zunge überall belagert zu finden; denn das eigentliche Schiffsvolk, der Kapitain nicht ausgenommen, verstand kein Wort deutsch. Die 60 Auswanderer, die Sie sahen, waren aus dem Fuldaischen und waren durch einen Juden nach dem theuern England adressirt. Das Wetter war gut, das Dampfschiff flog wie ein Vogel in der Luft; so wanderte ich denn also wohlgemuth das Verdeck auf und ab und beschaute das fröhliche Getriebe des Schiffsvolks, wie der lustigen Hessen, die muthig ihrer neuen Welt entgegen zogen. Wir kamen noch weit in das Meer hinein — für mich ein wunderherrlicher Anblick; die grünen Wogen, der weisse Schaumweg, den das Dampfboot hinter sich liess; eine Menge von Schiffen mit vollem Segelschmuck, bald nah, bald fern. Um 10 Uhr Abends kroch ich in die enge Lagerstelle, die mir in meiner Kajüte angewiesen war, meine Freundin, die alte Jüdin, lag über mir. Am andern Morgen regnete es, es war kalt und stürmisch obendrein. Ich habe am Pfingstfest nie grosses Glück gehabt, wenn ich mich gerade auf Reisen befand. Vor drei Jahren war ich auf dem Brocken und laborirte an einer starken Diarrhöe; es ging mir hier fast nicht besser. Die See ging hoch, und ich fürchtete die Seekrankheit. Die ganze Auswandererschaft, die an einem eigenen, ziemlich engen Platz beherbergt war, wurde seekrank; die Kinder schrieen, die Weiber stöhnten und krochen herum, die Männer mussten gleichfalls dem Drange des Magens nach oben nachgeben. Es war ein jammervoller Anblick. So schleppte sich der Tag hin; ich blieb frei; gegen Abend wurde ich vom Geschaukel etwas dumpf im Kopfe und blieb es auch, als wir schon in London an's Land stiegen. Doch nichts weiter! Nun war ich in dem ungeheuren London; ich ging zu meinem Freunde, dem Doctor Little, und wie war ich erstaunt und erfreut, als mir William entgegen kam, der eine halbe Stunde zuvor in London eintraf. Montag kam ich an, Mittwoch Abend reisten wir nach Clifton. Ich bin in London wacker herumgelaufen und habe Vieles gesehen. Es giebt auf dem Festlande keine Stadt, die sich an Grossartigkeit mit dieser vergleichen liesse. Ich hatte wunderschöne Tage in London, und obwohl es sonst einer schönen verschleierten Jungfrau gleicht, so hatte ich doch die Ehre und das Vergnügen, recht freundliche Blicke von ihr zu erhalten. Die Strassen so breit, so gleichmässig gepflastert, die Trottoirs in den engsten Gassen, die Häuser wie nach der Schnur, die Läden prachtvoll! Ich sage Euch prachtvoll! Weiter nichts! Es kann in wenigen Worten nicht beschrieben werden. Eine solche Fülle schöner Gebäude und Paläste hätte ich kaum für möglich gehalten. Mochte ein König, ein hoher Lord, mochten kranke Menschen, Soldaten darin wohnen, mochten es Kirchen oder Klubhäuser sein — überall dieselbe grossartige Anlage und Ausführung. Es sind in London drei Parks, der Menge von kleineren Parks gar nicht zu gedenken. Der Raum ist zu klein, um Alles zu erzählen; ich befand mich plötzlich in einer neuen Welt. Doch diese Welt begann mit dem Meere. Den Mittwoch Abend sassen wir auf dem Verdeck einer sehr glänzenden Reisekutsche; es reist sich recht gut, so hoch oben. Die Pferde waren wie der schönste Postzug, vier feine Grauschimmel zuerst — dann all zwei Meilen neue. Der Unternehmer zahlt für Pferde, Unterhalt, für Kutscher und Wagen etc. wöchentlich 1000 £. Ihr könnt denken, ein wie grossartiges Geschäft dies ist. Nun ging die Reise durch das grüne England. Alles mit Wiesen bedeckt, auf welchen muntere Heerden weideten, Hecken um das Eigenthum jedes Einzelnen, Berg und Thal in der mannigfaltigsten Abwechselung. Es scheint Ein grosser Park zu sein, durch welchen man hinfliegt. Die Nacht war eine freundliche Mondscheinnacht. Am andern Morgen um halb acht Uhr waren wir in Bristol, um 9 Uhr waren wir zu Hause. Williams Vater hatte schon gefrühstückt, und da er äusserst pünktlich ist, so war er auch schon in einem andern Zimmer, aus welchem er nach 3/4 Stunden erst wieder erwartet wurde. Endlich hörten wir den langsamen, schweren Gang des Governors, wie ihn seine Kinder hier alle nennen. Er ist auf der rechten Seite gelähmt, aber doch ziemlich wieder hergestellt. Eine Cousine begleitet ihn deshalb beständig. Er begrüsste mich sehr freundlich. Wie mir William oft sagte, und wie ich es immer mehr finde, ist er Engländer im engsten Sinne des Wortes. Seine grenzenlose Pünktlichkeit wird für die jungen Herren sehr lästig. Wer drei Minuten zu spät zum Frühstück oder Mittag oder Abendthee kommt, hat allen Kredit bei ihm verloren. Doch mir sind in der That solche Leute recht! Und ich glaube, es ist besser mit ihnen umgehen, als mit den unbestimmten, unsicheren Menschen, die nie wissen, was sie wollen. Da nun mein Leben so ungemein regulirt ist, so will ich Euch die Beschreibung eines Tages geben. Um 5 Uhr stehe ich auf, arbeite bis halb neun und frühstücke dann ...... (es folgt hier eine Schilderung des englischen Familienlebens, wie es heute noch ist.) .... Oefen werden hier nirgends gefunden, die Kamine aber sind wunderschön; Steinkohlen sind das einzige Brennmaterial, und da diese auf blossen Kaminen nicht brennen würden, so sind hier überall Rosten, um den Zug so gross als möglich zu machen. — Das Sprechen kam mir zuerst sehr schwer an; doch das Sprechen lange nicht so wie das Verstehen. Die Engländer ziehen die Worte so durch einander, dass ich ungeheuer aufpassen muss, um folgen zu können. Doch dies wird so lange nicht dauern. — Bristol, besonders aber Clifton, ist einer der lieblichsten Plätze der Erde. Das Meer ist nur zwei Meilen entfernt, Gebirge umkränzen es, es liegt selbst auf Bergen, alles von grünen Gärten durchwebt, weite Parks, lachende Landschaften. Die Menschen, mit denen ich bis jetzt zusammengekommen bin, sind sehr freundlich gegen mich gewesen.

Indem ich für den Augenblick alles für Euch Interessante geschrieben habe, so werde ich wahrscheinlich eine Zeitlang schweigen, wenn nicht besondere Verhältnisse eintreten, worüber ich meine lieben Eltern zu benachrichtigen habe. Komme ich im Winter nach London, so kann ich dann viel öfter schreiben.

Indem ich nun auch meinen Eltern, wenn sie diesen Brief erhalten, herzliche Grüsse und Wünsche sende, verbleibe ich, mein verehrter Freund, Ihr

ergebener
Ludwig Leichhardt.

London, d. 21. Oktober 1837.

8. Meine lieben guten Eltern!

Nachdem ich bis zum Anfang August im Hause Williams gelebt und so viel es ging recht wacker gearbeitet hatte, traf es sich, dass William eine kleine Erbschaft von einer seiner Tanten machte. Er war so verständig, dies Geld einem wissenschaftlichen Zwecke zu opfern, und deshalb beschlossen wir, zur südlichen Seeküste zu gehen, welche Frankreich gegenüber liegt, um dort die Seethiere zu studiren und zu seciren. Gesagt, gethan! Den 9. August verliessen wir Clifton und wanderten zu Fuss durch die schönste Gegend Englands, durch Sommersetshire und Devonshire. Ich kann Euch keine Details geben, denn es sind ihrer zu viele. Ungefähr acht Meilen von Bristol werden in einem Kalkgebirge grosse weite Höhlen gefunden, welche durch einen Landmann zufällig entdeckt worden sind. Dieser Mann hat seitdem alle seine Kräfte darauf verwandt, die Höhlen zu reinigen, und hat eine unendliche Menge von Knochen vorweltlicher Thiere entdeckt. Besonders sind es Bären, Elenthiere, Hirsche, Büffel — die verschiedenartigsten Geschöpfe neben einander gedrängt und für die Nachwelt aufgeschichtet. Die allgemeine Meinung darüber ist nun, dass diese Höhlen früher Raubthieren zur Wohnung dienten und dass diese alle übrigen Thiere dorthin schleppten, wie man auch jetzt noch in den Höhlen der Hyänen und anderer reissender Thiere eine Menge von angenagten Knochenüberresten findet. Dies sind die Thierhöhlen von Banwell. Unser Hauptzweck war, die verschiedenen Gebirgsformationen kennen zu lernen, ähnlich unserm Reiseplan im Harze. Doch gingen wir die erste Zeit zu rasch, unsere Füsse wurden auf den harten Strassen wund und deshalb wurde ein Theil der Wanderfreude verdorben. Ich hatte Gelegenheit, einige herrliche Kathedralen zu sehen, die in keinem Lande so zahlreich sind wie hier, und stiess auf mancherlei alte Ruinen von Klöstern und Schlössern, welche die Engländer sehr vorsichtig und sorgfältig kultiviren. So kamen wir denn den 12. August nach Lyme-Regis zur Seeküste. Vergleicht Ihr die Karte, so findet Ihr den Ort zwischen Plymouth und Falmouth. Diese Städte sind fast die grössten an der Küste und sicherlich auf der Karte verzeichnet. Doch da wir nicht ganz so viel arbeiten konnten, wie wir wünschten, hielten wir uns nur eine Woche dort auf und wanderten dann gestärkt und vorsichtiger die Seeküste entlang, an 15 Meilen weiter nach Torbay und endlich zur Südspitze dieser Torbay, nach Brixham. Ich kann nur wiederholen, was ich schon sagte, dass es keinen grösseren, schöneren Fleck der Erde giebt als diese Landschaft Englands: Devonshire. Englands Dichter verherrlichen es als unvergleichlich, der feinschmeckende Londoner ist entzückt von Devonshire's Butter und Käse und von der buttergleichen Devonshire Sahne und Milch. Hügel an Hügel, mit einem lieblichen Grün gleichmässig überkleidet, Obstgärten und verschiedene Bäume reichlich und malerisch über die ganze Gegend hingestreut, keine oder nur wenige zusammenhängende Ortschaften, sondern von ihren Feldern und Weiden umgebene Pächterhäuser. Diese ganze Gegend ist keine ackerbauende, sondern eine viehzuchttreibende und daher kommt es, dass das Grün nie fehlt, selbst im Winter erquickt Grün das Auge. Brixham ist eine kleine Fischerstadt, welche sich in einer äusserst kurzen Zeit durch seine Fischerei ausserordentlich gehoben hat. Mit den Fischern setzten wir uns nun in Verbindung, und was sie aus der Tiefe des Meeres mit ihren langen Netzen hervorholten, war uns eine erfreuliche Beute. Ich kann Euch Landvögeln keinen Begriff von der Mannigfaltigkeit der Gestaltung geben, welche als Fische oder als Gewürm und Weichthiere den Boden der See bevölkern. Nur so viel mag ich sagen, dass dort unten im grünen Meeresschlosse Lebensgenuss genug herrscht und dass auf dieser Erde jedes Fleckchen fast die Bestimmung zu haben scheint, gewissen Geschöpfen eine behagliche Stelle und ein fröhliches Dasein zu gewähren.

Ich bin in einem schönen Werke beschäftigt, nämlich in der Betrachtung der Natur. Je mehr ich sehe, desto begieriger werde ich mehr zu sehen. Kein menschliches Auge aber ist im Stande, sie ganz zu durchschauen. Welch' eine Fülle neuer Anschauungen ist jetzt vor mir vorübergegangen, seitdem ich das Festland verliess. Scheint es doch, als wenn ich ein ganz anderer Mensch geworden wäre! Lasst mich nur in ein südliches Meer, vielleicht nach Ostindien gehen, wie viele neue Dinge erwarten mich dort? Wir blieben in Brixham 4 ganze Wochen, und hätte es von mir abgehangen, wir wären vielleicht noch jetzt dort. Hierauf kehrten wir nach Clifton zurück. Auf der Karte mögt Ihr Exeter, Bridgewater, Wells, Taunton aufsuchen. Alles bedeutende Städte durch die ich auf meiner Rückreise kam. Wir verliessen Clifton den 18. Oktober und kamen am 19. Morgens hier an. Jetzt rauscht wieder das Londoner Getöse um mich; auch eine Art Meeresgetöse, aber ein Menschenmeer, in dessen Tiefen auch gar wunderliche Geschöpfe herumschwärmen. Wir haben hier ein nettes Zimmer von 3 Fenstern, ein Schlafzimmer und ein kleineres Gemach und bezahlen wöchentlich 15 Shilling. Wir schränken uns in unserm Haushalte ein, aber nichts desto weniger fürchte ich, dass wir wöchentlich nicht unter 14 Thaler oder monatlich unter 60 Thaler wegkommen werden. Nun glaube ich seit Ihr neugierig zu wissen, was ich beginne und beginnen will. Hört also: Ich bin meinerseits willens, meine naturwissenschaftlichen Studien im Brittischen Museum und in dem Museum des Kollegiums der Wundärzte zu verfolgen (diese beiden Museen überbieten an Fülle fast alle in Europa); anderseits wünsche ich die Praxis in den Hospitälern kennen zu lernen. Von den Hospitälern kann ich Euch nicht genug erzählen. Es sind Prachtgebäude, grossartige Anlagen in einer grossen Anzahl. Heute war ich in zwei Hospitälern, die sich einander gegenüber liegen, nur durch eine Strasse getrennt, von denen das eine ursprünglich bestimmt war diejenigen Kranken aufzunehmen, die im andern nicht geheilt werden konnten; zusammen fassen sie 3000 Patienten. . . . . . — Wir bleiben hier bis zum künftigen Mai und gehen den darauf folgenden Juli nach Paris und dann, wenn die Umstände günstig sind, an die Küste des Mittelländischen Meeres, um dort ähnliche Untersuchungen anzustellen. Soviel ist gewiss, dass wir 3 bis 4 Jahre auf Wanderfüssen bleiben und dass Europa uns nicht genügen wird. Wir haben den Plan, entweder nach Nordafrika, nach Ostindien oder nach Australien zu gehen. Das klingt Euch ungeheuer, aber nicht einem Ohre, welches in London diese Dinge wie Kinderspässe von Mund zu Mund gehen hört. Ein Mann, der nicht beide Indien gesehen hat, ist hier kein

Reisender. Ich bitte Euch herzlich, Euch nicht zu ängstigen. Wer das Meer einmal kreuzt, muss sich, will er ruhig bleiben, einer gütigen Vorsehung demüthig und gleichmüthig unterwerfen; dann verliert das Ungewohnte alle Furchtbarkeit, dann blickt er schweigend und gefasst in die tobenden Wellen, und das Stürmen der Winde ruft nur ernste Betrachtungen in ihm auf. Wo ich auch sei, ich bin mit festen Banden an Euch gebunden; ich habe bis jetzt in keiner noch so neuen Lebenslage Euch vergessen und habe vielmehr Beruhigung und Stärkung in der Erinnerung an Eure Liebe gefunden.

Nun meine lieben Eltern bitte ich Euch recht bald an mich zu schreiben. Grüsst nah und fern alle von mir und versichert ihnen, dass ich keinen vergessen habe.

Lebt wohl, es grüsst und küsst Euch

Euer herzlich Euch liebender Sohn

Ludwig.

London, d. 31. Dezember 1837.

9. Meine lieben Eltern!

Hier auf der Schwelle des alten Jahres oder auf der des hoffnungsvollen neuen treten mir Eure freundlichen Gestalten wieder lebendiger entgegen und mahnen mich, dass dort über dem Meere in diesem Augenblick liebende Menschen über den Lauf meines Schicksals berathen mögen. Dass dem Menschen nichts Vollkommenes wird, empfinde ich nun; denn während das, wonach meine ganze Seele jahrelang vergeblich strebte, jetzt mir so reichlich gewährt ist, mangelt mir der innige Verkehr mit Euch, welcher mich so oft erhob und mir so viele Freude bereitete, die ich in der Erinnerung jetzt am lebhaftesten empfinde, weil sie mir fehlt. Und doch, meine Lieben, es ging nicht anders; denn »jeder gehet seinem Waidwerk nach«. »Bleibe im Lande und nähre Dich redlich!« ist kein Spruch, der eine allgemeine Anwendung zulässt. Das »Nähren Dich redlich« ja! — Das »bleibe im Lande« nein! — Hier lebe ich in einem Lande, dessen Fundamente zusammenbrechen würden, wenn der Kaufmann, anstatt seine Flotten in die fernsten Winkel der Erde zu senden, um uns des Lebens Bequemlichkeiten zusammenzutragen, seine Hände übereinandergeschlagen von der neuen Londoner Brücke über die Themse hinausschaute, sich des leeren Gewässers freute, das jetzt von Millionen von Fahrzeugen wimmelt, die nicht im Lande bleiben, und selbst zufrieden sagte: »Das im Lande bleiben ist sicherlich eine schöne Sache«! — Liegt im Worte »fortschreiten« nicht schon, dass das Bleiben nicht die Hauptsache sein kann? Es muss (stetige) an der

Stelle heftende Menschen geben, welche das verarbeiten, was der Wanderer sammelt und entdeckt, aber es muss auch Wanderer geben, welche dadurch das stockende träge Blut ihrer Lebensgenossen aufregen, dass sie ihren Kopf mit neuen Anschauungen, mit dem bisher Unerhörten bereichern. Ihr versteht, weshalb ich das sage. Ich wünsche jeden Verdacht, als wenn ich mein Vaterland oder meine Familie nicht liebte, von mir fern zu halten. Mag sich doch der, welcher auf jenen Spruch so viel giebt, vor den Bienenstock stellen, oder mag er das strebende Leben eines Ameisenhaufens beobachten. Da ist ein Wandern, von dem der Mensch auf seinen zwei Füssen, auf seinen vier Rädern, auf seinen Schiffen selbst sich nichts träumen lässt; denn die Biene geht im Verhältniss zu ihrem kleinen Kopfe viel weiter, als ich wahrscheinlich in meinem Leben gehen werde. – Doch genug davon; Euer unbegrenztes Vertrauen rühme ich mich zu besitzen, mein ganzes Streben geht dahin, mich desselben würdig zu machen, und das kann ich nur dadurch, dass ich das kurze Leben, das mir gegeben und bestimmt ist, selbst sekundenweis verwende mich zu vervollkommnen. Wo? — Gleichviel — sicherlich unter Einer Sonne mit Euch oder vielmehr unter Eures Gottes Auge. — Das ist nun schon ein Theil meiner Antwort auf den lieben Brief, den ich mit vollem, lauten Freudengeschrei bewillkommte, und der in voller Wahrheit wie ein erquickender Regen in meine hoffende Seele fiel. Ich denke Ihr versteht mich alle nicht, wenn ich so spreche, und ich sollte mich nicht wundern, wenn Ihr es für eiu Bischen gutgemeinte Uebertreibung hieltet. Dem ist nicht so. In der Ferne, von den fremden Worten umtönt, die man zwar versteht, aber nicht fühlt, lernt man den ganzen Umfang und Werth einer Familie kennen.

Seit meinem letzten Briefe, welchen ich zu Ende Oktober schrieb, bin ich also in London. Ihr habt gerechte Ansprüche auf einige Nachrichten über die Weltstadt, und Ihr sollt sie haben, soviel das Stückchen Papier unter meinen Händen fassen kann. Doch zuerst noch einiges über mein werthes Selbst. Da die Engländer selbst, wie ihre Häuser, verschlossen sind, so brachten wir einige Empfehlungsschreiben von Bristol mit, welche die zurückhaltenden Gentlemen augenblicklich völlig zu unserer Disposition stellten. Auf diese Weise bekamen wir Zutritt zu dem grossen Brittischen Museum, welches von der Regierung abhängt, zu dem Museum der Wundärzte in London und mehreren andern, die wir wegen der Kürze der Zeit nicht zu benutzen im Stande sind. Ebenso wurden uns beide Bibliotheken geöffnet. Wir können arbeiten soviel wir wollen, und jeder — vom höchsten bis zum niedrigsten Bedienten dieser Anstalten ist in der

That ein Gentleman. Ein freundliches, gefälliges Wesen, dabei stets zurückhaltend und durch Neugierde nicht belästigend. Dieses Bündige, Bestimmte und dennoch Freundliche ist charakteristisch für alle, die ich kennen gelernt habe. Ihr könnt Euch denken, wie angenehm es ist mit solchen Leuten zu verkehren. Gut denn! Wir waren die ganze Zeit hindurch von Morgens um halb elf bis 4 Uhr dort beschäftigt. Ich besuchte einige Hospitäler zu derselben Zeit, sah einige gute Exemplare gewisser Londoner Krankheiten und lernte die Einrichtungen dieser zahlreichen, grossartigen Stiftungen kennen, welche fast alle aus den Geldbörsen einzelner reicher Männer hervorgegangen sind. — Meine Lebensweise musste ich gänzlich ändern. Ich musste ein Nachtvogel werden, was zwar in London im Winter nicht viel sagen will; denn zu gewissen Zeiten ist jetzt der ganze Tag Nacht. Ich gehe um 1 oder 2 Uhr zu Bett und stehe zwischen 8 und 9 Uhr auf. Das ist hier völlig in der Ordnung. Der Winter war bis jetzt äusserst mild; an Schnee und Eis ist nicht zu denken, der grosse Regentspark ist mit dem lieblichsten Grün bedeckt, und am ersten Weihnachtsfeiertag war er mit geputzten Menschen mit und ohne Hosen so gefüllt, wie am lieblichsten Maientag, Jedoch ist das nicht alle Jahre der Fall. Häufig ist ein Schlackenwetter zu dieser Zeit. Im November beginnen die berühmten Londoner Nebel (London fogs), welche sprüchwörtlich so dick sind, dass man sie »mit dem Messer schneiden« kann. Man ist am Morgen oft nicht im Stande, die Häuser auf der andern Seite der Strasse zu erkennen. Licht wird den ganzen Tag gebrannt, wenigstens in den Läden der engeren Strassen, und ich kann aus meiner eigenen Erfahrung sagen, dass in dem schönen, herrlich lichten Bibliothekssaale des Hunter'schen Museums um halb 2 Uhr die Lampen angesteckt werden mussten, weil es unmöglich war, ein Wort zu lesen. Ihr könnt Euch vorstellen, dass bei dem ungeheuern Wagengedränge in den Hauptstrassen in solchen Fällen viel Unglück passirt. In einem der letzten Nebel während des Abends mussten die grossen vierspännigen Reisekutschen, welche zwar völlig unsern Posten entsprechen, aber nichts mit der Regierung zu thun haben, von Fackelträgern durch die Stadt geführt werden, und jeder Mann musste eine Fackel oder Laterne tragen, er mochte weit zu gehen haben oder nicht. Oft giebt es hier lustig-traurige Auftritte. Es ist allgemeine Sitte die Fische, Krebse, Aepfel, Kartoffeln, Apfelsinen, kurz alle Dinge in der Welt, durch die Strassen zu tragen und sie auszuschreien, und fast alles wird auf den Köpfen transportirt. Dies giebt mitunter einen heillosen Lärm; jedes hat seinen bestimmten Ruf — bald gesungen, bald geschrieen. Beim ersten

Tagesanbruch, oft wenn ich aus dem süssesten Schlummer aufwachte, hörte ich schon »grüne Wasserkrebse«, welche doch wohl von einigen auch zum Frühstück gegessen werden müssen, indem das englische Frühstück unser erstes und zweites einschliesst; dann kommen die Gemüsehändler, die Apfelverkäufer; das Fischweib ruft: »a pair of gay life soles« (ein paar muntere lebendige Schollen), der Austerhändler schreit: »yarmouth« lilienweisse Muscheln. 50 Juden laufen wohl täglich durch unsere Strasse und lassen ihren einförmigen Ruf: »cloak, cloak, cloak« (alte Kleider) ertönen, gleich dem nächtlichen Eulengeschrei. Dann kommt ein kurioses Fuhrwerk, ein netter kleiner Wagen, von einem Hunde gezogen, welcher mit abgetheilten und aufgespiessten Fleischstücken gefüllt ist. Das alte Weib, welches dies Fuhrwerk begleitet, lässt ihre Diskantstimme ertönen und auf das wohlbekannte »cat meat« (Futter für die Katzen) oder »dog meat« (Futter für die Hunde), kommen die geschwänzten Gäste und begleiten mit begierigen Blicken diese Rossfleischverkäuferin; denn das Fleisch ist nichts anders, als gekochtes Pferdefleisch, welches diese Leute von den Abdeckereien beziehen und denjenigen verkaufen, welche Katzen und Hunde halten. Dies Stückchen von Industrie darf Euch nicht wundern; in London wissen die Leute noch aus manchen anderen Dingen Geld zu machen. In Paris wird das Pferdefleisch an die armen Leute verkauft und von diesen mit grossem Vergnügen gegessen, so dass neulich von medizinischer Seite der Regierung der Antrag gemacht wurde, diesen Handel öffentlich zu erlauben und darauf zu sehen, dass die Leute wenigstens gesunde Pferde schlachteten, da jetzt jeder Bauer, welcher sein rotziges Pferd nicht anders an den Mann bringen kann, es auf diese Weise zum grossen Schaden der Konsumenten abthut. Doch nun zurück zu meinem eigentlichen Thema: zum Londoner Nebel. Es ist garnicht selten, dass besonders in den belebten Strassen diese Kleinhändler karambuliren und ihre Waare sich in Wahrheit vor die Füsse werfen. Damit sind dann beide Parteien natürlich nicht zufrieden, und es kommt über den Trümmern ihrer gefallenen Grösse zum Boxen. Mit seinen Fäusten ist der gewöhnliche Mann (John Bull, wie der Pöbel hier genannt wird) gleich zur Hand. Er schimpft im Durchschnitt nicht soviel, obwohl dies hier auch verstanden wird. Aber lasst Euch eine kleine Anekdote erzählen. Gentleman ist jeder, der Höchste wie der Niedrigste und wehe demjenigen, welcher auch dem Kohlenfuhrmann abspricht, dass er ein Gentleman sei. Ein Verkäufer grüner Sprotts und ein Händler mit lilienweissen Muscheln stritten sich in einer engen Gasse um eine Kleinigkeit. »Du bist ein schmutziger, krummmäuliger, lügender Wurm, du, du grossschnäuziger, ungehangener Spitzbube!« sagte der Sprottmann. »Immer weiter, immer weiter, alter Bursche, ich mache mir aus dir nichts, — nicht soviel« entgegnete der Muschelhändler, seine Finger schnipfend. »Und was noch mehr?« fuhr der Sprottmann fort, um seinen Lobeserhebungen die Krone aufzusetzen, »Du bist kein Gentleman.« Blauz, flogen alle fünf Finger dem Schmähler in's Gesicht, so dass der würdige Rival unserer Berliner Fischweiber zu Boden fiel, mit seinem Hintern im kühlen Strassenkoth, umgeben von seinen zerstreuten grünen Sprotts. Aber der Muschelhändler stand über ihm und rief: »Nun das, und wenn du eins mehr wünschest, sage, ich sei kein Gentleman, das ist alles!« Doch der Sprottmann wünschte nicht mehr; er hatte an dem Einen völlig genug; schweigend blieb er im Schmutze sitzen und sammelte ruhig seine zerstreuten Sprott, während der siegende Meister Gentleman Muschelhändler mit seinem breiten Korbe auf dem Kopfe hinweg stolzierte und seinen gellenden Ruf: »yarmouth« durch die Strassen ertönen liess. — Ich hatte mir in Berlin immer sagen lassen und es unzählige Male gelesen, dass die Engländer nicht musikalisch sind. Ich war deshalb nicht wenig erstaunt, in jedem Hause, in welches ich Eintritt fand, nicht nur Instrumente zu finden, sondern auch Spieler. Ich muss gestehen, dass ich nirgends soviel auf den Strassen öffentlich singen gehört habe als in England. Als ich in Bristol war, wurden die Parlamentsmitglieder eben gewählt. Die Zeit vorher zogen Bänkelsänger durch die Stadt, Tag für Tag, mit den Farben ihrer Partei und sangen Parteilieder; herumziehende Sänger von Profession sind in jeder grossen Stadt, aber besonders in London äusserst häufig. Jeden Tag ziehen wenigstens 4 Sänger vor meinem Fenster vorbei. Leierkasten sind seltener. Jede Woche zwei bis dreimal kommt eine Frau mit zwei kleinen Kindern. Sie singt und diese kleinen Kinder begleiten ihren Gesang. Da aber diese Kinder kaum 4—5 Jahre alt sind, so sind sie so dressirt, dass sie immer nur von Zeit zu Zeit einen Schrei dazwischen bringen, um die Wirkung des mütterlichen Gesanges zu verstärken. Dies hat einen überaus lächerlichen Effekt auf denjenigen, dessen Herz nicht sogleich in Wohlgefallen aufgelöst wird. Jedermann sieht, dass es darauf abgesehen ist, durch diese dazwischen fallenden Kinderseptimen nicht die Kraft der Harmonie, sondern des Mitleids zu verstärken. Aber auch recht wackere Sänger und Sängerinnen habe ich auf diese Weise gehört. Aber sie haben mitunter einen unangenehmen mannerirten Ton, als wenn sie mit ihrer Zunge zu sehr der Verengerung ihrer Stimmritze zu Hilfe kommen müssten. Sie singen nicht frei genug von der Leber, nicht aus voller Brust, was mir selbst bei den theilweise vortrefflichen Kirchensängern so vorgekommen ist. — Das, was ich Euch hier mitgetheilt habe, ist mehr aus dem Londoner Stillleben, d. h. man findet es so in denjenigen Strassen, welche dem Geschäftstreiben etwas abseit liegen. Alle diese Dinge kann jeder aus seiner Stube beobachten. Doch nun kommt mit mir zum wogenden Meeresgestade; kommt mit mir bei Tage und dann mögt Ihr versuchen, auch die leuchtende Nacht zu beschauen. Wenn man so aus einer Querstrasse in das volle treibende Leben hinein tritt und wie von einem Strudel gefasst sogleich mit fortgerissen wird, glaubt man in der That, man befinde sich plötzlich in einer anderen Welt, man sieht nichts, man hört nichts vor lauter Lärmen, man läuft nur und hält seine Taschen, um sie gegen die zahlreichen Freunde zu schützen, welche sich in ihnen ihre Hände zu wärmen wünschen. Lasst uns in einer Querstrasse bleiben, um den Strom ruhig vorüber rauschen zu sehen. Eben zieht ein schwerer breiträdriger massiver Kohlenwagen vorüber, 4—5 ebenso schwere weisse, gewaltige Pferde, eins hinter dem andern gespannt, damit sie leichter in den engen Strassen oder im Wogengedränge sich durchwinden können, sind seine Triebfedern. Neben ihm, hinter ihm jagen 3—4 einspännige Patentdroschken von wenigstens 5 verschiedenen Formen vorbei mit ziemlich guten Pferden, die jedoch auf dem Strassenpflaster gar bald sich abtreiben. Diese Droschken- und Omnibuspferde sind so gut, wie jene Brauerpferde von einer eigenthümlichen Zucht. Die Brauerpferde sind in der grossen Londoner Brauerei von der ersten Qualität; man sieht jedoch wunderschöne Pferde dieser Art vor jedem Kohlenwagen. In Bristol und in anderen Städten habe ich sie auch gesehen, doch nicht von dieser Grösse und Schwere. Sie waren fast das erste Ding über welches ich erstaunte, als ich in London eintrat. Es sind Rosse, wie sie einst die alten schwergeharnischten Ritter gehabt haben müssen. Der breite Kopf mit dem gebogenen Nasenbein, der kräftige kurze sanftgeschweifte Hals mit der langen Mähne; der ungeheure Körper mit glatt und glänzender Haut, der volle langwallende Schweif (jedoch nicht immer), die schweren Füsse und die zottigen Hacken — es sind Pferde gleich dem gediegenem Golde, schwer und massiv. — Die Droschkenpferde sind magere abgedroschene Thiere, welche ich zuerst für Ausschuss hielt; doch William versicherte mir, dass sie eine besondere Art wären. Hier eine Anekdote über diese: Hier in London ist eine Gesellschaft, welche den Zweck hat, die Grausamkeit gegen die Thiere zu verhindern. Einige Agenten fahren den ganzen Tag in London herum, um die Uebertreter sogleich vor Gericht zu führen. Neulich sah einer dieser Agenten einen Knaben, welcher jämmerlich auf seinen Esel loshämmerte. Aber der Esel wich nicht von der Stelle. Der Agent fasste den Knaben sogleich beim Kragen und brachte ihn vor den Lord Mayor. »Wie kannst du deinen Esel so prügeln?« fragte der gutmüthige Lord Mayor. Der Knabe konnte nicht sogleich antworten, und sein Vater, der ihm gefolgt war, antwortete: »Halten zu Gnaden Euer Lordschaft, es giebt keine besseren Freunde, als meinen William (Bill) und seinen Esel, aber sehen Ihre Gnaden, der arme Esel hatte sich diesen Stein unter die Sohle getreten, und da er Bill darüber keine Auskunft gab, wurde Bill böse und machte seinem Freunde etwas tiefgefühlte Vorwürfe. Sobald ich den Stein entfernte, war Nedel (der Esel) wieder der alte.« Der Lord Mayer lachte und entliess sie ohne Strafe, was in gegründeten Fällen niemals geschieht. Ich sollte mich nicht wundern, wenn es nicht mehr als 14 Thaler oder Gefängniss wäre. — Ein alter gutmüthiger Mann nahm eine Droschke und wünschte nach einem entlegenen Theile der Stadt zu fahren. Während des Weges sagte er zum Droschkenkutscher: »Höre Freund, Dein Pferd scheint etwas angegriffen.« Er liess dies Gespräch wieder fallen, hatte aber die Sitte, alles Neue, was er irgendwo sah, in ein Taschenbuch zu schreiben. Dies sah mein Kutscher und glaubte, dass der alte Herr ein Agent der Gesellschaft wäre, welcher sich nach dem Befinden seines Pferdes erkundigt hatte, um ihn nun vor Gericht zu bringen. Er sprang sogleich von seinem Sitz, riss die Wagenthür auf, rief ein paar von seinen Kameraden zu Hülfe und stürmte nun auf unsern alten Freund los, den die herbeieilende Polizei kaum vor den wüthenden Droschkenmännern schützen konnte. — Hierbei fällt mir eine andere Geschichte ein. Ich erwähnte oben die Freunde der Taschen und Schnupftücher. Hier war ein junger Mann, der Geld genug hatte, um sonst weiter nichts zu thun, welcher förmlich auf den Fang der Taschendiebe ausging. Diese Kerls haben eine grosse Gewandtheit und sind vorsichtig. Vorzüglich sind es Knaben, welche das Geschäft treiben; sie bilden sich dadurch für die edleren, höheren Zweige des Stehlhandwerks aus. Sie benutzen das Gedränge und diejenigen Haufen von Menschen, welche gewöhnlich vor Bücherläden, Bilderläden, Konditorläden stehen bleiben und, versunken in Büchertitel, Gemälde oder Süssigkeiten, ihre Hintertheile etwas aus der Acht lassen. Nun! — dieser junge Mann nähte den äussersten Zipfel seines Taschentuchs in den tiefsten Grund seiner Tasche und liess den andern Zipfel ein klein wenig aus der Tasche hervorsehen. Nun stellte er sich vor einen Bilderladen und wartete. Es dauerte nicht lange, so fühlte er ein leises Zupfen. Er machte, als wenn er nichts fühlte. Der Dieb, dadurch getäuscht, zieht stärker, die umgekehrte Tasche folgt, er hat das Tuch in der Hand. Plötzlich dreht sich nun der Fänger um, fasst den Dieb — und schleppt ihn vor den Richter. Er machte den Richtern zu einer Zeit viel zu schaffen, weil er mitunter täglich zehn Herren dieser edlen Zunft fing. — Aber nun komme ich zu der eigentlichen Anklage. Neulich hielt jene Gesellschaft eine Versammlung, in welcher der Berichterstatter Folgendes zur Sprache brachte: Die alten abgetriebenen Pferde werden zum Abdecker gebracht. Sie müssen natürlich schon in guten Umständen sein, wenn sie diesen letzten Gang thun. Der Scharfrichter soll sie abthun; aber was macht er? Er füttert sie etwas aus und leiht sie dann den Droschkenunternehmern für den Nachtdienst, wo sie dem spähenden Auge der Polizei und der Agenten natürlich entgehen. Nun denkt Euch diese armen Geschöpfe, welche, steif und matt, endlich glauben zur himmlischen Ruhe einzugehen; wie bitter müssen sie die Täuschung fühlen, wenn sie sich wieder, nicht einmal dem Segen der Tagessonne, sondern dem kalten, nebligen Gasscheine ausgesetzt sehen. Die edle Gesellschaft fühlte sich natürlich sehr indignirt und versprach, alle ihre Kräfte aufzubieten, um dem Missbrauch abzuhelfen. — — Mein Gott! der Brief ist bald voll, und ich bin von meinem Thema eigentlich ganz abgekommen. Das Parlament ist eröffnet, die Aristokraten ziehen von ihren Sommersitzen, von ihren Fuchshetzen und Hühnerjagden in die reichen Wohnungen der Stadt. Man sieht ihre Karossen mit den feinen Blutpferden vor den glänzenden Galanteriewaarenläden halten, oder mit Unwillen sich durch die wegelagernden Pöbelwagen hindurchdrängen. Doch wir sind in High Holborn und das ist nicht ihr Platz. Nur im fashionablen Westende der Stadt, im Hyde Park entfalten sie ungestört ihre volle Pracht. — Hier kommt eine Reisekutsche, ihr Verdeck ist hoch auf vollgepackt mit Koffern und Reisebündeln, Passagiergut und Passagieren. Vom hohen Hintertheil herab bläst der Kondukteur in sein ehernes Horn, vom luftigen Vordersitz lenkt ein feiner Gentleman, eingehüllt in einen weiten Reisemantel, mit feinem Shawl um den Nacken, seine vier Rosse, die wie die Rehe ihre leichten Köpfe nickend mit ihrer Last daher spielen. O, es ist ein Anblick, der alle andern übertrifft. Eine Menge angenehmer Gefühle werden jedesmal in mir rege, sobald ich solchen Postzug durch die Strasse fliegen sehe; denn ich weiss, dass sie fliegen, weil ich selbst mit ihnen flog. Besonders die Königl. Briefpost zeichnet sich durch das edle Blut ihrer Pferde aus, und ich erinnere mich eines Offiziers in Illminster, der in volle Begeisterung gerieth, als er uns den schönsten aller Postzüge, den der Devonpost mail beschrieb, welcher zwischen London und Plymouth geht, d. h. jedoch, die einzelnen Pferde gehen immer nur ungefähr 2 deutsche Meilen, und es müssen wohl an 80—100 Pferde auf dieser Route sein. Ich selbst sah ihn, und obgleich ich nicht im Stande bin, ein kunstverständiges Urtheil abzulegen, so ist doch leicht zu sehen, dass zwar die eigentlichen Rennpferde nicht schön, sondern langgestreckt, trocken und muskulös sind; aber diese Rosse stehen dicht unter ihnen an Schnelligkeit und Leichtigkeit der Bewegung und haben zugleich eine schöne Form. — Lasst mich hier einer Scene gedenken, die einen lebhaften Eindruck in mir zurück liess. Ich kam vom Bartholomeus' Hospital, welches neben einem der grossen Smithfield Markets liegt, über deren breitgestirnte glatte Schaaren ich manches erzählen könnte, wenn Platz vorhanden wäre. Gut denn! Skennerstreet geht ziemlich steil hinunter nach Farringtonstreet und Holborn hill. Die Strasse verschmälert sich auf der entgegengesetzten Seite bedeutend und deshalb übertrifft das Wagengedränge hier alle Vorstellung; alle Augenblicke ist eine gänzliche Verstopfung, und da der Weg steil abgeht, müssen alle Wagen Hemmschuhe anlegen. Hier war es, wo plötzlich von Smithfield Market eine Heerde Ochsen mit ganz famosen breiten langen Hörnern in das Gedränge hineingetrieben wurde, um nur die Strasse zu kreuzen. Die armen Thiere konnten solchen Wagensturm nicht aushalten, hier ein Wagen, dicht daneben ein anderer; sie schoben sich zwischen durch, wurden gestossen, stiessen wieder, der Schmerz und die Angst machte sie wilder und wilder, eine Schaar drängte sich zusammen, und nun stürmten sie den Hügel hinunter, die Wagen mit Gewalt auseinander treibend. Es war eine schreckliche Verwirrung. Ein allgemeiner Stillstand trat auf dem andern Hügel ein, und die wüthende Schaar wandte sich nach Farringtonstreet, wo sich ihre Wuth wieder abkühlte.

Den 9. November jedes Jahres wird der Lord Mayor für London gewählt; bei jeder neuen Thronsuccession ladet der neue Mayor den neuen Herrscher ein, um ihn zu traktiren und seine Huldigung ihm darzubringen. Da nun das junge Blut, die liebliche Victoria, Königin ward am 20. Juni 1837, so wurde sie auch am 9. November eingeladen. Ich kann Euch nur sagen, dass an keinem Königshofe solche Pracht gesehen werden kann, als an diesem, womit natürlich unser Freund Hume und viele andere verständige Leute garnicht zufrieden sind. Ich für meine Person lobe mir unseres Königs einfache Hofhaltung weit mehr, als dieses Heer geschwänzter und ungeschwänzter Affen, welche dem Lande Geld kosten und ein heilloses üppiges Leben führen. Hume sagt, 14,000 Familien à 2 Thaler die Woche könnten vom Gelde der Kammerdamen und des Hofmarschalls erhalten werden.

Die Illumination am Abend des 9. November war die herrlichste, die ich in meinem Leben gesehen habe. Der grösste Theil der Sterne und Inschriften und Triumphbogen war durch Gas erleuchtet. Ich will Euch die Sache näher beschreiben. Denkt Euch einen grossen Stern von lauter eisernen Röhren, 4 Fuss und vielleicht mehr im Durchmesser, und diese Eisenröhren von feinen Löchern überall durchbohrt. Wird nun Gas hinein gelassen, so strömt es natürlich durch die feinen Löcherchen aus, und wird das ganze in Flammen gesetzt, so funkelt der ganze Stern, oder er spricht vielmehr. Das ist eine Art. Eine andere ist folgende: Denkt Euch: »Lange lebe unsere junge Königin Victoria« von lauter lateinischen hohlen Buchstaben zusammengesetzt und dann ebenso eingerichtet, so spricht das ganze mir diesen Satz. Dann waren aber auch ebenso schöne Inschriften von gefärbten Oellampen. Einige Inschriften waren folgende: »Heil Dir Stern Braunschweigs, — Willkommen holdes Mädchen, — Willkommen Dir — die schwellende Rosenknospe wird sich entfalten und Duft und Wonne verbreiten u. s. w. Das liebliche Mädchen soll sich natürlich sehr gefallen haben. Sie hat sich jedoch völlig, wie eine Königin benommen und ist allgemein beliebt; da sie wie ihre Mutter liberale Gesinnungen hegt und die eingefleischten alten Torys eben nicht liebt, so sind natürlich viele Karrikaturen erschienen, jedoch in Bezug auf die Königin immer noch anständige, was sonst nicht immer der Fall ist. Da ist ein Bild, wo Victoria zwischen Melbourne und John Russel sitzt, unten steht Susannah und die Aldermänner. Wollt Ihr es verstehen, so leset in der Bibel die Geschichte von der Frau Susannah. Ich wiederhole noch einmal: sie ist ein überaus nettes Mädchen, hat etwas Deutsches, wie ihre Mutter, die Herzogin von Kent.... Ich habe wahrhaftig tausend Bogen voll zu füllen und manches viel interessanter als dies. Der König von Hannover Ernst August ist hier über alle Beschreibung gehasst, und die edle wackere Erkläruug der 7 Professoren allgemein gepriesen. Ich kann nur in des englischen Volkes einstimmiger Entrüstung mit einstimmen.

Den nächsten Brief bekommt Ihr vielleicht von Paris. Lebt wohl.

Euer
Ludwig.

London, den 22. April 1838.

10. Meine lieben Eltern!

Ihr werdet Euch wundern, wenn ich Euch sage, dass kein geringerer Mann diesen Brief über das Meer trägt, als Professor Ewald,*)

*) Bekanntlich einer der sieben Göttinger Professoren.

welchen der König von Hannover wegen seiner freien Aeusserungen seiner Stelle entsetzt und fast aus dem Lande verjagt hat. Er lebte seit Weihnachten hier in London, um im Brittischen Museum alte orientalische Handschriften zu studiren, und da John ihn kannte, und ich einst sein Schüler war, hatte ich das Vergnügen ihm etwas von London zu zeigen. — Wir verlassen am 26. Juli London um nach Paris zu gehen, und ich werde mich sogleich beeilen, Euch von meiner Ankunft in der fränkischen Hauptstadt Nachricht zu geben. — Ich war äusserst unzufrieden, London so zeitig zu verlassen; denn wie gesagt: es giebt nur Ein London auf der Welt. Doch habe ich von dem Königlichen Museum in Paris so viel Gutes und Ausgezeichnetes gehört, dass ich glaube, ich werde völlig befriedigt sein, sobald ich nur erst dort bin. — Meine Gesundheit ist nicht ganz fest. Die Ursache davon liegt im Essen, in der rauchigen Luft in London und in der Art der Feuerung. Die englischen Kamine sind eine schöne Sache für die Augen, es sieht nett und freundlich aus; ein warmes glühendes Kohlenfeuer in der Stube ist überaus behaglich. Doch sehr lästig ist es, neben solchem Feuer zu arbeiten, besonders, wenn es kalt ist, wie dieser Winter es war. Jetzt haben wir eine Zeitlang kaltes, unfreundliches Schlackenwetter gehabt. Das Essen ist so, dass Ihr gewiss die erste Zeit etwas lange Gesichter machen würdet. Wenn Ihr in ein anständiges Speisehaus kommt, und seht, dass von Hunderten nichts als ein Stück Fleisch und abgebrühter Kohl, oder abgebrühte Mohrrüben oder Kartoffeln ohne irgend eine andere Zurichtung genossen wird, werdet Ihr Euch gewiss wundern. Das Fleisch ist mitunter recht schön, mitunter ist es zähe, hart. Gute Beefsteaks sind hier so selten, wie in Preussen, und man hält die Frau für eine ausgezeichnete Köchin, die ein gutes Beefsteak zubereiten kann. Mit dem Pudding ist es fast ebenso......

Wenn Ihr in's Zimmer kommt, seht Ihr eine Menge kleiner Tische, und jeder ist von einer hölzernen Wand umgeben, so dass Ihr wie in einem kleinen Stalle sitzt, keinen andern seht und von keinem gesehen werdet. Die Engländer sprechen nicht, alles ist ruhig, jeder liest Zeitungen. Das Mädchen oder der Marqueur kommt und sagt Euch der Reihe nach vor, was er hat: Rinderbraten, Schweinebraten, Hammelbraten, Lammbraten, Kalbsbraten, Plumpudding etc. Das wiederholt er jedes Mal, und es hat mir oft Spass gemacht, mit welcher Fertigkeit sie ihre Küchenzettel ableiern, so fertig, dass ich lange Zeit hindurch sie nicht verstehen konnte. Ich esse mit beiden Händen, wie der beste Engländer, obwohl ich mich nicht damit rühmen will; ich werde nicht verlernen, wie ein Deutscher zu essen.

Ich habe das Unterhaus gesehen und bin eigentlich nicht vollkommen befriedigt worden. Man hört vorher so viel davon und macht sich eine so grosse Vorstellung, dass man in der That nachher sich wundert, wenn alles so einfach und menschlich bleibt. Ein anderes Ding ist der Dampfwagen. Das geht — hast Du nicht gesehen: 5 Meilen in der Stunde — und die Leute haben schon davon gesprochen, dass noch die Möglichkeit bleibt, die Maschinen zu regieren und wenn es auch 20 Meilen in der Stunde ginge. Die kleinen Vögel, wie Sperlinge, Hänflinge etc., können mit dem Liverpool Manchester Dampfwagen nicht Schritt halten, und ein Mann erzählt, dass er einen Vogel eine Minute lang mit aller seiner Macht fliegend vor dem Wagenfenster schweben sah, doch der kleine Bursche musste zurück. Denkt Euch, dass eine Maschine 10—13 lange Wagen zieht, in deren jedem 20—24 Menschen sitzen — und 5 Meilen in der Stunde! Wenn 2 solcher Züge neben einander vorbei fliegen, ist es, als ob ein Zauberbild plötzlich vor Euren Augen vorbei ginge; obwohl der ganze Zug wenigstens von Trebatsch nach Sawall reicht, könnt Ihr nicht das Augenlid wieder aufheben, ehe der ganze Zug vor Euch vorüber gebraust ist. Es ist ein mächtiges Feuer unter dem Dampfkessel, und dies sieht aus, als wenn der Teufel mit seinem Schweife hinter sich durch die Luft kutschierte. Ihr mögt Euch vorstellen, dass es kein Spass ist, wenn zwei solche Maschinen gegen einander fahren, dann setzt es blutige Köpfe und zerbrochene Beine. In England sind nur zwei solcher Dampfstrassen im Gange: die eine ist kurz und geht von London nach Greenwich, die andere ist sehr lang, aber noch nicht vollkommen vollendet und geht von London nach Liverpool durch Birmingham; zwischen Birmingham und London fehlt noch eine grosse Strecke. Man kann daher nicht in einem Zuge nach Liverpool fahren, sondern nur 6 Meilen von London aus, dann mit Pferden bis Birmingham und dann mit Dampf bis Liverpool.

Was meine Studien betrifft, so kann ich nur wiederholen, was ich in jedem Briefe Euch gesagt habe, dass die Gelegenheit vortrefflich ist, und dass ich sie so gut wie möglich benutze. Die englische Welt mit allen ihren wunderbar grossartigen Erscheinungen wird mir immer vertrauter, und sollte es das Schicksal fügen, dass ich als unabhängiger Mann längere Zeit in England bleibe, so würde ich es für meine erste Pflicht halten, so Vielen von Euch, als ich könnte, dies grossartige Schauspiel des Handelslebens zu zeigen. Ihr fürchtet Euch, nach Hamburg zu gehen — sonderbar! — Es ist jetzt möglich, mit einer Ausgabe von 250 Thalern in sechs Wochen auf die bequemste, angenehmste Weise von den westlichsten Niederlassungen in Nordamerika nach Trebatsch zu reisen; denn ein grosses Dampfschiff geht jetzt zwischen Bristol und New-York, welches seine Reise in drei Wochen vollendet. Drei Tage bringen mich von hier nach Hamburg, 39 Stunden von Hamburg nach Berlin und fast ebenso lange Zeit von Berlin nach Trebatsch. — O, dass ich ebenso schnell, wie ich schreibe, meine Wanderung zu Euch vollbracht haben könnte! Ich würde Euch in meine Arme schliessen und über die Freude des Wiedersehens selbst Londons Rauchmeer und Dampfwolken vergessen. Doch Geduld. Es wird kommen die Zeit.

Lebt wohl, grüsst Alle und erinnert Euch Eures herzlich

Euch liebenden Sohnes

Ludwig.

Paris, d. 28. Juli 1838.

11. Meine lieben Eltern!

Das unruhige Meer hat mich glücklich zu Eurem Festlande zurückgetragen; die Ueberfahrt war stürmisch und ich würde ganz seekrank geworden sein, wenn ich mich nicht zeitig in die Kajüte begeben und anstatt in die lärmenden Wellen zu sehen, im Traume nach Euch gesehen hätte. Unerwartet waren wir in Boulogne und fremde Worte umtönten mich von Neuem. Ihr habt keinen Begriff von den sonderbaren Gefühlen, die man hat, wenn man, voll von Gedanken und Redestoff, unfähig ist, weder zu verstehen noch zu sprechen, ausser gleich den kleinen Kindern in abgebrochenen Worten und Sätzen. Es ist ein grosser Unterschied eine Sprache in einem Buche zu verstehen, und dem Sprechen eines lebendigen Buches zu folgen. Dieser Unterschied ist besonders gross in der englischen Sprache, nicht ganz so gross in der französischen. Die Franzosen sprechen etwas langsamer und deutlicher im Vergleich; deshalb konnte ich auch mehr fassen. Ich machte überhaupt den Dolmetscher, da William noch viel weniger verstand. Wir haben indessen beide tüchtige Fortschritte gemacht und raisonniren schon gewaltig französisch, obwohl wir noch nicht völlig im Stande sind, dem Pariser Zungengalopp zu folgen. Ich habe Euch geschrieben, dass der preussische Gesandte in London mir keinen Pass nach Paris geben wollte, weil dies ein gar zu gefährlicher Ort ist, an welchem man unpreussische Ideen einsaugen könnte. England giebt Einem ganz andere Ideen, als die seichten Pariser Zeitungsschreiber und macht Einen viel missvergnügter mit solcher erbärmlichen Kurzsichtigkeit, als ganz Frankreich mit allen seinen hitzigen Köpfen zusammengenommen. Ich nahm einen Pass als ein Engländer, geboren in Bristol und kam ohne alle Hindernisse nach Paris. Frankreich ist indessen ein gar freundliches Land; unser Weg führte uns durch viele liebliche Landschaften, deren Anmuth wir noch mehr genossen haben würden, wenn wir nicht gar zu mürbe geklopft worden wären durch das anhaltende Stockern der ungeheuren französichen Diligence. Dies ist ein gewaltiger Kasten, fast zwei Stockwerk hoch, deren unterer Theil in drei Abtheilungen zerfällt. Die Schnelligkeit ist, wenn nicht grösser, doch gewiss ebenso gross, als die unserer Schnellposten. Am 16. Juli, Morgens 8 Uhr, waren wir in den Thoren von Paris. Wir wanden uns durch seine engen Strassen mühsam zum Posthof, wir schifften uns glücklich aus mit unserer Habe und fanden uns bald sehr behaglich in einem gastfreundlichen Hôtel. Unser erstes Geschäft war nun, wie Ihr leicht denken könnt, ein freundliches Stübchen zu finden, in welchem wir für die ganze Zeit unseres Aufenthaltes in Paris uns niederlassen könnten. Doch dies war ausserordentlich schwer. Welch ein Unterschied zwischen den regelmässig stillen, freundlichen Strassen, in welchen wir in London wohnten, mit ihren breiten Trottoirs, ihren zwei Rinnsteinen, ihren eisernen Gittern, ihrem ebenen Pflaster, der Eleganz und Reinlichkeit ihrer Hausthüren, den glänzenden Thürklopfern, den blendend weissen Schwellsteinen — und einer Strasse in Paris ohne Trottoirs, oder nur mit Stückwerken, mit einem Rinnstein in der Mitte, zu welchem sich die Strasse zu beiden Seiten abdacht. Die Häuser ein wunderlicher Mischmasch, gross und klein, Holz und Stein, schmutzig, die Thüren klein, mit einem langen, dunkeln, engen Eingang, durch welchen ein Hausrinnstein die verschiedensten Abgänge der Küche und des Leibes träge abführt; die Treppen eng, steil, halsbrecherisch, Stockwerk über Stockwerk ohne Ende; die Menschen höflich, fidel, geschmeidig; doch schmutzig, schmutzig, schmutzig! Der Gegensatz ist grell, wenn man von England kommt, dem Lande der Reinlichkeit und Behaglichkeit; er würde nicht ganz so gross sein, wenn man von Deutschland käme. — Nach mühsamem Auf- und Niederklettern fanden wir endlich ein Zimmer, das uns leidlich zusagte, an einem stillen Platze, in der Mitte der Stadt; doch da wir es nur am 1. August haben konnten, so zogen wir zuerst in eine Bodenkammer, wo wir so sehr von den Wanzen geplagt wurden, dass William einige Treppen niedriger in einer kleinen Kammer schlafen musste, während ich in der Mitte des Zimmers, ohne Verbindung mit den Wänden, von den kleinen Unholden ziemlich verschont wurde.

Doch welch ein Unterschied ist in Paris zwischen dem Schmutz der Strassen und der Pracht und Elegenz der öffentlichen Gebäude!

Ihr habt keinen Begriff von der Wunderherrlichkeit einiger Paläste und Kirchen. Der Louvre, die Tuilerien (les Tuileries), der Garten der Tuilerien, der Platz de la Concorde, die Kirche St. Magdalena, der Palast der Invaliden, Kirche Unserer lieben Frau (Notre Dame) und so fort erfüllen uns mit neuen grossartigen Ideen und flössen uns vor dem Volke Respekt ein, welches sie hervorbrachte. Beschreibungen helfen hier nichts. Anschauungen sind es, welche die Seele weit machen und zwischen den Bekümmernissen des täglichen Lebens die Dekoration einer höhern Welt hineinhängen. Das ist der grosse Vortheil des Reisens. Das Grosse, was aus der Ferne gesehen uns nebelhaft und klein erscheint, tritt in aller seiner Wichtigkeit vor uns. Die Franzosen erschienen mir immer in einem etwas kümmerlichen Lichte. Die Sache verhält sich anders. In der Wissenschaft, in der Kunst, in der Thätigkeit des bürgerlichen Lebens finden wir ein lebendiges Fortschreiten, eine Frischheit und Munterkeit, die uns selbst belebt und mit sich zieht. Alle öffentlichen und Königlichen Sammlungen sind offen, ohne Geld; man kann alles sehen, alles lernen. Die Bibliotheken kann man ungehindert benutzen, die Hospitäler, die Vorträge der Professoren kann man besuchen, ohne dafür zu bezahlen. In dieser Beziehung herrscht hier eine Liberalität, welche selbst die Berliner weit hinter sich lässt, obwohl jeder gestehen muss, dass die preussische Regierung fast alle deutschen Staaten an Liberalität übertrifft.

Man sollte erwarten, dass die Pariser diese Gelegenheit auch benutzen und so die gebildetsten Menschen der Erde werden müssten; doch das Gegentheil ist fast immer der Fall. Gewöhnt an diese Rechte von Jugend auf, ist man nicht fähig, ihre Grösse zu schätzen, und nur der Wanderer, welcher die verschiedenen Länder vergleicht, weiss und erkennt die Wichtigkeit der Gabe. Ich werde mein Bestes thun, wie ich glaube in London mein Bestes gethan zu haben.

Heute ist der 2. Tag der grossen Julitage, an welchen 1830 der König Karl X. verjagt, und Ludwig Philipp zum König ernannt wurde. Die Anstalten zur Verherrlichung sind mannigfaltig. Während dieser kurzen Revolution kamen 3—5 Menschen um's Leben. Man hält ihnen zu Ehren heut allgemeine Trauerfeierlichkeiten. Vor dem Louvre (dem königlichen Schlosse) ist ein grosses Gerüst mit schwarzen Gehängen. Die elysëischen Felder sind voll von Buden, in welchen Taschenspieler, Tänzer, Seiltänzer und tausend andere Personen das Volk belustigen; eine grosse Illumination ist vorbereitet und ein schönes Feuerwerk wird erwartet. — Doch alles wimmelt von Soldaten! Ihre rothen Hosen decken die Strasse, die Gänge der Paläste und Gärten und erfüllen den, der nicht an ihren Anblick gewöhnt ist, mit einem drückenden Gefühl der Unsicherheit. Und ich bin nicht an ihren Anblick gewöhnt; denn in dem gänzlichen Verschwinden der Soldaten in England vergass ich das militärische Gewimmel in Berlin: ich werde an dasselbe nicht eben mit grossem Vergnügen erinnert. Ist es angenehm zu wissen, dass diese Tausende nöthig sind, um ein gährendes Volk in Schach zu halten. Dass nicht in dem Volke selbst die Gefühle der Ordnung leben und weben, sondern dass es nach seiner innern Natur zum Aufstand, zur Unordnung geneigt, gleich dem wilden Thiere nur durch die Gewalt gebändigt werden könne! Ist es angenehm zu wissen, dass die einzelnen Staaten eine grosse Militärmacht unterhalten müssen, um sich vor einander zu schützen, dass sie wie reissende Thiere auf ihre gegenseitigen Schwächen lauern, um auf einander loszustürzen? Dass ein Staat nicht der Soldaten bedarf, um seine eigenen Kinder zu regieren, zeigt England und Nordamerika. Doch mit dem Misstrauen der Staaten ist es freilich eine andere Sache, die den denkenden Menschen, wenn er die Wahrheit jener Behauptung eingesteht, mit tiefem Kummer erfüllen muss. — An Napoleon erinnert fast jede Strasse, jeder Platz, jede Wohnung. Alles ist noch voll von seinem gepriesensten Helden. Durch grosse Gebäude verewigte er seine Siege, und in jeder Gemäldehandlung, welche ihre Schätze auf der Strasse aushängt, sind Napoleons Schlachten zu finden. Im schönen Palast der Invaliden hat jeder Invalide sein Gärtchen, und es ist rührend zu sehen, wie fast jeder dieser alten Knaben eine Büste Napoleons in der Mitte dieses Gärtchens aufgestellt hat.

Ihr wisst, dass die Naturwissenschaften in England mein vorzügliches Augenmerk waren. Sie sind es auch in Paris. Doch werde ich eine grössere Aufmerksamkeit den Hospitälern schenken, als ich es in England gethan habe, indem ich hier nichts für ihren Besuch zu bezahlen habe. Hier ist eine grosse ungeheure Anstalt, genannt der Pflanzengarten (jardin des plantes). In diesem sind alle naturwissenschaftlichen Sammlungen vereinigt. Die verschiedenen Gebäude und Gärten, welche ihn bilden, umfassen einen Raum von 90 Morgen. 13 Professoren sind als Verwalter angestellt in den verschiedenen Fächern. Sie halten Vorträge, welche von jedem ohne Bezahlung besucht werden können. Die grösste Sammlung ausgestopfter Thiere und Thiere in Spiritus ist in dem naturhistorischen Museum, und fast die grösste Menagerie lebender wilder Thiere ist in den verschiedenen Gebäuden. Die Sammlung der Gesteine (im mineralogischen Kabinet) und der verschiedenen Pflanzen (im botanischen Kabinet) sind ebenfalls hier. Dieser Ort ist ausser den Hospitälern mein vorzüglichster

Tummelplatz. Um die Bildung der Erde um Paris kennen zu lernen, um Steinbrüche, Durchbrüche von Strassen und Flüsse zu besuchen, werde ich häufig Fussreisen machen. — Die Lebensart ist in vielen Punkten verschieden von der englischen und auch von der deutschen. Am Morgen trinkt man Kaffee, doch die Verhältnisse zwischen Milch und Kaffee sind umgekehrt. Wie Ihr Milch zum Kaffee giesst, so giesst man hier den Kaffee zur Milch. Der Kaffee ist natürlich sehr stark. Man isst Mittag um 4 Uhr. Die Suppen stellen sich wieder ein, welche in England von ganz anderer Natur und Bedeutung waren. Die Gerichte sind besser zubereitet und nicht roh, wie in England. Man thut hier zu viel, in England zu wenig. Wein ist überall die Losung. Man hat hier fast kein anderes Getränk als Wein und Wasser; es ist ein leichter rother Wein, welcher sich recht angenehm trinkt und per Flasche 60 Pfennige kostet. Am Abend keinen Thee, keinen Kaffee, sondern Wein mit Wasser und Butterbrot. Doch muss ich hier hinzufügen, dass ich zu kurze Zeit in Frankreich bin, um schon vollkommen mit der Lebensart vertraut zu sein. Ich weiss nicht, ob ich je in einem Briefe an Euch meine Zuneigung zu den englischen Mädchen an den Tag gelegt. Ich muss Euch gestehen, dass meine Tugend vielleicht stark in's Gedränge gekommen wäre, wenn mich meine Studien nicht so beschäftigt hätten, dass ich nur von Zeit zu Zeit einer bescheidenen Augenweide mich hingeben konnte und dann war auch mein Herz immer halb und halb versagt. Es sind volle, schöne, frische Formen, viele von ausserordentlich schönem Wuchs und besonders schöner Taille. London ist besonders reich an hübschen Mädchen, die sich noch besonders durch ihre Zurückhaltung und Sittlichkeit auszeichnen. Die Französinnen sind fast alle klein, selten voll, sondern mager; sie scheinen wärmer, entzündbarer als die Engländerinnen, welche eher entzünden, als entzündet werden. Sie haben keine so gute Taillen, aber einen kleineren netteren Fuss, als meine Freundinnen. — Die Weiber thun hier alles. Sie führen die Geschäfte des Ladens, die Rechnungsbücher, verwalten die Kaffees, Speisehäuser; das zieht sich durch alle Klassen, und die Bauerfrau macht, wie in Deutschland, zugleich ein halbes Pferd. Alles dies ist den englischen Sitten gerade entgegen. Die Frau, zurückgezogen in ihrer Wohnung, in ihrer eigenen Stube, ist beschäftigt mit ihren Kindern oder mit der Sorge für ihren Mann, für die Küche. Nur in Cigarrenläden locken hübsche Weiber die vorüber gehenden Männer; sie sind aber von verdächtiger Tugend. Die Begriffe von Ehe und ehelicher Treue sind in Paris nach allem, was ich gehört, sehr schlaff, und das Ehegewissen sehr weit. Während in England jeder nach der Beendigung seiner Geschäfte sein eigenes behagliches Zimmer sucht, um mit sich, mit seiner Familie, mit seinem Kohlenfeuer zu leben, sucht der Franzose das Kaffeehaus, die öffentlichen Plätze auf, um eine Art von öffentlichem Leben zu führen.

Nun meine lieben Eltern lebt wohl, grüsst alle.

Euer Euch herzlich liebender Sohn
Ludwig.

Paris, d. 12. September 1838.

12. Meine geliebten Eltern!

Ich mache mich gar bald dabei Euern, mir so angenehmen Brief zu beantworten; denn ich bin sehr besorgt Euch zu zeigen, dass ich in England nicht meinetwegen, sondern nur Euretwegen schwieg, wohlwissend, dass Ihr nicht nur meine Briefe, sondern auch Eure Antworten theuer bezahlen müsstet. Hier ist es anders. Ich weiss zwar nicht genau, ob Ihr etwas zu bezahlen habt für meine Briefe, obwohl ich sie frankire; doch weiss ich, dass Ihr alle Monate an mich schreiben könnt, und dass ich mit Freuden die unbezahlten Ankömmlinge in Empfang nehme. Mein Brief an K. war nur kurz, aber inhaltschwer. deshalb muss ich ein halbes Jahr zurückgehen, um Euch unsere jetzigen Verhältnisse auseinander zu setzen. Schon im Februar wiederholten sich die Unfälle des alten Nicholson auf eine sehr beunruhigende Weise; der unglückliche Mann hatte zwar die letzten 2 Jahre fast nur vegetirt; doch war er ziemlich bei Kräften und konnte sich täglich der freien Luft, eines Spazierganges im Parke oder einer Spazierfahrt in den freundlichen Umgebungen Cliftons erfreuen; der Winter nahm ihm eine Freude nach der anderen und raubte ihm zuletzt fast das Bewustsein seines kümmerlichen Daseins. Jeden Augenblick fürchteten wir seinen Tod; doch der Kampf war hartnäckig, obwohl an ein Siegen nicht zu denken war. Wir bereiteten uns indessen zu unserer Abreise nach Frankreich vor, indem Williams Gegenwart selbst beim Todesfalle seines Vaters nicht unumgänglich nöthig war, und wir über die Nähe oder Ferne dieses Ereignisses natürlicher Weise im Dunkeln schwebten. Doch war es des alten Nicholsons und Williams eigener Wunsch, dass William vor seiner Abreise noch einmal nach Clifton käme. Ihr wisst, wir waren in London. Ich hatte so viel zu thun, meine Seele war fast in das Museum gebannt und härmte sich darüber, eine so reiche, so herrliche Sammlung sobald verlassen zu müssen. Meine erste Bitte an William war also, mich ruhig in London zu lassen, wo ich am Ende doch für uns beide sammelte. Durch eine freundliche »Unter die Arme Greifung« von Seiten Johns wurde mir dies dann auch möglich, und ich war der

Trauer enthoben, die William so schmerzlich zu erfahren hatte. Am Sonnabend, den 16. Juni, Abends, starb der alte Nicholson einen schweren Tod, dessen Schwere jedoch sein verdunkeltes Bewusstsein glücklicherweise gewiss nicht gefühlt hat. Er war im 69. Jahre; doch die Regelmässigkeit seines Lebens hätte ein höheres Alter erwarten lassen. Bis zu seinem 37. Jahre unverheirathet, war er nach Barbados gegangen, wo seine regelmässige Sparsamkeit, eine gute Heirath und ein gutes Amt es ihm möglich machten, ein reicher Mann zu werden; denn er hatte nichts zuvor; seine Eltern waren für englische Begriffe nichts weniger als wohlhabend.

Unsere Pläne gehen sehr weit, indem wir gedenken anderthalb Jahre auf eine Reise an's Mittelländische Meer und durch Italien zu verwenden. . . . .

Durch den Tod des alten Herrn hat sich Vieles geändert und wir können uns nun unseren Arbeiten und Plänen widmen. Rasch und kräftig gehen die ersteren vorwärts; wir weiten uns nach allen Seiten, ermuntern uns gegenseitig und sind uns selbst vollkommen genug. Da kommt kein Gedanke nach physischer Befriedigung in unsere Brust, wir studiren in Paris nicht pariser Gourmandie, leben nüchtern, mässig — sind fest überzeugt, dass wir besser thun das Unsterbliche in uns in reichlicher Fülle für alle Ewigkeit auszustatten, als unsere Körper für den flüchtigen Augenblick mit schädlichen Genüssen zu schwächen. . . . .

Ihr fragt mich, ob ich die Krönung der Königin Victoria gesehen habe? Und wie habe ich sie gesehen! Zweimal zog ihr alterthümlicher Pompwagen mit den 8 isabellfarbenen Pferden vor mir vorüber, zweimal schwenkte ich meinen Hut und rief mit der zahllosen Menge, die mich fast erdrückte: »Long live the Queen.« Die Illumination war äusserst glänzend; glänzender als bei ihrem Besuch der City, von welchem ich Euch früher geschrieben habe. Das Gas machte sich sehr gut, es war ein Licht in den Strassen, welches mit der vollen Sonne fast wetteiferte. — Wir sind immer glücklich! In London hatten wir das seltene Schauspiel einer Krönung und zwar der Krönung eines jungen, lieblichen Mädchens, das man lieber in den Arm nehmen und herzen und küssen möchte, als zu sehen, wie eine kalte, schwere Krone ihr warmes Jugendleben niederpresst. In Paris wohnten wir der Feier der 3 Julitage bei und sahen, wie sich die Franzosen in den elyseïschen Feldern ganz gehörig lustig machten. Ich glaube keine Nation ist so erfinderisch in Spielen und Kunstgriffen aller Art, um dem Schaulustigen auf eine anständige Weise das Geld aus der Tasche zu locken. Ich will

Euch von allen Dingen eines erzählen, was William und mich ganz besonders amüsirte. Am Eingange der elyseischen Felder hielt ein Wagen, den ein Haufe gaffenden Volkes umstand. Auf dem Kutschersitz sah man eine Reihe von angezündeten Wachskerzen und hinter diesen stand ein Mann, welcher mit sehr lebhaftem Geberdenspiel Gesundheitspulver anpries. Es war ein Quackdoctor. Vom Kopf bis zu der Sohle ging er mit einer reissenden Schnelligkeit alle Krankheiten durch, welche durch dieses einfache Pulver geheilt werden könnten, und nach jeder Pause reichte er eine Menge von Dosen an die Menge, welche sich kauflustig herandrängte. Eine Frau sass im Wagensitz, und als der Mann sich niedersetzte, um zu verschnaufen, sah ich mit Erstaunen, wie Madame sich erhob, eine Trompete in der Hand, und die verwunderten Franzosen mit einem ganz gehörigen Trompetensolo regalirte. Nachdem sie geendet, begann Monsieur von neuem und nahm ein dickes Buch aus seiner Tasche, welches, wie er vorgab, alle seine Atteste enthielt, unter denen sich auch einige vom Papste befanden, was natürlich für die katholischen Pariser von Wichtigkeit ist. So ging es fort. Diesen Mann habe ich nachher fast jeden Abend dasselbe Manöver wiederholen gesehen, und ich bin überzeugt, dass er sich besser steht als viele ehrbare Doctoren in Paris. Am 29. August 1838 fanden die Feierlichkeiten zur Verherrlichung der Geburt Alberts, Grafen von Paris statt, des Sohnes des Prinzen von Orleans und der mecklenburgischen Prinzessin. Die Pariser wollen amüsirt und unterhalten sein. Sie hassen Langeweile und alles was dauert, macht ihnen Langeweile. Am Abend war ein glänzendes Feuerwerk — ein Prachtwerk — den Ausbruch eines Vulkans darstellend; die Raketen und Schwärmer und andere tausend verschiedene Dinge der Art, hellten den dunkeln Nachthimmel, und da das Feuerwerk auf einer Brücke abgebrannt wurde, hatte man den Wiederschein im Flusse — es war wunderschön!

Ich habe fleissig Ausflüge in die Umgegend von Paris gemacht. Hügel umkränzen diese ausgedehnte Stadt fast von allen Seiten, und diese Hügel und Berge sind mit Wein bedeckt. Wie wandert und denkt sich's so schön zwischen den Reben! Vor einigen Jahren erfuhr ich das auch; doch wird meine Hand wohl keinen Trebatscher Wein mehr keltern. Obst und Wein sind hier in Fülle und deshalb billig. In vielen Weinbergen, wo edlere Weine gezogen werden, sind eine Menge steinerner Mauern gebaut, alle weiss getüncht, an welchen der Wein gezogen wird. Die Frage war einmal, ob die weisse oder schwarze Mauer besser sei; man glaubt hier die weisse, ich glaube indessen die schwarze. — Wie ein Donnerschlag hat mich Albert R.'s Tod getroffen.

Ich wusste nichts von seiner Krankheit. Ein Mensch in der Fülle seiner Jugend und Gesundheit! Der erste meiner Altersgenossen und der frühe Jugendgespiele dazu! Armer Albert! Ich will durch meine späten, tiefen Mitleidsbezeugungen den Eltern nicht die kaum vernarbten Wunden wieder aufreissen; doch so ernste Stimmen gehen nie ohne tiefe Wirkung an mir vorüber. Nun lebt wohl, meine lieben Eltern, grüsst alle die Freunde, alle die Angehörigen viel tausend mal von Eurem herzlich

Euch liebenden Sohne
Ludwig.

Paris, d. 20. November 1838.

13. Meine lieben Eltern!

Ich sollte zwar noch warten mit meinem Briefe, damit ich Euch über eine besondere Angelegenheit nähere Auskunft geben könnte, doch, da es möglich ist, dass eine ziemlich lange Zeit verstreicht, ehe ich vollkommen über die Sachen im Klaren bin, kann das Ende in einem anderen Briefe berichtet werden. Ihr wisst, dass ich eine Erlaubniss vom Ministerium habe bis zum Jahre 1840 reisen zu können, dass ich dann aber zurückkehren müsse, um mein Jahr abzudienen. Da ich nun aber in Paris wenigstens 1½ Jahr bleiben will, da ich hierauf nach der Küste des Mittelländischen Meeres zu gehen beabsichtige, da ich, wer weiss, wieviele Museen in Wien, Frankfurt a/M, Leyden zu besuchen gedenke, so ist es ersichtlich, dass ich 1840 nicht zurückkehren kann. Ueberdies ist es nun auch ebenso sicher, dass ich nach meinem Marsche durch Europa nach Westindien gehe, um dort vielleicht 4 Jahre zu bleiben d. h. nicht allein auf Barbados, wo William viele Verwandte hat, sondern auch auf Jamaica, Cuba und wenn alles sich glücklich fügt, gehen wir dann auch nach Mexico. Das lässt sich alles nicht bis 1840 abmachen. Nun aber habe ich keinen preussischen Pass und der englische Pass möchte vielleicht in Oesterreich oder in Italien nicht für mich hinreichen, wenn man auf eine oder die andere Weise merkte, dass ich ein Preusse sei. Ich habe deshalb an das Ministerium geschrieben und nicht nur um einen Pass, sondern auch um eine Verlängerung der Zeit gebeten; ja ich habe vorgestellt, dass es billig sei, mich ganz von der Militairpflicht zu befreien, da ich mich den Gefahren einer Seereise und eines ungesunden Klimas auf solange Zeit für die Bereicherung der Wissenschaften aussetze. Diesen Brief habe ich auf der Gesandtschaft abgegeben und hoffe eine günstige Antwort zu erhalten. Erhalte ich meinen Pass, so hoffe ich Euch vor meiner Reise nach Westindien zu besuchen; erhalte ich keinen, so würde mir dies etwas schwer werden, da man mich in Preussen vielleicht als Deserteur festnehmen möchte.

Hier in Paris wird wacker gearbeitet. Die Gelegenheit, in allen Dingen sich Kenntnisse ohne Geldaufwand einzusammeln, ist ausserordentlich. Ich wundere mich, so oft ich dies überlege, wie es komme, dass die Pariser nicht alle unendlich weise Leute sind. Doch es giebt darauf Antworten genug.........

Der Winter hat sich nun gemach eingestellt. Es ist ein veränderliches, unangenehmes Wetter, nicht trockenkalt, sondern regnerisch, nasskalt, neblig, unerquicklich; jetzt offenbaren sich in aller ihrer Herrlichkeit die Tugenden der engen, übel riechenden Strassen, in welchen nur die Schweine fehlen, um das Bild zu vollenden. Doch treten wir aus dem Getöse, aus dem Schmutze der Strassen in die immer offenen Kirchen. Wie ein Zauberbild erscheint der ruhige Zug der aufstrebenden Säulen, über welchen das Gewölbe mit vielfach sich kreuzenden Bogen ruht. Der Hochaltar mit den langen Kerzen, die Kapellen mit den schönen Gemälden, alles so gross, so still, so reinlich, so ansprechend. Dann schleicht hier ein altes Mütterchen, oder ein gekrümmter Greis macht andächtig sein Krenz, wenn er das Bild der heiligen Mutter passirt; dort wispert ein Mädchen ihre Ave Marias, ohne zu wissen, was sie wispert. Mit der Religion halten es nicht viele Leute hier. Wie verschieden doch die Völker sind! In England wird man fast für gottlos gehalten, wenn man nicht jeden Sonntag zweimal in die Kirche geht; in England will man kaum erlauben, dass man am Sonntage reise, und selbst die Post ruht. In Frankreich denkt man nicht an die Kirche, nennt diejenigen, welche hineinschleichen um ihre Paternoster zu leiern, bigott und arbeitet Sonntags wie Alltags selbst in den öffentlichen königlichen Bauten. Bei uns hält man die Mitte, wie Ihr wisst, und nennt diejenigen, die alle Sonntage in die Kirche gehen »Scheinheilige.« Man ist zufrieden mit sich, wenn man alle drei Wochen einen Kirchgang macht. An den öffentlichen Bauten habe ich in Berlin nie am Sonntage arbeiten gesehen. Soll ich meine Meinung sagen, so muss ich bekennen, dass mir der Sonntag als Ruhetag, als Erholungstag, als Tag der Andacht und des Vergnügens, so natürlich ercheint, dass ich das Arbeiten für unnatürlich halten muss. Es giebt Fälle der Noth; doch mag man sich wohl hüten, nicht zu oft Nothwendigkeit zu sehen, den Sonntag zu brechen.

Mit der Feuerung ist es hier wo möglich noch schlechter als in London. Kein Ofen; ich spreche von unserer Stube und von denjenigen des ganzen Hauses. Der Heerd ist auf dem Fussboden, der mit einer

Art Ziegel gedielt ist. Man brennt Holz, Lohkuchen, Torf, Steinkohlen. Solange es nicht zu kalt ist, geht die Sache wohl; doch ein harter Winter muss sehr unangenehm sein.

Habe ich Euch geschrieben, dass ich einige Zeit täglich auf das Klavierspielen verwende? Ich habe schon ziemlich Fortschritte gemacht und William hat gleichfalls angefangen. Zu einem erfreulichen Ganzen mich und ihn auszubilden, das ist, wie Ihr wisst, mein letztes Ziel. Warum soll ich diesem Ziele nicht nachstreben, da mir die Mittel zur Hand sind? So habe ich auch William vermocht, das Zeichnen zu lernen. Das ist für uns beide eine gar nothwendige Sache; doch ist es für mich unmöglich, wenigstens gegenwärtig, da meine Augen so voll von schwarzen Flecken sind, dass ich wirklich ernstliche Bange hatte, blind zu werden. Und wenn ich blind würde! Wenn ich als blinder Mann, fast unfähig öffentlich zu wirken, zu Euch zurückkehrte, um das innere Licht den Ungesehenen auszuschütten. Was würdet Ihr sagen? Wie würdet Ihr mich empfangen? In London ergriff mich einst die fixe Idee, ich sei schwindsüchtig. Sie quälte mich Tag und Nacht, wie ein Alp! Wo soll ich bleiben fragte ich mich! Allein; vielleicht verlassen von William, der nicht sich aufhalten lassen will, um den Tod eines Freundes abzuwarten? Vater, Mutter, sollte ich zu Euch zurückkehren, um statt der frohen Hoffnungen, die der gereifte Mann Euch zu erfüllen verspricht, meine sterbende Hand zum ewigen Lebewohl in die Eurige zu legen? Und dennoch gab mir der Gedanke an die Zuflucht zu Euch Beruhigung und Genesung. Aber ich glaube auch, dass das Misstrauen gegen William ungerecht war. Hört warum? Als William Herr seines Vermögens war, und wir uns anschickten nach Paris zu gehen, sagte er mir: »Meister Ludwig es ist möglich, dass ich sterbe; ich will mein Testament machen. Ich setze Dich zum Universalerben bis auf eine kleine Summe ein. Solltest Du Dich nicht verheirathen, so fällt das Geld an meine Familie zurück; verheirathest Du Dich aber, so bekommen Deine Kinder das Vermögen«. Und wie gesagt, so gethan; er hat sein Testament gemacht und mich zum Universalerben eingesetzt. Ist dies nicht ein schönes Freundschafts- und Liebeszeichen? Doch nun wieder nach Paris! Ich habe in meinen Arbeiten in den öffentlichen Anstalten gefunden, dass die Franzosen, besonders die unteren Bedienten nicht so wohlwollende freundliche Leute sind, wie die Engländer. Dieser niederträchtige anmassende Bediententon ist mir gar oft widerwärtig gewesen. Unter den höhern Leuten sind einige äusserst verbindlich, andere kalt und zurückstossend. O, wie wohl thut dem Reisenden nicht ein freundliches Wort, dem Studirenden eine theilnehmende Anrede oder Frage?

Es ist ein erquickender warmer Regen auf ein durstendes Saatfeld. Ich werde London nie vergessen. Sie lasen mir fast meine Wünsche aus den Augen, ohne dass ich sie mehr anging als diesen anmasslichen Tross der selbstgefälligen französischen Diener, die soviel mit ihrer eigenen grossen Nation beschäftigt sind, dass ihr Herz für Herzlichkeit keinen Platz hat. Ich bin gegenwärtig (3 Monate lang) der einzige Mensch in dem grössten Museum der Welt, der anhaltend dort studirt. Ich habe wenigstens keinen anderen gesehen, obwohl ich jeden Tag, der frei ist, hingehe. Es kommen Menschen genug, um aus Neugierde durch die Sammlungen zu laufen, mehr als in Berlin, denn die Franzosen sind viel neugieriger; aber neue Ideen tragen sie gar wenige mit sich hinfort. Ich wünsche mein Urtheil möge falsch sein, aber ich muss gestehen, dass ich bis jetzt die Franzosen nicht sehr lieb habe.

Indem sich nun in so vielen Beziehungen neue Anschauungen aufdrängen und ich das Unbekannte gar gern mir aneignen möchte, finde ich, dass mir mancher gute Rath gute Dienste leisten würde. So würde ich zum Beispiel gern an Raimund*) schreiben, um ihn zu bitten, mir zu sagen, wie ich nützliche Beobachtungen in den verschiedenen Bauten anstellen könnte, die ihm selbst am Ende zu Gute kommen würden. Ich habe Gelegenheit gehabt Brückenbauten, Schleusenbauten, verschiedene Pflasterarten pp. zu sehen, doch nicht wissend, was vorzüglich zu merken sei, sind die Eindrücke sehr oberflächlich geblieben.

Mit meinem französisch Sprechen geht's nun schon recht gut. Ich verstehe schon die geschwindesten Zungen und weiss meiner Zunge eine französische Beugung zu geben; doch wie die Leute mir nicht gefallen, gefällt mir auch die Sprache nicht. So hochtönig, so grosssprecherisch ist alles, alles so anmassend! Ich werde mein Lebtag kein Franzose werden.

Paris ist jetzt ausserordentlich unsicher. Fast jede Woche, ja fast jede Nacht werden Menschen in den Strassen angefallen und geplündert. Wehren sie sich, so werden sie selbst niedergestochen. Neulich hat eine Schildwache in den Tuilerien einen Menschen erschossen, der das Ansehen hatte, als wollte er die Schildwache erschiessen. Ihr seht, dass es bedenklich sein muss, wenn die Schildwachen geladene Gewehre haben. Selbstmorde sind ausserordentlich häufig, und jeden Tag findet man in der Morgue, einem kleinen Hause, Menschen, die todt gefunden wurden, und die man dem Publikum zeigt, um ihre Namen zu erfahren. In der Morgue sind 10—12 hölzerne

*) Der älteste Bruder L's, ein Baumeister.

Gestelle hinter einem Gitter, auf welchen die Leichen nackt ausgestellt werden; ihre untere Bauchgegend ist indessen beständig bedeckt; ihre Kleider hängen auf Stangen. Vermisse ich einen Menschen, so gehe ich nach der Morgue, um zu sehen, ob er gefunden ist. Wird der Name des Todten nicht gefunden, so wird er von den Medicinern secirt. Die Einrichtung ist recht reinlich und für Paris nothwendig.

Nun, meine lieben Eltern, tausend Grüsse und tausend Küsse an Euch und alle von

Eurem Euch herzlich liebenden Sohne
Ludwig.

Paris, d. 7. Januar 1839.

14. Meine geliebten Eltern!

Lasst Euch denn zu allererst ein recht fröhliches glückliches neues Jahr, nach altem guten Brauche, zurufen! Mag es alle die Wünsche des alten Jahres in Erfüllung bringen und vieles Erfreuliche dazuthun. Ich muss bekennen, dass mein heiliger Christ von Preussen her nicht der angenehmste war. Ich habe eine Antwort vom Ministerium erhalten; doch es hat meine Erlaubniss nicht verlängert; den 1. Oktober 1840 soll ich zurückkehren, um mein Jahr abzudienen, wenn daraus etwas werden soll, so können alle meine Pläne nicht in Erfüllung gehen!......doch kommt Zeit, kommt Rath......

Weihnachten ist für die französischen Kinder kein leuchtendes Freudenfest; die Christbäume sind nach allem, was ich darüber von meinem Wirthe erfahren, hier völlig unbekannt; doch der Neujahrstag ist ein Tag der Geschenke, fast wie bei uns. Alles besucht und beschenkt sich. Man hatte früher Erleuchtung der Kirchen und öffentliche Processionen an dem Christfeste; doch nach der Julirevolution 1830 wurden sie verboten, weil die Diebe die Zeit benutzten, um den Gaffern ihre Schnupftücher, Uhren etc. zu stehlen. — Wir hatten während der letzten 3 Wochen einigen Frost und litten deshalb jämmerlich an unseren schmauchenden Kaminfeuerchen; doch gegenwärtig ist ein gelinderes Regen- und Nebelwetter eingetreten, das für die Gesundheit noch nachtheiliger ist. Was meine Augen betrifft, so scheint es, als wenn sich die Flecke fixirt hätten; sie vergrössern sich nicht und das ist genug. Ich hatte einen kleinen Schreck, als ich erfuhr, dass Dein Grossvater den grauen Staar gehabt; doch ist daraus nichts zu schliessen, indem der graue Staar durch das Alter und durch die Lebensart veranlasst worden sein kann, ohne schon vorher in der Konstitution gelegen zu haben. Ich hoffe, dass ein längeres Reisen in Berggegenden zur Heilung beitragen wird. In dieser Beziehung könnte ich mit Karl Friedrich *) einen recht vortheilhaften Tausch machen, bei dem jeder seinen Zweck erreichen und gesund bleiben würde d. h. nämlich, wenn ich Schiffer und er Gelehrter würde, oder wenn er mir seine Augen und ich ihm meine Beine gäbe; denn von Gicht und Rheumatismus bin ich vollkommen frei. William hat hübsche Fortschritte im Zeichnen gemacht, und er will, wenn er soweit gekommen ist, von mir einen Schattenriss nehmen, um Euch denselben nach Trebatsch zu schicken, ich unterlasse jedoch nie, ihm auseinanderzusetzen, dass ich dort schon in aller Glorie hänge und dass der junge Ludwig sich gar gewaltig gegen den alten wehren möchte. Im Fortepiano spielen machen wir beide ziemlich Fortschritte, und die Sache fängt an etwas amüsant zu werden, nachdem wir uns durch die Fingerübungen mühsam durchgeschlagen. Aus dem grossen Ruin meines früheren Klavierspiels hatte ich zwei Walzer gerettet, welche ich mit grossem Vortheil in England in einigen Gesellschaften vortrug; freilich war es nicht viel, aber dennoch sahen die Leute, dass mir die Sache nicht ganz unbekannt war. Es kommt nicht darauf an, dass Karl **) aussergewöhnlich geläufig, sondern dass er gefühlvoll spiele, dass er selbst fühlt, was er mit seinen Fingern kunstvoll zusammenwebt. Den Rath werde ich meinen Neffen allen geben und denjenigen Nichten, die es nicht, wie Mutter Minna ***) vorziehen, sich an die Wirthschaft zu halten, was freilich für sie besser ist.

Die politischen Angelegenheiten haben uns die letzte Zeit einige Sorge gemacht. Wir lauern mit Schmerzen auf den endlichen friedlichen Ausgang der holländisch-belgischen Streitigkeiten. Was das allgemeine Recht betrifft, so glaube ich, dass man Luxemburg an Belgien geben sollte, da die Bewohner von Luxemburg nach ihrem Glauben, ihren Sitten und ihrer Industrie mit den Belgiern übereinstimmen und von den Holländern sich unterscheiden; so sind sie z. B. katholisch, die Holländer dagegen Protestanten. Nur kein Krieg! Der König von Frankreich ist dem Frieden wohl geneigt; aber es sinkt das Vertrauen der Nation zu ihm mehr und mehr. Ihr könnt Euch nicht einbilden, wie die Journale verblümter Weise gegen ihn schreiben; sie mässigen sich nicht im Geringsten. Wir fürchten täglich, dass das Ministerium entlassen werde; doch ich will nicht sagen »wir fürchten;« denn wir glauben selbst, dass das jetzige Ministerium, dessen Präsident der Graf Molé ist, den Umständen nicht gewachsen ist. . . . .

*) Barth, der an der Gicht litt.

**) Aeltester Sohn von Barth.

***) Seine Mutter.

Ich habe die letzte Zeit viel mit Affen zu thun gehabt, deren der Pflanzengarten eine grosse Anzahl von allen Gattungen besitzt. Hier kann ich die Thierseite der Menschennatur recht gut studiren, wenn es mir nicht möglich wäre, sie an allen Strassenecken zu finden. Alle die Gier und Missgunst, Unterdrückung der Schwachen, kurz die Bestialität in ihrer vollsten Blüthe giebt sich bei diesen Geschöpfen zum Besten.

Ich habe auch mit Aufmerksamkeit die Gemäldegallerie im Louvre besucht, und ich thue es gewöhnlich des Sonntags, wo sie offen ist, da das Wetter jetzt so schlecht ist, dass ich keine geologische Exkursionen machen kann. Das wäre also meine Sonntagsfeier. Ich bin weit entfernt zu glauben, dass man nur in der Kirche den Feiertag heiligen könnte; im Gegentheil ich hasse das zweimalige Kirchengehen der Engländer und besonders der Engländerinnen recht herzlich. — ......

Ich schreibe Euch über die verschiedenen Dinge, die ich vornehme, damit ihr mich mit Euren Gedanken leichter begleiten könnt, ebenso wie ich mit Freuden von Euch höre und mich in alle Eure Lebensverhältnisse zurückträume. Ich kann Euch versichern, dass kein Tag vergeht, wo ich nicht an Euch denke, dass ich nie einschlafe, ohne für Euch wie für mich zu beten. Ich werde Euch nicht vergessen, ebensowenig, wie ich meinen Gott vergessen werde; ich bin aber auch überzeugt, dass Gott, wie Ihr mir nahe bleibt, auf welchem Punkte unseres kleinen Erdballs auch meine reiselustigen Füsse stehen oder wandern mögen.

So sag ich Euch denn ein herzliches Lebewohl. Grüsst mir alle die Unsrigen nach allen Seiten. Euer herzlich

Euch liebender Sohn
Ludwig.

Paris, d. 26. Februar 1839.

15. Meine geliebten Eltern!

Ihr denkt, ich erlebe mehr als Ihr in Eurem Stilleben, und deshalb soll ich nicht eine Antwort auf meinen letzten Brief abwarten, sondern Euch nur lieber gleich einen neuen schreiben. Ich könnte manches Traurige mittheilen; denn ich habe die letzte Zeit herumgesiecht und herumgekrankt, dass ich selbst nicht wusste, wo aus, wo ein. Doch wie der Frühling kommt, wie der Saft in den Bäumen steigt, kehrt auch mir allmählich frische Lebenslust und Heiterkeit zurück. Wir sind nun allzumal wunderliche Geschöpfe des Wechsels, und am Ende würden wir die Freude nicht kennen, wenn nicht Sorge und Kummer uns manchmal heimsuchten. Ich sage Euch, ich war gichtisch oder vielmehr rheumatisch geworden, nicht allein wie Schwager B., sondern wie ein alter Mann, der vor jedem Lüftchen sich fürchten muss. Ich schlief in einer abscheulichen zugichen Kammer und war auch im Museum stets der Kälte und dem Zugwinde ausgesetzt. Diese Umstände haben all mein Unglück zu Wege gebracht. Ich habe ihnen nun abgeholfen und hoffe meinen Wagen bald wieder im alten Geleise zu treiben. Wir leben jetzt in der Fastenzeit und Ihr wisst, dass die Katholiken, die sich nach den Gesetzen ihrer Kirche richten wollen, gewaltig hungern müssen. Vor dem Beginn der Fasten, wurde der Karneval gefeiert, an welchem die Pariser alle zusammen schienen Narren werden zu wollen. Die Fleischergilde führte an den Tagen des Karneval, am 10—12. Februar, einen ungeheuren Ochsen und einen im Verhältniss noch grösseren Hammel durch die Stadt. Der Ochse war 11 Fuss 4 Zoll lang, 6 Fuss 7 Zoll hoch und wog 3095 ℔. Das Gewicht des Hammels habe ich nicht erfahren. Beide kamen aus der Normandie, wo das schwerste Vieh für Frankreich gezogen wird. Ich habe übrigens in Berlin einen noch grösseren Ochsen gesehen, dessen Länge 12 Fuss angegeben wurde. Die ehrwürdigen Fleischer waren alle in Maskenanzügen als Türken, Chinesen u. s. w. Um 3—4 Uhr am 12. Februar waren alle Boulevards mit Menschen gefüllt, welche dem Wagengedränge zusahen, in welchem die Masken vorüberzogen. Die Franzosen sind sehr erfinderisch in diesen Dingen und sind voll von Witz und Spässen, welche sie an Jedem auszulassen suchen. Früher soll der Karneval viel glänzender gewesen sein; doch da viel Unfug zu geschehen pflegte, so hat die Regierung mit Recht diese Freiheiten beschränkt. — Vielleicht habe ich Gelegenheit, den Karneval auch in Rom zu sehen, wo er noch in aller seiner Ausdehnung besteht; im Ganzen genommen sollen indessen die Römer nicht so zu Zweideutigkeiten geneigt sein, wie die Franzosen, worüber ich indessen nichts weiss. Die Franzosen geniren sich ausserordentlich wenig. Selbst im gewöhnlichen Leben sprechen sie frei von der Leber weg, was sich im Munde der Frauen oft höchst lächerlich ausnimmt. . . . .

Wenn man auch gewöhnliche Leute wie z. B. unser Dienstmädchen sprechen hört, sollte man wirklich glauben, die Franzosen seien die gebildetste Nation, wofür sie sich ohne Umstände halten. So glaube ich, weiss unser Dienstmädchen mehr über die Religionsstreitigkeiten des Erzbischofs von Cöln und Posen, als Ihr. Sie wissen von allem zu sagen. Doch nichtsdestoweniger ist das ein eitler leidiger Schein. Der Gott dieser Menschen ist nämlich das Journal; Alles liest das Journal oder die Zeitung. Das Mädchen hinter dem Heerde, der

Kutscher auf dem Bock, der Müssiggänger auf seiner Promenade. Deshalb hören sie denn über alles die Glocken läuten, wissen aber gar zu selten, wo sie hängen. Eine solche Aufklärung mag ich meinem Vaterlande nicht wünschen.........

Ich habe hier die kleine Kirche der Protestanten besucht. Welch ein Unterschied zwischen Ruhe und Stille und Regelmässigkeit unserer Kirche und zwischen dem geräuschvollen Wesen des katholischen Gottesdienstes hier. Die protestantische Kirche ist stark besucht und viele Vornehme scheinen hin zu gehen, was vielleicht damit zusammenhängt, dass die Kronprinzessin protestantisch ist.

Da der König die Deputirtenkammer anfgelöst hat, so werden jetzt neue Deputirte gewählt, und es ist viel Unruhe und Gährung im Volke. Viele glauben, dass der jetzige Zustand viel Aehnlichkeit mit der Zeit vor der Julirevolution habe und dass vielleicht eine neue Revolution der Herrschaft Louis Philipps ein Ende machen kann. Ein grosser Theil der Franzosen missbilligt das Streben des Königs, sich von der Kammer und von der Karte unabhängig zu machen, und kein Mensch kann leugnen, dass er sein Versprechen, nach der Verfassung zu regieren, nicht erfüllt hat. Die Könige von Frankreich scheinen ebenso wenig klug werden zu wollen, wie das Volk. Obwohl die Franzosen immer von Freiheit schwatzen, so erheben sie doch Napoleon bis über die Wolken, weil der Glanz seiner echt despotischen Herrschaft ihrer Eigenliebe schmeichelte; sie waren unterdrückt, aber sie waren berühmt.

Trotzdem, dass sich nun so vieles gegen die Franzosen und besonders gegen die Pariser sagen lässt, so muss ich Euch doch immer daran erinnern, dass sie im Ganzen genommen ein höchst achtbares Volk sind. Anstalten der Wohlthätigkeit, des Unterrichts, schöne Gebäude, welche den Geschmack bilden und veredeln, sind hier in solcher Fülle, dass man darüber freudig erstaunt. Es herrscht hier ein rasches, lebendiges Treiben im Handel, in den Gewerben. Gar viele Dinge werden, wenn nicht allein hier, doch besonders schön hier fabrizirt. Der Ackerbau ist in vielen Provinzen in hoher Blüthe und es fehlt nicht an Anstalten und Gesellschaften, um ihn zu heben und um über neue Einrichtungen Erfahrungen zu machen.

William ist der alte. Er hat im Zeichnen tüchtige Fortschritte gemacht und wird bald wieder seine alten Studien beginnen, die er während dieser Zeit nothwendig zurücksetzen musste. Im Mai wollen wir, wenn es alles gut geht, eine Wanderung unternehmen, auf welcher wir Paris in einem grossen Bogen umgehen wollen.

Um noch einmal auf Paris zurückzukommen, so werden die Selbstmorde wieder absonderlich Mode, nachdem die Ermordungen und nächtlichen Anfälle etwas nachgelassen haben. Die Leute haben eigenthümliche Methoden, sich das Leben zu nehmen. Zwei Liebespaare wollten sich von dem Thurm der Kirche Notre dame herabstürzen; doch in beiden Fällen kam nur der männliche Theil unten an; die Mädchen retteten sich beide. Zahlreiche Fälle von Erstickung durch Kohlendampf kommen vor. Ein junger Mann stürzte sich von dem schönen Triumpfbogen Napoleons hinunter. Ein begüterter Holzhändler entdeckte einen noch merkwürdigeren Weg; er ging an das Ufer der Seine, rammte dort ruhig einen Pfahl ein, band mit seinem Halstuch seine Füsse zusammen und befestigte sie an den Pfahl; hierauf schoss er sich eine Kugel durch den Kopf und stürzte so an den Füssen hängend in's Wasser. Zwei Fischer, die ihn von ferne gesehen hatten, fanden bei ihrer Ankunft den Leichnam, den der Strom vergeblich sich bemühte fortzuziehen. In seiner Tasche fand man alle Verfügungen in Bezug auf seine Beerdigung. Man kennt die Ursache dieser bedächtigen Selbstexecution nicht; er war ein geachteter Mann. Ein junges Dienstmädchen, geliebt von ihrer Herrschaft und reich, ohne Liebschaft, nahm sich das Leben, weil es ihr, wie sie sich in einem Briefe ausdrückte, hier gar nicht gefiele. Liebesgeschichten, zu leichtsinnige Börsenspekulationen und Politik, sind in Paris die Ursachen dieser merkwürdigen Neigung sich selbst das Leben zu nehmen. Die Franzosen zeigen in der Ausführung viel Bravour. In England sind die Selbstmorde auch häufig genug; doch dort ist es die Religion und ein merkwürdiger Lebensüberdruss, ein Spleen, der die Menschen zu so unnatürlichen Entschlüssen treibt. Die Engländer wenden sich gewöhnlich zum Strick, sie hängen sich oder aber ertränken sich — besonders die Mädchen. Ihr seht, dass auch in diesen Dingen die Völker sich unterscheiden; im Kleinen wie im Grossen, in ihren Narrheiten, wie in den grössten und herrlichsten Einrichtungen.

Nun lebt wohl geliebte Eltern und denkt auf Antwort. Grüsst alle die Unsrigen und behaltet lieb

Euren Euch liebenden Sohn
Ludwig.

Paris, d. 7. Mai 1839.

16. Meine lieben Eltern!

Wir haben hier jetzt eine herrliche Zeit. Nachdem es bis zu den ersten Tagen des Mai unfreundlich kalt und stürmisch gewesen, und wir gezwungen waren bis dahin zu heizen, hat sich die Natur plötzlich eines bessern besonnen. Die Temperatur ist fast schon zu hoch, und wir unzufriedenen Menschen fangen wieder an zu bedenken, dass der Winter mit seiner Kälte nichts destoweniger gewisse Vorzüge habe, die wir ihm noch vor 8 Tagen gänzlich absprachen; ein Monat mehr, und wir werden uns nach der schönen kühlen Winterzeit zurücksehnen. — Ich befinde mich ganz wohl, und ich schreibe dies grösserer Bewegung zu, indem ich anhaltend mehrere ziemlich entfernte Hospitäler besuchte. Meine Augen sind indessen auf dem alten Fleck und werden schwerlich in Paris geheilt werden; ich kenne indessen die Natur der Krankheit zu gut, als dass ich mich gerade darüber ängstigte. Anhaltende Reisen, besonders in Berggegenden versprechen Besserung, wenigstens in meinem Falle. Grosse Verschlimmerung habe ich wahrscheinlich nicht mehr zu fürchten. — Ihr fragt mich, warum ich nicht zu Humboldt gegangen sei, um seine Fürsprache zu suchen. Ich habe reiflich darüber nachgedacht und habe mich endlich für das Nicht entschieden. Was konnte ich ihm sagen? Ich will mich zu einer grossen Reise nach Westindien und Amerika vorbereiten! Gut! doch wie konnte ich ihm darüber Gewissheit geben? Sollte ich bei ihm in den Verdacht fallen, eine gewaltige Lüge zu machen, um vom Militairdienst frei zu kommen? Das ist dann am Ende doch möglich. William und ich selbst haben keine Bekannten, welche für meine Wahrheitsliebe und Wahrhaftigkeit gut sagten. Ich konnte also nur Eine Antwort von ihm erwarten, nämlich warte bis du dich in's Schiff setzt, oder bis du von deiner Reise zurückkommst und dann wende dich an mich! Da ich mir aber diesen Bescheid selbst geben konnte, ging ich nicht zu Humboldt. Auch mache ich mir Vorwürfe, zu zeitig an das Ministerium geschrieben zu haben. Das Ministerium muss eigentlich immer einen Hinterhalt fürchten; es kann mich nicht 2 Jahre vorher vom Militairdienst befreien. Das ist meine Ansicht von der Sache. Ich werde ruhig fortstudiren, meinen Plänen nachfolgen, mich nicht beirren lassen, bis alles vollendet ist. Dann wollen wir sehen, was sich machen lässt; auch hat es Humboldt fast ebenso gemacht.

Das Neue Jerusalem scheint Euch besonders zu interessiren. Ich glaubte früher schon sowiel wie ich davon wusste, geschrieben zu haben. Die Anhänger dieser Lehre folgen einem gewissen Swedenborg, einem Schweden, welcher 1772 zu London gestorben ist. Dies war ein äusserst gebildeter Mann, tiefer Naturforscher und lange Zeit hoher Beamter im Bergbau in Schweden. Doch wie fast jeder Mensch seine schwache Seite hat, wo ihn die Richtigkeit seines Denkens verlässt, — mitunter zur nicht geringen Verwunderung seiner Umgebung — so hatte auch dieser Ehrenmann seine fixe Idee. Er behauptete nämlich, unmittelbar und innerlich erleuchtet zu sein, tiefen Aufschluss über Religion, über unser Leben nach dem Tode, über die Engel, über die Dreieinigkeit u. s. w. empfangen zu haben, Unterredungen mit Abgeschiedenen zu führen, Dinge zu wissen, welche viele Meilen entfernt sich ereigneten u. s. w. So wunderlich nun alle diese Behauptungen auch denen schienen, die so arrogant sind, mit ihrer Vernunft so überirdische, lustige Dinge beurtheilen zu wollen, so fehlte es durchaus nicht an einer grossen Schaar von Gläubigen. Besonders in England breiteten sich seine Werke und Lehren aus; es bildeten sich Gesellschaften für den Druck und die Verbreitung der Werke, und jetzt ist diese Neue Kirche sehr ansehnlich. Sie hat eine eigenthümliche Verfassung und steht mit der in Nordamerika in Verbindung, wo sich auch viele Anhänger gefunden haben. Wenn Ihr England als Einen Menschen betrachtet, so ist die Religion seine fixe Idee. Der Engländer ist in allen übrigen Dingen ein einsichtsvoller hellsehender, richtigdenkender Mann; aber den Augenblick, wo Ihr von Religion anfangt, schwindelt's ihm. Es ist unmöglich zu glauben, welche Unglaublichkeiten Engländer sich haben aufbinden lassen. Vor 8—10 Jahren trat ein gewisser Irwing auf, der behauptete, dass auch jetzt noch die religiösen Menschen, welche ihm folgen würden, vom heiligen Geist durchdrungen, eine eigenthümliche, für jeden anderen Menschen unverständliche Sprache redeten, in welcher Gott selbst sich kund thue, und welche er (Irwing) verstehen und erklären könne. Mein verehrter Freund John, der alle Schulen durchgemacht hat, war auch ein Anhänger Irwings. Einem Menschen, der Dinge glaubt, die mit unserer Vernunft nicht in Einklang sind, ist es am Ende völlig gleich, was er glaubt. Deshalb hat auch John nicht ehe von Irwing gelassen, als bis die rohe Vernunft seine Lehren überschrieen. Es versammelte sich die Gemeinde, Irwing war auf der Kanzel; plötzlich wird einer der Gemeinde vom Geiste ergriffen, er schwatzt und schreit unartikulirte Laute, die kein anderer versteht; doch Irwing versteht sie; denn er ist der Erleuchtete; nachdem der arme Besessene ausgetobt, fängt Irwing an auseinander zu setzen, was Gott eben durch eines Menschen Mund zur Versammlung gesprochen!! Nicht weniger albern machten es die Londoner 1814 mit Johanna Southcote, welche behauptete, mit dem Messias schwanger zu sein; sie war 60 Jahre alt. Zu der angegebenen Zeit suchte man einen Messias unterzuschieben, was indessen zu nicht geringem Verdrusse der Gläubigen entdeckt wurde. Voriges Jahr, als ich in

London war, stand in Canterbury ein Mann auf, welcher sich König von Jerusalem und Ritter von Malta nannte, sich für den Messias ausgab, eine grosse Menge, besonders arme Leute bethörte, und als die Obrigkeit sich in's Mittel schlug, einen Konstabler erschoss, den heranziehenden Truppen eine kleine Schlacht lieferte, in welcher er selbst, 9 seiner Anhänger und 3 Soldaten fielen. Die Leichen wurden noch 3 Tage lang ausgestellt, und am 3. Tage kam eine arme Frau, um Sir Courtenay (das ist sein anderer Name) zu ölen; denn, sagte sie, »Sir Courtenay hat mir gesagt, dass er am 3. Tage auferstehen würde! Dieser Mensch war vor seinem Auftreten als Messias, im Irrenhause gewesen. Wo sind hier die Grenzen zwischen Wahnsinn und Schwärmerei? Als ich in Bristol war, hatte sich dort eine Sekte gebildet, welche behauptete, »sie habe nur nöthig öffentlich und feierlich Gott zu bitten, um alles zu erlangen, was zu ihrem irdischen Fortbestehen nothwendig sei«. So bat denn der Priester eines Tages den lieben Gott um 700 Thaler, welche am andern Tage der Gesellschaft durch einen reichen Kaufmann sogleich zugeschickt wurden. Man sollte nicht glauben, dass solche Dinge unter aufgeklärten Menschen möglich seien! . . . .

Eine angenehme Erscheinung in den Hospitälern sind die Nonnen. Sie sind häufig von hohem Stande und haben aus wahrer Frömmigkeit oder aus Reue über ein vergangenes Leben es zu ihrer Pflicht gemacht, nur der armen, kranken Menschheit zu leben. Sie besorgen in den Hospitälern die Küche und die Wäsche, und in den Krankensälen herumwandelnd suchen sie die ängstlichen Kranken zu beruhigen, zu unterhalten, ihnen religiösen Trost zu geben. Auch sind sie sehr geachtet; in ihren schwarzen weiten Röcken und Kopfbedeckungen, aus denen nur das Gesicht hervorsieht, folgen sie von Ferne dem Arzte, wenn er die Runde macht, und wenn der Arzt von ihnen etwas wünscht, redet er sie mit »Meine Schwester« oder »Meine Mutter« an, je nachdem sie oder er jünger oder älter ist. In jedem Saale steht auf einem reinlich gedeckten Tischchen eine Mutter Gottes, vor welcher sie Blumen und farbige Gläser geschmackvoll aufstellen und dem Ganzen auf diese Weise das Ansehen eines kleinen Altars geben. Auch hatte seit Palmsonntag fast jeder Kranke über seinem Bett einen Buchsbaumzweig aufgehängt, welchen der Erzbischof am Palmsonntag in der Kirche Unserer lieben Frau feierlich mit Weihwasser besprengt und gesegnet hatte.

Nachdem die grosse Gemäldeausstellung beendet ist, hat eine Ausstellung der Produkte der verschiedenen Industrien begonnen.

Diese ist in der That grossartig. In den elyseischen Feldern ist ein ungeheures hölzernes Gebäude errichtet, in welchem das Schönste und Kostbarste, was nur die verschiedenen Gewerbe liefern können aus ganz Frankreich sich vereinigt findet. Ihr werdet Euch schwerlich von der Ausdehnung einen Begriff machen können. Es ist wie ein grosser Jahrmarkt unter einem Dache, jedoch in verschiedenen grossen Räumen nach einer Idee angeordnet. Von der Königskrone, den reichsten Verzierungen und Mobilien der Paläste bis zum Ackerpfluge, von der Orgel, deren Klänge die freien luftigen Räume einer Kirche füllen, bis zu den Dampfmaschinen, die in der öligen, schwülen Atmosphäre der Fabriken tosen, kurz alles, was zur Hervorbringung von Stoffen nothwendig ist und diese Stoffe selbst, alles was den Menschen nützt und erfreut, überseht Ihr plötzlich mit einem Blicke. Diese Ausstellungen finden alle 5 Jahre statt, und ich schätze mich glücklich Gelegenheit zu haben, sie zu sehen. Eine vom Könige eingesetzte Kommission prüft die Produkte, welche zur Ausstellung geliefert werden und lässt nur das Beste passiren; in Folge dessen ist es für den Verfertiger eine grosse Empfehlung, zur Ausstellung zugelassen worden zu sein. Die Meisterstücke werden überdies mit Medaillen belohnt. Der Anblick dieser Ausstellung erinnert mich an etwas ähnliches in London. Dort hat nämlich ein Privatmann in einem grossen Gebäude alle diejenigen Dinge zum Verkaufe vereinigt, welche von den Vornehmen zur Dekoration ihrer Zimmer oder zum Anzug u. s. w. gebraucht werden. Von einer Gallerie aus hat man auf einmal den Ueberblick des Ganzen und dieser gehört zu den schönsten und eigenthümlichsten Ansichten, die ich während meiner Reise gehabt habe. Als Professor Ewald in London war, führten wir ihn auch dort hin (es ist das Pantheon in Oxfordstreet — ein Bazar), und ich werde nie vergessen, wie überraschend die Pracht, Schönheit, Natürlichkeit mancher Gegenstände auf den Mann wirkten, der nur in Bibliotheken die stäubigen Handschriften der Hebräer und Indier durchforscht hatte. Es giebt in London 5 Bazare; doch dieser ist bei weitem der schönste. Der Eigenthümer vermiethet, soviel ich weiss, die einzelnen Plätze an die Verkäuferinnen, denn es sind gewöhnlich junge und hübsche Mädchen, welche dort feilbieten.

Am ersten Mai feierte man hier des Königs Namensfest. Die Illumination und die Feuerwerke waren wie gewöhnlich an den grossen Festen. Der König scheint in der Klemme zu sein; denn er kann noch immer kein Ministerium bilden; der Grund davon liegt im allgemeinen darin, dass die Deputirtenkammer in eine Menge von Parteien zerfallen ist, von denen keine das Uebergewicht, oder ein entscheidenes Uebergewicht hat. Der König muss nun sein Ministerium aus einer Partei wählen, oder aber, er muss mehrere Parteien zu vereinigen suchen. Das erstere ist jetzt nicht möglich, weil keine Partei stark genug ist ihr Ministerium gegen die andere zu erhalten, das zweite ist nicht wohl möglich, weil die einzelnen Parteien so entgegengesetzt sind und so hartnäckig auf ihre Grundsätze bestehen, dass sie sich durchaus nicht zu der Einstimmigkeit vereinigen können, welche in einem Ministerium herrschen muss. Das ist die Schwierigkeit. Die Opposition beschuldigt den König, dass er absichtlich diesen Zustand unterhalte; doch wahrscheinlich mit Unrecht. — Neulich sah ich, indem ich frühzeitig nach dem Hospital ging einen schönen Schwebewagen, in welchem 4 Eselinnen mit ihren Füllen angebunden standen. Dies erregte meine Neugierde und näher herantretend fand ich, dass es frischmilchende Eselinnen waren, die den Leuten, welche frische Eselmilch trinken wollen, vor das Haus gebracht werden, damit sie sehen wie die Milch aus deren Euter kommt. Sie ist in Paris besonders in Gebrauch. Der Eigenthümer hat nun einen Wagen erdacht, auf welchem er diese Thiere leicht transportiren kann und hat diesen Wagen patentiren lassen. Mit grossen Buchstaben hat er auf den Wagenkorb geschrieben: Patentirter Wagen zum Transport frischmilchender Eselinnen. In London werden den Leuten, die dafür bezahlen, Kühe vor die Thür geführt, sodass sie die Milch, die unter ihren Augen gemolken wird, lauwarm in Empfang nehmen können. Die gewöhnliche Milch ist sehr schlecht in London, wie in allen grossen Städten, wo es Wasser genug giebt, um sie zu verdünnen; sie heisst deshalb in London »Himmelblau«.

Dass im Pflanzengarten (jardin des plantes) die Bäume lustig grünen, die Blumen blühen, die Affen mit ihren muthwilligen Schwänken die Menge unterhalten, der Elephant seinen Rüssel ausstreckt, um Brot zu betteln, die Bären rastlos an ihren Bäumen auf und nieder klettern, die Vögel schreien und lärmen, dass einem Hören und Sehen vergeht — kurz alles von der jungen Frühlingssonne zu thätigem Leben erweckt wird, mögt Ihr Euch leicht vorstellen. Auf der andern Seite ist's um so trüber; die Kranken im Hospital, an ihrem Bette gefesselt, mit oder ohne Hoffnung auf Genesung, schwere Operationen, Tod! Man ist sich im gewöhnlichen Leben der Masse des Leidens, welche die Menschheit und besonders die arme Menschheit drückt, selten bewusst; der Arzt im Hospital und überall ist wie der Passbeamte, der den Hinscheidenden die Pässe für die Ewigkeit visirt, und jedes Wanderers klagendes Scheidelied traurig mit anhört. Neulich waren 4 deutsche Kranke im Hospital, die nicht französisch verstanden, und wo ich den Dollmetscher spielen musste; durch sie habe ich denn auch die Schattenseite der Hospitäler in Paris kennen gelernt.

Du sagst, lieber Vater, »wäre es nicht besser, wenn Du garnicht studirt hättest, Du wärst dann bei uns geblieben, die wir Dich so lieb haben«. Aber Ihr habt den Menschen in mir lieb, Ihr liebt mich auch wegen meiner Grundsätze und nicht blos als Kind. Hätte ich aber nicht studirt, so wäre ich auch nie zu diesen Grundsätzen gekommen.

Es giebt eine geistige Nähe, wiederhole ich, die weit über der körperlichen steht. Der Gedanke, dass entfernte liebende Menschen mit Interesse, mit inniger Theilnahme mir folgen, erwärmt mehr, als dass im tagtäglichen Miteinanderleben, in der steten Gewohnheit die höchsten, wärmsten Gefühle sich breit treten. Doch, dass ich nicht gegen meine Empfindungen rede; wohl wünschte ich, wohl sehne ich mich danach, Euch auch leiblich in meine Arme zu schliessen. Streben wir denn unserm Ziele geduldig nach, indem wir uns den obwaltenden Umständen fügen; mit der Zeit lässt sich vieles erreichen. Ist es doch möglich, dass ich endlich dahin komme, etwas Erklekliches für Euch thun zu können. Mit der grössten Leichtigkeit kann ich Euch in die kleinsten Details Eures Lebens folgen. Haus und Hof und Garten sind mit brennenden Farben in meiner Seele verzeichnet, die sich oft, wenn andere Anfechtungen drohen, mit ihren Gedanken in sie, wie in heilige Räume rettet. Am Palmsonntage, wo alles sich mit geweihten Buchsbaumzweigen schmückte, wurde ich lebhaft an meine frühere Jugendzeit erinnert, wo wir am Pfingstfeste das Haus mit Maien schmückten und die Stube mit Kalmus bestreuten. Könnte ich Euch ausdrücken, wie angenehm solche Erinnerungen sind! Wie sie mich glücklich und heiter machen! Haltet solche Sitten aufrecht! Pfingst- und Weihnachts- und Osterfeste, — sie sind für die Kinder nicht allein, sie sind für das ganze spätere Leben die freundlichste, schönste Gabe, die wir aus dem Vaterhause in die Ferne mitnehmen.

Nun geliebte Eltern lebt wohl und grüsst alle unsere Angehörigen und die Freunde, die an Eurem wie an meinem Schicksal Antheil nehmen von Eurem

Euch herzlich liebenden Sohne
Ludwig.

Paris, d. 19. Juni 1839.

17. Meine lieben Eltern!

Du schreibst mir lieber Vater, dass Du Dir den Grafen Pückler zu Oppeln für mich verpflichten willst. Ich erkenne Deine Güte und sage Dir herzlichen Dank. Doch hast Du es noch nicht gethan, so thue es nicht, denn soll ich irgend mit Vortheil nach Preussen zurückkehren, so muss ich dies durch meine eigenen Leistungen zuwege bringen. Ich werde Dir meine Ideen über diesen Punkt später entwickeln, wenn sie selbst mehr zur Reife gekommen sind.

Obwohl ich hier noch mit keinem wahren Freimaurer gesprochen habe, so will ich Dir doch sagen, was die anderen Leute denken. Es ist fast wie bei uns, man ist voll von Vorurtheilen; die Ceremonien erregen auch hier den Anstoss der Gebildeten. Das Geheimniss in in einer so geheimnisslosen Zeit, wie der unsrigen, wo die geheimsten Gedanken schnell sich zu Tage fördern, behagt nicht besonders in Frankreich; der mittelalterliche Schein um eine moderne Societät erscheint wiedersinnig. Dann sind die Gedanken durch die politischen Streitigkeiten zu sehr von den Gegenständen abgezogen, für welche die wahren Logenbrüder ernst und stillgeschäftig mauern. Man sieht auch hier mit Verdruss, dass sich die Unwürdigen in Menge in die Logen drängen und nach hohen Bekanntschaften jagend die heiligen Räume in Börsen verwandeln. Horcht man nun gar nach dem, was das Volk sich gräulich zumunkelt, so kannst Du Dir leicht einbilden, dass das überzählige Couvert für den Teufel bei keinem Schmause fehlt. Obwohl nun im Durchschnitt die Achtung vor der Freimauerei im Sinken ist, denn sie soll zur Zeit Ludwigs XVIII und Charles X viel höher gewesen sein, so geht doch aus allem was ich gehört, hervor, dass sie weit verbreitet ist, sei es nun die ächte oder die falsche, dass sie viele Mitglieder zählt, ja dass der König selbst erster Logenmeister ist. Ich für meine Person kann mir leicht denken, dass der französische Charakter dem wahren Maurerthum nicht entspreche. Vergleichen wir die Engländer, Franzosen und Deutschen, so würde ich mir einbilden, dass jede Nation sich ihren Theil herausnehme; der Engländer die reichlichen Mahlzeiten (ein substantielles Dinner von Roastbeef und Plumpudding), der Franzose den äussern Schein, das Ceremonienthum, die Flittern, in die er sich wohlgefällig einhüllt, der Deutsche die Gedanken, die dem Ganzen zu Grunde liegen, obwohl er sicherlich eine gute Mahlzeit gern mit in den Kauf nimmt.

Was Du von der Schule sagst, mein lieber Vater, in welcher Dich die Zeit zum Manne gezogen, sei es freundlich und lächelnd, sei es ernst und mit dem Stocke in der Hand, ist unwiederlegbar.

Eine gute Mutter hat Deinen Ehrgeiz für das Bessere zeitig und glücklich erregt; in den Augenblicken des Lebens, wo der junge Mann sich für gut oder schlecht entscheidet, hat das Schicksal Dir gute Rathgeber und Mahner an die Hand gestellt, und so hast Du Dich glücklich von Ecke zu Ecke durch die Krümmungen des Lebens durchgetastet. Doch wie selten sind diese Fälle? Würdest Du selbst Deine Kinder demselben Schulmeister anvertrauen? Ich glaube nicht. Wenn man sicher gehen kann, darf man nicht durch ein schmeichelndes Lotto sich blenden lassen. Aber nun gesetzt auch, dass ich z. B. nicht 500 Thlr. verdiente (ich setze nur den Fall), glaubst Du nicht dass sich mein Gemüth, meine Seele mit einem Kapital bereichert, das mir mehr geistige Befriedigung gewährt als 500—1000 Thlr.? Denke Dir die Menge von Anschauungen, die ich gewonnen, die Irrthümer, die ich berichtigt, die Ideen, die sich neu gebildet und erweitert haben; sie sind ja alle in meine Seele mit eingegangen und legen sich als freundliche, vervollständigende Hülle um den moralischen Kern. Ich weiss wohl, dass es zu der Aufgabe unseres Lebens gehört, für unsere Mitmenschen zu wirken, ihnen das zu geben, was wir uns mit grösserer oder geringerer Mühe erworben haben. Ich würde mich z. B. nach Vollendung meiner Studien, wenn ich mir durch eine reiche Heirath vollständige Unabhängigkeit verschafft hätte, nicht hinsetzen, die Hände in den Schooss legen und mich mit mir selbst unterhalten. Ich würde mir selbst sagen: Schäme Dich fauler Geizhals, schäme Dich Deines Reichthums. Aber ebenso wenig will ich gerade ein strenges Rechnungsbuch führen, in welchem ich alle meine Ausgaben an Zeit, die ich jetzt mache, meinen Mitmenschen in Conto setze, auf die Weise, dass ich zum Beispiel sage, »jedes Jahr, das ich mich länger in der weiten Welt herumtreibe, muss mir jährlich 500 Thlr. mehr bringen«. So viele Freude meine Studien mir auch machen, und so behaglich auch das Gefühl des Fortschrittes ist, das ich empfinde, so könnte ich vor Euch doch manche leise Klage laut werden lassen. Doch dazu gehört mündliche Auseinandersetzung und vieles Besprechen; Ihr würdet mich hier nicht verstehen. Wohl möglich, dass Ihr mich einen geistig Habgierigen nennen und dafür mich tadeln würdet. Doch denkt ja nicht etwa, dass meine Klagen sich auf William beziehen, über ihn habe ich absolut keine Klagen, wir sind vollständig Harmonie. Finden wir uns mitunter beide traurig, so machen wir es wie zwei Hunde, die sich anheulen, wenn sie eine Glocke läuten hören, und das ist unser Trost. Wir sind wie Zwillingsbrüder. Ich habe Euch früher schon geschrieben, dass William und ich unsere Studien getheilt haben. Da meine Augen zu sehr litten, konnte ich das Zeichnen nicht fortsetzen. welches doch für reisende Naturforscher eine unumgängliche Sache ist. Während ich nun in den Museen die Bücher und Gegenstände unserer Wissenschaft studirte, und die Zeit, die mir übrig blieb auf die Hospitäler verwandte, hat William ununterbrochen gezeichnet und getuscht und tüchtige Fortschritte gemacht. Er wird im Herbste wohl dann fertig werden, um dann übersichtlich die einzelnen Theile dessen, was ich inzwischen studirt, durchzugehen. So können wir denn im nächsten Frühjahr ziemlich alles vollendet haben, um Paris zu verlassen. Lasst Euch noch erzählen, dass wir in den Abendstunden zusammen Klavier spielen und selbst singen, und dass ich in ersterem ziemliche Fortschritte gemacht habe — und Ihr wisst alles, was sich in unserer kleinen Wirthschaft zuträgt. Ich bade mich regelmässig jeden Tag in der Seine in einer schönen Schwimmanstalt und übe dabei das Schwimmen, was mir eines Tages nützlich werden kann.

Jeden Sonntag mache ich eine Exkursion, um Pflanzen, Steine und Thiere zu sammeln; es giebt nichts in der weiten Natur, das nicht interessant für mich wäre. Vor 14 Tagen war ich in Fontainebleau (10 Meilen von hier), besah das Schloss, in welchem Napoleon sich häufig aufhielt, und in welchem er 1814 seine Abdankung unterzeichnete. Viele Zimmer sind ausserordentlich prächtig. Napoleons Zimmer sind einfach und geschmackvoll.

Habt Ihr nicht von dem Aufruhr in Paris gelesen? Am 12. März Nachmittags um 3 Uhr, als die würdigen Bürger just ausgerückt waren, um frische Luft zu schöpfen — es war ein Sonntag — und die Wachen abgelöst wurden, brach der Aufruhr los. Fast unter unserm Fenster sahen wir drei junge Kerls mit Flinten bewaffnet, dieselben laden und abfeuern. Die Empörer hatten sich dreier Wachen bemächtigt und dabei ein halbes Dutzend Menschen erschossen, wurden aber aus ihren Stellungen durch die Nationalgarde und die Linientruppen bald herausgeworfen. Sie zogen sich nun in die kleinen Strassen und Gässchen der Altstadt zurück, wo sie Barrikaden aufwarfen und sich lange Zeit hielten. So dauerte es den Montag und Dienstag, wo sie endlich meistentheils gefangen wurden. Es war die Partei der Republikaner, welche eine geheime merkwürdig organisirte Gesellschaft bilden. Wohl 150 Menschen wurden verwundet oder getödtet. Ich sah 10 Todte zugleich in der Morgue, alle mit einer Schusswunde in der Brust. Ueber die Organisation der Republikaner habe ich folgendes gehört. Der Chef ist allen Mitgliedern unbekannt, er nennt sich »das Jahr«; er vertheilt seine Befehle an 12 unter ihm Stehende, welche sich die »12 Monate« nennen. Jeder Monat hat 4 Wochen unter sich, jede Woche 7 Tage, jeder Tag 24 Stunden, jede Stunde 60 Minuten, jede Minute 60 Sekunden und jede Sekunde 60 Tertien etc. Nehmen wir z. B. die Minuten, so empfangen die 60 Minuten nur ihre Befehle von der entsprechenden Stunde; sie kennen nur diese Stunde und alle höheren sind ihnen völlig unbekannt. Die Stunde empfängt die Befehle vom Tage, kennt nur diesen Tag und nichts weiter u. s. w. In der letzten Empörung hatte das Jahr seine Befehle gegeben, sich bereit zu halten, indem 2 Linien-Regimenter im Begriff standen Paris zu verlassen; die Regimenter verliessen Paris indessen nicht, und das Jahr hatte seine Befehle widerrufen. Doch durch ein Missverständniss blieb dies einem Monat unbekannt, und dieser Monat mit seinen Wochen, Tagen, Stunden, Minuten, Sekunden, Tertien, brach am 12. Mai los. Die übrigen 11 Monate dagegen blieben ruhig. Dies habe ich gestern von einem jungen Manne gehört.

Es scheint mir, als wenn unsere grosse Rundreise bis zum Herbst wird warten müssen; vielleicht mache ich sie nur allein. Ich habe Euch wohl früher schon geschrieben, dass rings um Paris sich viele grosse Parks befinden, welche gewöhnlich königliche Schlösser umgeben. Einige sind ausnehmend schön. — Ich kehrte von Fontainebleau auf einem kleinen Dampfschiff zurück; die Ufer der Seine sind recht freundlich, doch nicht ausserordentlich. Die Hitze ist hier fast erstickend. Nie habe ich solche Hitze erlebt. Das Arbeiten wird mir mitunter sehr sauer.

Nun habe ich wohl alles gesagt, was für den Augenblick zu sagen ist; ich sage Euch denn also bis auf Euren nächsten Brief ein freundliches Lebewohl und bitte Euch, alle die Unsrigen tüchtig zu grüssen von

Eurem herzlich Euch liebenden Sohne
Ludwig.

Paris, d. 8. Oktober 1839.

18. Meine lieben Eltern!

Ich habe mich herzlich über die guten Nachrichten gefreut, die Euer letzter Brief enthielt und empfinde mit Euch die Trübsal, die Euch drückt. Ich habe viele Menschen kennen gelernt, die wir nach unseren Begriffen recht reiche Leute nennen würden; ich habe gesehen, wie sie alle Bequemlichkeiten des Lebens mit Leichtigkeit befriedigen konnten, von keinen Nahrungssorgen geplagt, von reichen Freunden und Verwandten umgeben; und dennoch haben sie dieselben Sorgen, fühlen sie sich ebenso unglücklich, wie wir armen Leute, die wir mit der Zeit um unser tägliches Brot kämpfen müssen. Ihr seht, dass nicht die Menge des Geldes den Reichthum ausmacht, sondern die geringere Zahl von Bedürfnissen, die Zufriedenheit mit Wenigem. Der jüngste Bruder Williams war hier 4 Wochen zum Besuch bei uns. Er war nie auf dem Festlande gewesen und hielt es nicht für möglich, ohne Roastbeef und Plumpudding bestehen zu können. Wie wunderte er sich, als er sah, mit wie Wenigem wir verhältnissmässig haushielten, ohne dass wir uns schlimmer dabei befanden; und dennoch steigen auch unsere Ausgaben jährlich auf 900 Thlr. Besonders kam ihm das Essen hier böhmisch vor, da es von dem englischen so sehr verschieden ist. Die Engländer bringen die Speisen so einfach und natürlich als möglich auf den Tisch; einen einfachen Rinder-, Kalbs-, Hammelbraten, ohne alle Saucen. Ebenso sind ihre Gemüse ohne alle weitere Zubereitung; Spinat, Erbsen etc. wird einfach in Wasser gekocht auf die Tafel gesetzt, und jeder nimmt Salz etc. soviel ihm gut dünkt. Keine Fische mit Saucen eingekocht, sondern einfach in Wasser gekocht u. s. w. Dies giebt dem englischen Essen eine sehr grosse Reinlichkeit, da unreines Fleisch, Fisch, Gemüse nicht durch gewürzige Saucen versteckt werden können. Hier in Frankreich ist dagegen fast alles Sauce. Ist man nun etwas misstrauisch, so glaubt man stets unter dieser weissen, braunen, gelben Hülle verdächtige Waaren zu schmecken und isst selten mit wahrem freien Appetite. Der Verdacht ist durchaus nicht gegründet, denn die französische Küche ist sehr reinlich; doch man kann sich nicht so leicht davon überzeugen. Ich habe bis jetzt noch nirgends Fische gegessen, die mir so schön geschmeckt hätten, wie die, welche ich in Trebatsch ass. In England ist der Lachs in Wasser gekocht eine schöne Speise, er hat einen eigenthümlichen Geschmack; an der Seeküste ass ich Makrelen, Heeringe, Seebarsche, Flunder, Schollen in Wasser gekocht oder geröstet; jeder dieser Fische hat einen besonderen leicht kenntlichen Geschmack, der mir recht wohl zusagte. Die schönen Trauben entschädigen indessen die Engländer reichlich für das, was sie in anderer Beziehung verlieren. Die Trauben von Fontainebleau sind besonders geschätzt, und sie sind in Wahrheit ganz delikat. Doch ich muss offen gestehen, dass ich, wenn nicht bei uns in Trebatsch, doch bei dem Prediger in Zaue Trauben gegessen habe, die ich dreist denen von Fontainebleau an die Seite setze. Der Prediger Rödelius hat den Vortheil, seinen Wein an Mauern und Terrassen zu ziehen, und dieser Vortheil ist so bedeutend, dass die besseren Winzer selbst hier nicht scheuen, Mauern zu bauen, um daran den Weinstock zu ziehen. Die Laubenform ist für die Reife des Weines durchaus nicht günstig; es ist wahr, dass die im Schatten gereiften Trauben eine überaus zarte Hülle und einen besonders angenehmen seimig zuckrigen Geschmack haben; doch die Möglichkeit einer vollständigen Reife ist besonders in kälteren Jahren um so mehr geschmälert. Pfirsiche, Aprikosen, Feigen sind sehr wohlfeil und in allen Strassen zu kaufen. Auch an Birnen und Aepfeln fehlt es nicht, wie Ihr leicht aus der Menge französischer Namen unserer Birnen und Aepfel sehen könnt.

Die Veränderung unserer Wohnung hat in unserem ruhigen Leben gleichfalls einige Veränderungen bewirkt. Unser alter Wirth fing an zu bauen, und nachdem wir lange genug den Schmutz und Staub geduldet hatten, wurden wir endlich doch gezwungen, uns ein anderes Logis zu suchen. Dies ist Rue des fossés St. Victor No. 17; es besteht aus zwei Stuben, welche uns eine bedeutend grössere Bequemlichkeit gewähren.

Williams Bruder hat mich dieses Jahr um die Reise gebracht, die wir uns vorgenommen hatten; gut und vollständig, wie ich es beabsichtigte, wird sie nun wohl nicht gemacht werden; doch das ist der Gang bei allen unseren Plänen, dass ihre Ausführung mehr oder weniger hinter unseren Wünschen zurückbleibt. Ich wünsche wohl einige Zeit Ferien zu machen, um mir gehörig die Stadt- und Stubenluft aus dem Körper zu laufen; doch jetzt fallen die Blätter von den Bäumen, anhaltender Regen macht die Strassen und besonders die Berge schlecht, die mein vorzüglichstes Ziel sind; und so bin ich gezwungen, wie die Haselmaus mein Nest noch wärmer auszufüttern. — Letzthin war ich in Versailles, welches Ludwig XIV baute, und wo er und seine Nachfolger mit ihren Maitressen Hof hielten; es ist ungefähr 2 Meilen von Paris, und man fährt auf der Eisenbahn dorthin. Es ist ein herrliches Schloss, voll von ausgezeichneten historischen Denkmälern. Der Garten ist sehr gross, aber in einem merkwürdigen steifen Style angelegt. Die Baumreihen, welche die Alleen bilden, sind beständig unter der Scheere, alles ist nach der Schnur und unerquicklich. Da findet man keinen Baum in der Kraft seines Alters, mit voller Entwickelung seiner Zweige und seiner Krone, wie man sie in englischen Parks sieht; sondern das ganze Astwerk bildet ein Quadrat oder ein Dreieck, welches der Gartenkünstler oder Gartenverkünstler aus der vollen schönen Natur herausschnitzelt. Doch das gefällt vielen. Sehe jeder, wie er's treibe!

Auf mehreren Reisen, die ich in der weiten Umgebung von Paris gemacht habe, wie z. B. nach Fontainebleau, nach den Torfstichen von Meneçy, sah ich mich plötzlich, wie von dem heimathlichen Boden der Mark umgeben. Ihr werdet schwerlich glauben, dass ein tüchtig ausgefahrener Sandweg irgend einem Manne erfreulich sein könne, und dennoch war er es mir, indem er mir die theure Heimath in aller Treue in's Gedächtniss rief. Seitdem ich von Euch gegangen bin, habe ich Sand nur stellenweise an den Meeresküsten gesehen; denn fast ganz England ist frei davon, indem sich wohl thonige und Mergelsande finden, aber kein so reiner Streusand, wie der unsrige. Hier aber herrscht er in ausgedehnten Gebieten in aller seiner Herrlichkeit. Von Paris bis nach Orleans auf einer weiten Hochebene zwischen der Seine und der Loire, findet sich ein ausserordentlich mächtiges Sandlager. Ihr wisst indessen auch, dass auf dem Sandboden der ökonomische Scharfsinn sich am schönsten entwickelt, wovon Ihr Euch ja selbst aus Euren Früchten überzeugen könnt. Die Gegend von Paris ist in dieser Hinsicht überaus merkwürdig. Es lässt sich auf die handgreiflichste Weise zeigen, dass derselbe Boden 3 mal vom Meere und 3 mal von Fluss- oder Landseewasser in dem Laufe von Jahrtausenden überfluthet war. In jedem Zeitraume haben sich Felsen gebildet, die bald die Thiere des Meeres, bald die Thiere, welche im Süsswasser leben, in sich einschlossen, und welche man nun als redende Zeugen der Vergangenheit vor sich sieht. Denn wenn Du in Deinem Torfstiche Hirschgeweihe und Holzstämme findest, sagst Du ganz einfach: auf derselben Stelle müssen früher Bäume gewachsen sein und Hirsche geweidet haben. Ebenso sagt der Geologe wenn er in einem vielleicht mehrere hundert Fuss hohen Felsen Millionen von Seemuscheln findet: an dieser Stelle muss früher das Meer sich befunden haben, da ohne Meer Meeresthiere nicht leben können. — In dem berühmten Champagnerlande findet sich fast nichts als Kreide. Die Kreide ist so nackt und so wenig von Dammerde bedeckt, dass man Tage lang nur über nackte unbebaute Flächen reist, auf welchen man kaum die Höhlen wilder Kaninchen findet. In dem Champagnerdistrikt ist natürlich der Boden fruchtbarer; doch steht ohne Zweifel die Natur des Weines mit der Natur des Bodens in Verbindung. Ihr wisst, dass die gesegnetesten Weinländer sich auf Kalkboden finden, und Kreide ist Kalk. Es ist deshalb wohl möglich, dass eine Mischung von Kalk mit wohlgedüngtem Sandboden bei uns den Weinstock verbessern würde. Ueberhaupt giebt es in Frankreich noch weite Landstrecken, die unbebaut daliegen. So sind zum Beispiel die »Landes« im südlichen Frankreich weite sandige Flächen ohne Baum, mit Heidekraut bewachsen, auf welchen nur langwollige Schaafheerden (Heidschnucken) weiden, durch die ein ganzes Volk mit merkwürdigen Sitten sein, von unserem Standpunkt aus ärmliches Dasein fristet.

Nun meine lieben Eltern lebt wohl, grüsst alle, schreibt bald an

Euren herzlich Euch liebenden

Ludwig.

Paris, d. 28. Februar 1840.

19. Meine geliebten Eltern!

Obwohl ich nun schon seit 3 Wochen fast schmerzlich auf einen Brief von Euch warte, da ich ja fast seit mehr als einem halben Jahre nichts von Euch gehört habe, so muss ich doch mit meinem Briefe Euch wieder zuvorkommen, um Euch mit meinen Freuden und Leiden stets im Schritte zu erhalten. Ich will Euch nicht erschrecken; denn ich sage voraus, dass ich mich frisch und munter fühle; doch die Möglichkeit war unendlich nah, dass Euer Brief nur meine irdische Hülle gefunden hätte. Es ist nun ungefähr 4 Wochen, als ich beim Gehen einen eigenthümlichen Schmerz in den Weichen verspürte, der mir lästiger und lästiger ward und selbst bei munterer frischer Bewegung nicht wich. Der Schmerz war nicht heftig und wurde auch während der Arbeit am Abend nicht weiter beachtet. Ich legte mich um 10 Uhr nieder und schlief auch bald ruhig ein. Um ungefähr 3 Uhr des Morgens erwachte ich, der Schmerz hatte sich vergrössert, eine unendliche Aengstlichkeit und Unruhe ergriff mich; der Kopf wurde mir schwer, der Körper zitterte, die Bauchmuskeln zogen sich auf eine merkwürdige Weise zusammen. Glücklicherweise gelang es mir, mein Licht anzuzünden. Da ich im Bette keine Ruhe fand, erhob ich mich, um aufzustehen, obwohl die Schwäche, die ich verspürte ganz unerklärlicher Weise sich vergrösserte. Ich rief William und sank ohnmächtig nieder. Als ich wieder meiner Sinne mächtig wurde, war William, der im anderen Zimmer schlief, bei mir und rieb mit aller Gewalt auf mir herum. Er hatte meine Stimme wie im Traume gehört und glaubte auch geträumt zu haben; doch das Licht, welches durch die Thüröffnung fiel, die Stille — bestimmte ihn, aufzustehen und zu sehen, was es gebe. Er fand mich leblos und glaubte mich ermordet; glücklicherweise irrte er sich hierin. Ein heftiger Frost schüttelte mich, da ich längere Zeit auf dem kalten steinernen Fussboden gelegen hatte; ich kehrte in's Bett zurück, von dem heftigsten Schmerze gepeinigt und liess mir, indem ich meinen unsicheren Gefühlen folgend an einen Bruch glaubte, ein kaltes Klystir geben, welches fast gar keine Wirkung auf mich hervorbrachte und fast gar nicht gefühlt wurde. Nun bat ich William, das Licht zu nehmen und mir unmittelbar an der Stelle, wo ich im Innern den heftigsten Schmerz fühlte, eine gehörige Wunde zu brennen. Der Schmerz des Brennens war fast unbemerkbar für mich; doch so wie die Hitze tiefer drang, wich der innere Schmerz und ich fühlte, dass das Uebel seinen Meister gefunden habe. William brannte mir eine Wunde von der Grösse einer halben Handlänge, und ich legte mich etwas beruhigt zum Schlafen nieder. Daran war indessen nicht zu denken, obwohl ich mich überzeugt hielt, dass die wahre Gefahr verschwunden war. Der Schmerz steigerte sich allmählich wieder, wich aber jedesmal so wie William von neuem das Licht applicirte. Um 10 Uhr am Morgen liess ich den Hausarzt kommen, er erklärte die Krankheit für einen heftigen Rheumatismus der Weichengegend. Er lobte unser Heilverfahren, erklärte, dass wir die Krankheit im Keime erstickt hätten und verschrieb mir einen gewöhnlichen Thee und strenge Diät. Vom Morgen an hatte ich überdies heftiges Erbrechen und auch nicht den mindesten Appetit. Nach 2 Tagen konnte ich das Bett verlassen und nach 5 Tagen die Stube. Doch nun fing die Brandwunde an zu eitern und nach 4 Wochen, im gegenwärtigen Augenblick, ist sie noch nicht geheilt, obwohl ich in einer Woche damit fertig zu sein hoffe.

Dieser plötzliche Wechsel der Dinge hat mich lebhaft ergriffen und ernste Betrachtungen über das, was ich zu verlassen, über das, was ich zu hoffen habe, haben mich in keinem Augenblick meines Lebens so anhaltend beschäftigt. Seid überzeugt, dass ich ruhig in eine unendliche künftige Welt hinüber schaue, mit dem festen Glauben, dass meine Seele, die hier ihre Entwickelung begonnen, in künftigen Welten noch viele Bahnen höherer Entwickelungen zu durchlaufen habe, und dass ein höheres Vaterauge hier wie künftig über sie wachen wird. Ihr wisst, ich habe ein Leben voll Gefahren noch vor mir, in welchem das Gelingen, sowie das Unterliegen nur in beschränktem Grade von Menschenvorsicht abhängt. Solltet Ihr mich verlieren, so beschwöre ich Euch, über meinen Verlust diesen höheren Fortschritt nicht zu vergessen, der uns alle nach dem Tode erwartet.

Ueber die Ursache meiner Krankheit habe ich nicht die geringste Gewissheit. Es ist wahr, wir hatten hier ein merkwürdiges Wetter. Bis zur Mitte Januar war der Winter mild und feucht. Hierauf hatten wir bis zu Anfang Februar eine recht strenge Kälte, die um so unangenehmer war, als die Heizmittel so schlecht sind. Mit 10—12° Kälte an einem Kamin zu sitzen und mit der Feder in der Hand zu arbeiten, ist keine Kleinigkeit; die eine Hand erstarrt, während die andere glüht. Die letzten drei Wochen hatten wir indessen ein überaus mildes Wetter und nach dem Hervortreiben der

Knospen, nach der Wärme der Luft glaubte ich wirklich, auf die Ankunft des Frühlings hoffen zu dürfen; doch plötzlich ist ein kaltes schneidendes Winterwetter zurückgekehrt, welches mich um so mehr quält, als meine Wunde auf dem Rücken mich mächtig incommodirt. Während der letzten heftigen Stürme, durch welche so viele Schiffe zu Schaden gekommen sind, hatten wir überdies Williams Bruder Max auf dem Wasser, indem er sich nach Neuholland eingeschifft hat, und wir waren seinetwegen nicht wenig besorgt. Aus allem diesem möget Ihr leicht schliessen, dass das neue Jahr mir eben nicht viel Freuden gebracht hat. Doch habe ich in meiner Wissenschaft, trotz der Unterbrechung, schöne Gelegenheit gehabt, mich weiter auszubilden; ich habe mehrere der Professoren und Administratoren des Museums kennen gelernt, die mich mit vielem Wohlwollen aufnehmen und sich bereit zeigten, mich weiter in meinen Arbeiten zu unterstützen. Das ist keine Kleinigkeit.

Wir haben die Absicht bis zu Ende August noch hier zu bleiben und dann in das mittlere Frankreich zu gehen, wo wir ausgebrannte Vulkane studiren wollen. Ihr wisst, dass der Vesuv bei Neapel und der Aetna in Sicilien noch heutigen Tages glühende Feuerströme auswerfen und mit ihnen grosse Landstrecken bedecken. Solcher Feuerberge gab es in vormenschlicher Zeit gar viele im mittleren Frankreich, und man sieht noch heut zu Tage vollkommen deutlich die Lavaströme, welche sich aus ihnen hervorwälzten, und alle die Eindrücke, welche das Feuer auf die umgebenden Felsenmassen zurückliess. Diese Lavaströme, diese feurigen Produkte wollen wir näher kennen lernen, um, wenn wir nach Italien kommen, wenn wir den Vesuv oder Aetna selbst sehen, sogleich jene noch bestehenden Verhältnisse besser zu verstehen. — Wir beabsichtigen zu Anfang Oktober nach Italien zu ziehen und den Winter hindurch in Rom zu bleiben. Im kommenden Frühling besuchen wir Wien, und besuche ich Euch, wenn es die Umstände erlauben. Unsere jetzige Wohnung, in welcher Ihr mich noch nicht besucht habt, obwohl wir schon 7 Monate hier wohnen, ist in einem viel angenehmeren Theile der Stadt. Die Strassen sind weiter, die Luft reiner und was die Hauptsache ist, die Orte unserer Arbeit sind nahe. Wir besuchen mehrere Vorlesungen im Pflanzengarten, in der Universität etc. Diese Vorlesungen sind natürlich öffentlich d. h. jeder Mensch, Mann oder Frau mag eintreten, um zuzuhören. Da die Räume wohl geheizt sind, so fehlt es nicht an Leuten, die da kommen, um sich zu wärmen und zu Hause Holz zu ersparen. Alle Wunder der Natur werden ihnen klar und verständlich auseinandergesetzt, und so haben sie, ausser der Ökonomie, noch eine schöne belehrende Unterhaltung. Ihr würdet Euch deshalb nicht wenig wundern, alte 80jährige Männer, ärmlich gekleidete Leute, einen wunderlichen Mischmasch aller Klassen dort beisammen zu sehen. William hat die merkwürdigsten Gesichter alle gezeichnet und fast ein Buch mit ihnen gefüllt. Ein alter Mann wanderte regelmässig von einer Vorlesung zur andern, 4—5 Stunden lang, schlief in jeder und nach ihrer Beendigung suchte er sich im Garten die trockenen Baumreisige zusammen, um wahrscheinlich sich daheim ein kümmerliches Kaminfeuerchen zu bereiten. Den grössten Spass machte uns eine alte Dame, die wenigstens 63 Jahre alt sein muss, und welche weder Wind noch Wetter scheute, um die Vorlesungen zu besuchen. Sie sprach englisch, und ich glaubte deshalb zuerst, sie sei eine Engländerin, sie sprach französisch, sie sprach recht gut deutsch und endlich erfuhr ich aus ihrem eigenen Munde, dass sie eine Holländerin sei. Alle Nationen finden sich hier beisammen. Oft habe ich mit einem Engländer, einem Nordamerikaner, Franzosen, Italienern und Spaniern zu gleicher Zeit in einer Reihe gesessen. Aber es ist auch kein Zweifel, dass es kein zweites Institut dieser Art in ähnlicher Vereinigung und Ausdehnung in Europa giebt, und dass keines würdiger ist, von allen Nationen besucht zu werden, als dieser Pflanzengarten. Unterlasst nicht, mir einen recht langen Brief über alle Mitglieder unserer Familie zu schreiben. Ich fürchte, dass soviele neue Sprossen in ihr während meiner Abwesenheit auftreiben werden, dass es mir unmöglich sein wird, mich selbst zwischen den alten Bäumen zu recht zu finden. Mich wird das Schicksal gewiss noch lange einsam lassen, vielleicht für immer! Drum wie sich auch das Herz nach heimathlicher Ruhe und nach dem zweideutigen Glücke des Familienlebens sehnen mag, so scheint doch der erkorene Beruf mich gewaltsam davon zu entfernen und mir eine einsame Bahn vorzuschreiben. Das wird wohl mein Loos sein. Ich kann weder Euch noch eine Frau über die Meere hin mit mir nehmen und zwischen wilden oder civilisirten Nationen ist es nur das innere Bild von Euch, was mich dauernd und unwandelbar begleiten wird. Doch mein letztes Wort bleibt immer: Ferne Liebe ist besser, als Gleichgültigkeit in der Nähe. — Denkt daran, dass die Zeit gar bald kommen wird, wo Ihr nicht mehr an mich schreiben könnt und nehmt die Gelegenheit wahr, so lange sie da ist.

Nun meine lieben theuren Eltern lebt wohl und behaltet frisch im Herzen Euren

Euch liebenden
Ludwig.

Paris, Erster Osterfeiertag, 1840.

20. Mein lieber Vater!

Der lange, unfreundliche Winter, der mich so arg heimsuchte, hat endlich Abschied genommen und bei anhaltend schönem, warmen Wetter haben sich die Bäume schon fast allgemein mit jungem Laube bedeckt. Meine Exkursionen um Paris fangen wieder an und gehen Seele und Leib vortrefflich zu Gedeihe. Ich war stets im Museum und auf der Universität beschäftigt Vorträge zu hören oder Materialien durch zu arbeiten, und die 3 oder 4 Monate, die mir nachbleiben, müssen gleichfalls noch für jede Minute in Beschlag genommen werden. Es ist erstaunlich, mein lieber Vater, wie viele Kenntnisse dazu gehören die uns umgebende Natur in ihren Erscheinungen auch nur zusammenhängend fassen zu können, ganz abgesehen davon, ob die Erklärungen, welche wir von den Erscheinungen geben richtig sind. Die Sonne kommt am Morgen Dich zu wecken und bringt mit sich die Frage nach den Gesetzen ihres wundervollen Daseins, Du sprichst Dein Morgengebet, und Dein Verhältniss zum Schöpfer, zur Welt, zum ewigen Leben wird Gegenstand Deiner grübelnden Betrachtung; Du frühstückst, und neue ungelöste Fragen über Ernährung, über den Bau des menschlichen Körpers, über sein Verhältniss zur Erde, über die Nahrungsstoffe, die Du einnimmst, über die Werkzeuge derer Du Dich bedienst, reizen von neuem Dein Nachdenken. Du wanderst nach Deinem Torfstich, Du siehst eine unzählige Menge von Gewächsen und Geschöpfen die Luft, Erde und Wasser durchweben, Du siehst aus der Erde, aus leblosem Gestein alles Leben hervortreiben. Du würdest die Erde ewig nennen, wenn Dein Torfstich nicht Dir sagte, dass sie nothwendiger sein muss, wie die Geschöpfe auf ihr, dass sie mächtige Veränderungen erlitten hat und dass einst ohne Zweifel über den Windmühlenberg hin, vielleicht viele hundert Fuss hoch, die Wogen des Meeres tobten. Ueberfällt Dich ein Regenschauer, halten Stürme Deine Kähne in ihrem Laufe auf, so fragst Du nach den Ursachen, um vielleicht die gewaltsamen Thätigkeiten der Natur zu Deinem Vortheile zu lenken und die Winde in Deine Segel einzufangen, um sie Dir dienstbar zu machen. Du hörst, Du siehst, Du fühlst; man hat den Gesetzen dieser Thätigkeiten nachgespürt und hat sie zu grossen Wissenschaften entwickelt. Das also, was Dir während eines Tages wie eine Welle im Strome des Lebens vorübergleitet, beschäftigt fast über die ganze Erde hin eine grosse Anzahl von Denkern, die ihr ganzes Leben der Naturerklärung widmen, die nicht zurückschrecken vor den dunkeln Tiefen der Bergwerke, vor den riesigen Höhen der Gebirge, nicht vor den Stürmen des Meeres. — Diese Naturerklärung beschäftigt auch mich und ich hoffe, wenn auch im Glücke der Lösung der grossen Fragen, doch nicht im Muthe übertroffen zu werden, mit meinem Leben grosse Gesetze einzuhandeln.

Wir haben im Laufe des letzten Monats mehrere Male das Theater besucht und haben uns in einigen Fällen nicht wenig belustigt. Es giebt hier einige ausgezeichnete Schauspieler und Schauspielerinnen, von denen eine Mademoiselle Mors 62 Jahre alt ist und dennoch junge Rollen mit grossem Beifall spielt. Sie war schon zu Napoleons Zeit berühmt und stand hoch in seiner Gunst.

Es giebt eine grosse Menge von Theatern in Paris, besonders kleine Theater, die von den niederen Klassen besucht werden. Das Schauspiel ist für den Pariser mehr oder weniger ein Bedürfniss. Die Studenten würden sich unglücklich schätzen, wenn sie, anstatt in's Theater zu gehen, am Abend arbeiten sollten. — Ausserdem sind im Winter zwei Opern, die französische und italienische hier, von denen die letztere während des Sommers nach London geht. — Die Vorstellung dauert bis 11 oder 12 Uhr und ermüdet deshalb Leute wie mich, die nicht daran gewöhnt sind; man führt regelmässig 2 Stücke hintereinander auf.

Heute endigt die Fastenzeit der Katholiken, welche mir eine der grössten Ungereimtheiten zu sein scheint, die es giebt. Anstatt in Fleischspeisen und regelmässiger Nahrung regelmässig zu leben, verderben sich die Gläubigen mit fetten Fastenspeisen den Magen. Am Charfreitag liessen wir uns Fastenspeise bringen; es war eine Steinbutte und Stockfisch und Spinat und Apfelmus. Die Fische schwammen fast in Butter und wir, die wir unsere Magen niemals durch zu viel verdorben, verdarben uns den Magen durch eine solche quasi Hungerkost. Der Mensch mit seinem Aberglauben ist eine gar wunderliche Kreatur; er bekümmert sich um den Sinn wenig, wenn er nur das Zeichen hat; in der Beobachtung der Zeichen sucht er seine ewige Seligkeit. Und doch lacht die Mehrzahl über diese Reste eines früher lebendigen Glaubens. Die aufgeklärten Franzosen, wohl erkennend, dass sie mit der katholischen Kirche und mit dem Papste längst gebrochen haben, gestehen zwar, dass die Protestanten eine viel vernünftigere, einfachere Lehre haben; doch je vernünftiger diese Lehre ist, je mehr sie anerkennt, dass die Vernunft die Offenbarung ist, die Gott dem Menschengeschlechte von seinem Dasein gegeben (obwohl gar mancher protestantische Prediger dagegen protestiren würde), desto unmittelbarer ist der Widerspruch der christlichen Glaubenssätze mit dieser Vernunft. Welche Vernunft begreift die Dreieinigkeit? Welche

Vernunft die Auferstehung des Fleisches? Welche Vernunft die Verwandlung des Brotes und Weines des heiligen Abendmahls in den Leib und das Blut Christi? und noch vieles andere. Deshalb sagen sie: lasst uns eine Religion bilden, die frei von diesen Widersprüchen ist, lasst uns Gott als den einzigen Mittelpunkt dieser Religion festhalten und alles Nebenwerk vernichten, welches nur dazu dient, in der Seele des Glaubenden Zweifel zu erregen und sich mit sich selbst zu entzweien. Wir werden Christus als den ersten Prediger einer gesunden Moral, als den gotterfüllten Dulder nicht weniger, ja selbst höher achten, indem er mit Menschenkräften ausführte, was wir den Kräften eines Gottes nicht zu gering glauben. Indem wir auf diese Weise dasjenige auswählen, was den Mittelpunkt aller Religionen bildet, haben wir auch die einzige gegründete Hoffnung, später alle Religionen zu vereinen, indem die Mohamedaner z. B. wenn sie zu unserer Civilisation sich erhoben haben, sagen werden: »wir wollen auch nur den wahren Kern unseres Glaubens, unsern Allah, Euren Gott festhalten, und wie Ihr die Person Christi aus der Eurigen, so wollen wir die Person Mohameds aus unserer Religion entfernen«. So sprechen die aufgeklärten Franzosen und in Wahrheit, das ist auch meine Meinung. Ich bin auf's Innigste überzeugt, dass nicht plötzliche Veränderungen diesen Meinungen Eingang verschaffen können, sondern dass die Zeit, die fortschreitende Wissenschaft die trüben Stoffe unserer Religion durch allmähliche langdauernde Gährung in wahren lebendigen Geist verwandeln wird.

Dein Bericht über Heinrich Z.*) und den Eindruck, welchen mein Vorschlag auf ihn gemacht, hat mich nicht verwundert. Während mich die Liebe zur Erkenntniss einer fremdartigen Natur treibt, könnte ihn nur die Aussicht auf Gewinn reizen. Doch die Gefahren erscheinen ihm nothwendiger Weise viel grösser als mir, da er nur von ihnen träumt, ohne sie zu kennen und seine Einbildungskraft sie ihm viel grösser malt. Steht er im Begriff sich zu verheirathen, so würde dies allein schon hinreichen auch die besten Aussichten bei ihm wirkungslos zu machen. Doch er ist veränderlich, und wir haben noch 1—1½ Jahr Zeit. — Doch sollte mein Beispiel nicht auf andere Weise auf meine Familie zurückwirken? Sollte ich nicht in der grossen Menge meiner Neffen die Lust erregen erst zu sammeln, um späterhin mich selbst unterstützen zu können? Wäre ich bei Euch, so wollte ich wohl dafür sorgen. Ich würde ihnen mit Freuden erst Unterricht, dann Bücher

---

*) Ein junger Gärtner, der sich einige Zeit mit dem Plane trug, L. auf seinen Reisen zu begleiten.

geben, um sie mit den Erscheinungen, die sie umgeben vertraut zu machen. Ist Albert noch in Lübben? Wo ist Karl? Ich kann Dir nicht aussprechen, wieviel Freude Du mir machen würdest, wenn Du Albert z. B. in der Pflanzenkunde Privatstunden geben liessest. In einer Stadt wie Lübben, finden sich immer kundige Männer. Es würde nicht zu viel kosten und ich gebe Dir mit Freuden das Geld wieder. Kaufe für Karl eine Pflanzenkunde der Mark Brandenburg; vielleicht ist ein junger Mann beim Prediger R., der ihn die ersten Grundsätze kennen lehrt. Achte dann regelmässig darauf, dass sie eine sorgsame Sammlung anlegen, nur um sie zur Ordnung zu gewöhnen und ihnen Geschmack für die Wissenschaft beizubringen. Lübben ist reich an schönen Pflanzen, die Umgebung macht mich dessen gewiss. Du hast meine Sammlung von getrockneten Pflanzen gesehen; sie taugt nichts, die Jungen müssen sie viel geschmackvoller machen; an Löschpapier dürftest Du es nicht fehlen lassen. Wenn sie die Insekten, welche sie finden in Spiritus sammelten, so könnten sie jetzt schon unmittelbar für mich nützlich werden. Doch ich sehe vollständig ein, dass sie zuerst Unterricht haben müssen. Diese Punkte sind oft Gegenstände meines Nachdenkens gewesen und sie interessiren mich im höchsten Grade. Karl schien Neigung zum Zeichnen zu haben; dies ist eine ganz unumgängliche Sache für Naturwissenschaft, und obwohl meine Augen mich hindern sehr genau zu zeichnen, so fehlt es mir durchaus nicht an Leichtigkeit, in grossen Umrissen die verschiedenen Formen darzustellen. Ein freies Auge, ein gesunder Sinn, eine geübte Hand, ein kräftiger, gewandter Körper sind die Bedingungen, in meiner Weise sichere Fortschritte zu machen.

Du empfiehlst mir Vorsicht für meine Gesundheit! Vergiss Dich um Gottes Willen selbst nicht.

Schreibe mir recht bald, grüsse mir alle.

Dein herzlich Dich liebender
Ludwig.

Zweite Epoche.

1. Juli 1840 — 30. September 1841.

Paris, d. 1. Juli 1840.

21. Meine geliebten Eltern!

Die Hitze und Mühe des Tages hindert mich nicht an Euch zu denken; doch an Euch zu schreiben hinderte sie mich fast. April, Mai und Juni waren mir schwere und wichtige Monate und ich wünschte mir mich theilen zu können, um die schöne Erntezeit auf das beste zu benutzen. So soll es bis zu Anfang August noch fortgehen, dann erwarten wir John, der sich einige Wochen hier aufhalten will. Er hat in Tübingen promovirt und hat eine recht gute Abhandlung über die Nachfolger des Mohamed herausgegeben. Gegenwärtig ist er in England, wird aber folgenden Herbst nach Tübingen zurückkehren. Ein anderer alter Freund ist nach Paris gekommen und hat uns an sich selbst ein Beispiel gegeben, wie wunderlich das Schicksal die Menschen auseinander würfelt: noch zwei Jahre später und von den 5 oder 6 Menschen, die in Berlin sich zusammenfanden, sind zwei in Neuholland, einer in Südamerika, einer in Brüssel und einer in Meiningen. Ich habe mich im Wohlgefühle meiner Beweglichkeit oft mit Vergnügen mit dem Bauer verglichen, der in seiner kleinen Hütte die ganze Stufenleiter des Lebens auf- und absteigt, der die Sonne sein ganzes Leben lang hinter denselben Bäumen auf- und untergehen sieht, dem Beeskow Paris und Lübben Petersburg ist, und dessen Ohr das ganze verworrene Treiben der Welt nur in einzelnen undeutlichen Lauten vernimmt; doch als ich anfing die Unendlichkeit der Natur näher zu erkennen, da legte sich mein Stolz gar bald, und ich fühlte, dass im Vergleich mit ihr, Weltumsegler, Bauer und Ameise vollkommen gleich angenommen werden können.

So hat sich denn unerwartet unser väterlicher König Friedrich Wilhelm auch zur grossen Weltfahrt eingeschifft. Ich habe die Berichte über seine Krankheit und über seinen Tod regelmässig gelesen. Die Journale sprachen mit vieler Verehrung von dem alten Herrn, was er denn auch in hohem Maasse verdient. Es ist nur für die Lebenden zu wünschen, dass sein Nachfolger im Ganzen und Grossen seinen Grundsätzen folgt......

Meine Pass-Angelegenheit macht mir manche Sorgen, und obwohl das Ministerium die Gesandtschaft bevollmächtigt hat, mir bis zum 1. Oktober einen Pass zu ertheilen, wohin ich ihn auch nur wünschen möchte, so erklärt die Gesandtschaft jetzt doch, dass sie mir keinen Pass für Italien ausstellen könne, da die Zeit zu kurz sei, um Italien zu durchreisen und wieder am 1. Oktober in Berlin sein zu können. Ich werde indessen den Pass nach Berlin nehmen, den sie mir anbietet und dann mit dieser Legitimation mich an den englischen Gesandten wenden, um vielleicht einen englischen Pass zu erhalten. Es herrscht in dieser Hinsicht ein engherziges, drückendes Verhältniss zwischen Regierung und Unterthanen in fast allen Ländern des Festlandes, während der Engländer frei und ungehindert überall im vollen, guten, anerkannten Rechte auftritt und nicht von kleinlichen Bedenken gefoltert wird. Man muss reisen, um dies zu erfahren; denn in der Heimath mag der ruhige Bürger viele Leben leben, ohne solche schwachen Seiten seiner Regierung kennen zu lernen. Wir haben uns an die italienische Sprache gemacht und finden sie ausserordentlich leicht. Ein junger Italiener, der hier studirt, ist unser Lehrer, und wir unterrichten ihn dafür im Englischen. Ich habe grosse Lust noch Spanisch und Holländisch zu lernen, da diese beiden Sprachen auf vielen Inseln gesprochen werden, welche zwischen Asien und Neuholland liegen, und den Holländern und Spaniern gehören. Ihr meint vielleicht, dass so viele Sprachen eine gewaltige Verwirrung bewirken; doch dem ist nicht so. Es wird mir etwas schwer, unmittelbar aus einer Sprache in die andere überzugehen; doch in kurzer Zeit finden sich die alten Bekannten — Worte und Sätze — zusammen und gehen regelmässig mit einander. Deutsch spreche ich eigentlich am seltensten und nur seit H. angekommen ist, verhandeln wir hin und wieder in der Muttersprache. In der ersten Zeit unseres Hierseins hatten wir uns beide eine Art Kauderwelsch gebildet, in welchem Deutsch, Englisch und Französisch zusammengerührt waren; doch wie wir mehr mit Franzosen in Berührung kamen, die uns natürlich nicht so verstehen konnten, reinigte sich unsere Sprache und wurde vollständig französisch.

Ich bin während des ganzen Sommers fast keinen Sonntag zu Hause gewesen. Vom frühen Morgen bis in die späte Nacht habe ich in Gottes freier Natur herumgeschweift, um sie nach allen Seiten hin kennen zu lernen. Eine Schiesstasche über der Schulter, eine Botanisirbüchse zur Seite, Fläschchen mit Spiritus, Schachteln, Netze in allen Taschen, so wanderte ich fast wie die Biene von Blume zu Blume, um wie sie Erkenntniss des wunderbaren Lebens um mich zu sammeln. Eine halbe Flasche Rothwein und ein tüchtiges Butterbrot wurden auf dem Rasentische mit gesundem Appetite verzehrt, und während des bescheidenen Mahles in der grünen heimlichen Waldstille, wanderte mein Gedanke oft zu Euch, um Euch als sprachlose Tischgenossen aus der weiten Ferne herbeizuholen.

Während mir die Leute sagen, dass ich mich bis auf einen stärkeren Backenbart im Aeussern nicht verändert habe, fühle ich mich im Innern vielfach anders. Es fehlt mir die Wärme der Familie, in welcher sich freundliche, heitere Gedanken und Lebensansichten entwickeln, und wenn ich schon früher geneigt war, das Leben mehr ernst anzuschauen, so hat sich dies in unserem abgeschlossenen, fortwährend ernstbeschäftigten Junggesellenleben noch vielfach vermehrt. Vielleicht würdet Ihr mich kalt nennen, wenn Ihr mich bei Euch sehet, obwohl mir mein Herz für Euch noch ebenso warm und wärmer schlägt, wie früher. Doch dies ist der Zeitpunkt, in welchem der Mann heirathen, in welchem er gleichsam einen neuen Kontrakt mit der Familie schliessen muss, damit sie fortfahre, seinem Geiste die Frische zu bieten, ohne welche er holzig wird, wie die Pflanze, welcher es an Feuchtigkeit fehlt. — William und ich, wir haben uns jetzt gar herrlich in einander gestimmt und leben auf diese Weise recht glücklich; jedesmal, wenn wir andere Bekanntschaften machen oder die alten erneuern, finden wir, dass wir gegenseitig immer noch zufriedener mit uns sein können, als mit den anderen. Die Franzosen, welche wir kennen gelernt haben, sind zwar als Bekannte recht gut, doch fehlt ihnen das freundschaftliche Element; unser Freund Hallmann ist einer von den Leuten, die sich ihren Weg durch's Leben ertrotzen wollen, was uns beiden auch eigentlich nicht recht zusagt; der junge Italiener scheint ein angenehmer, bescheidener junger Mann, und ist es wohl möglich, dass unsere Freundschaft inniger wird. So gehen einige Menschen stürmisch durch das Leben, überall um Anerkennung bettelnd, überall nach Bekanntschaften jagend und häufig sich über ihre Mitmenschen beklagend, dass sie ungerecht gegen sie handelten. Diese Weise ist durchaus nicht die unsrige; wir wissen, dass wir ruhig und lange arbeiten müssen, ehe wir zu unserem Werke vollständig ausgerüstet sind; doch die Anerkennung wird uns hinterher nicht fehlen und die Bekanntschaften werden sich im Uebermaasse finden. Ich war früher blöde und menschenscheu. Ich habe gefunden, dass das Selbstvertrauen schnell sich findet, sobald man nur seine Arme gebrauchen muss, um im Lebensstrome nicht unterzusinken; doch wie man sich zurückzieht und wenig mit Menschen in Berührung kommt, tritt eine gewisse Scheu stets wieder ein........

Ihr habt ohne Zweifel gelesen, dass ein unsinniger Mensch auf die arme Victoria ein Pistol abgefeuert, und dass sich Prinz Albert recht wacker dabei benommen habe. Man hat in Frage gestellt, ob auch die Pistolen wirklich geladen waren. Der vorige König wurde einige Male mit Steinen traktirt, und sein Vater wurde fast von einer wahnsinnigen Frau ermordet. Dergleichen Dinge passiren, um den grossen Herren ihre Verwandtschaft mit dem Staube in's Gedächtniss zurückzurufen, doch das Volk im Ganzen hat mit dergleichen Verrücktheiten nichts zu thun, und man würde Oxford zum Beispiel ohne Zweifel zerrissen haben, wenn man ihn nicht mit der grössten Vorsicht unter starker Bedeckung in's Gefängniss transportirt hätte. — Die Attentate auf Louis Philipp sind von jenen verschieden; hier handelt es sich gewöhnlich um eine sehr bedeutende Partei, welche irgend einen unglücklichen Schwärmer als Werkzeug gebraucht, ihre politischen Pläne auszuführen. Er nimmt sich jetzt aber vor Pistolen und Dolch ebenso sorgfältig in Acht, wie ein Rheumatischer vor Zugluft; Husaren oder Kürassire umgeben seinen Wagen, wenn er hier ankommt, und die ganze Strasse ist mit Polizeidienern gefüllt, welche jeden Verdächtigen bewachen. Die erste Zeit seiner Regierung ging er mit dem Regenschirm unterm Arm auf öffentlichen Promenaden spazieren; so ändern sich die menschlichen Dinge. Lebt mir wohl meine theueren Eltern und vergesst Euern Ludwig nicht, wenn er auch unter fremder Flagge reist. Ich hoffe Euch aus der Auvergne oder aber aus dem Lande der Orangenwälder den nächsten Brief zu schreiben. Ist es nicht, als wenn sich Euer Leben selbst weitete, wenn Ihr so Euern lieben Sohn über Berg und Thal, durch Länder und Meere begleitet?

Der Brief ist den 8. Juli geschlossen. Ich grüsse alle die Meinigen, und alle die Freunde, die sich für den armen Vertriebenen interessiren viele tausend Mal.

Ludwig.

Paris, den 15. August 1840.

22. Meine geliebten Eltern!

Ich habe eine frohe Botschaft für Euch. Wir gehen, wie ich Euch schon geschrieben, nach Clermont in die Auvergne, in der Mitte Frankreichs, um dort die ausgebrannten Vulkane zu studiren. Es soll eine vortrefflich schöne Gegend sein, voll von edelsten Weinen mit Burgundernatur. Ich werde Euch von dorther zu Ende September einen Brief schicken. Von Clermont gehen wir nach Aurillac, welches etwas südlicher liegt, und von dort nach Marseille. Mit dem Dampfboote fahren wir sodann von Marseille nach Genua, wo wir vielleicht 8 Tage bleiben. Es war zuerst unsere Absicht, zu Lande nach Florenz, Rom und Neapel zu gehen, doch ziehen wir vor, zu Wasser unmittelbar nach Neapel zu fahren, dort uns vielleicht 3 Monate hindurch mit dem italienischen Leben vertraut zu machen und sodann Sicilien zu besuchen. O meine Eltern! mir wird schwindlich wenn ich an diese künftigen Herrlichkeiten denke! Wie oft sehnte ich mich nicht in die Ferne! In Göttingen wollte ich Buchdruckergeselle werden, um nur einmal reisen zu können und nun hat sich alles so wunderbar gefügt, sind mir Flügel gewachsen, und ich fliege leicht und frei, wie ein Vogel von Stadt zu Stadt, von Land zu Land, von Erdtheil zu Erdtheil! Und dabei wird mir's doch von Tag zu Tag klarer; ich gewinne allmählich eine freiere und freiere Uebersicht über diesen unendlich hohen und weiten Plan, nach welchem der grosse Weltenbaumeister baute. Ich werde nicht vergessen Euch zu schreiben, was sich auf unserer Reise Interessantes ereignet, und indem Ihr mich so begleitet und auf der Karte auch nur die Entfernungen, die Umrisse vergleicht, macht Ihr Euch selbst in der Fremde heimisch und stärkt meine Seele durch Eure mich umwebenden Gedanken. — Ihr habt ohne Zweifel von dem Obelisken gelesen, der zu Ehren der während der letzten Revolution Gefallenen errichtet ist. Man hat die Gebeine, welche an verschiedenen Punkten beerdigt waren, nun im Gewölbe unter dem Obelisken niedergelegt. Am 29. Juli wurden alle Gebeine in 50 Särgen vereinigt, auf einem ungeheuern kostbar geschmückten Leichenwagen zum Obelisken hingeschafft. Dieser Wagen hatte fast die Höhe eines Hauses; er wurde von 24 Pferden gezogen und von der ganzen Nationalgarde begleitet. Es war ein höchst merkwürdiger Anblick. Der Obelisk ist just auf dem Platze errichtet, auf welchem früher die Bastille stand, und die Bastille war das Gefängniss, in welchem die Könige und Minister vor der ersten Revolution 1789 alle diejenigen willkürlich und ohne Verhör einsperren und verschmachten liessen, welche auf irgend eine Weise ihr Missfallen erregt hatten. Denkt Euch also den Unterschied: Früher eine tyrannische Zwingburg, jetzt eine leichte herrliche freianstrebende Säule, unter welcher 500 für die Vaterlandsfreiheit Gefallene ruhen! Noch mag ich Euch erzählen, dass wir einen Venezuelaner kennen gelernt, der uns von seinem Vaterlande Wunderdinge erzählt. Er ist fast olivenfarbig, aber nicht Mulatte, sondern von rein spanischem Blute. Venezuela ist das nördlichste Land von Südamerika, oberhalb Brasilien. Ihr werdet die Namen der Städte Carracas und Cumana auf der Karte finden. Das Land ist wenig bevölkert; eine Million Menschen auf einem

Raume fast so gross wie Frankreich, wo 34 Millionen leben. Aber die Natur ist ausserordentlich üppig, ausserordentlich freigebig, indem sie den trägen Bewohnern 5 verschiedene Arten Brot bietet, welches sie sogleich ohne grosse Zubereitung geniessen können.

Es grüsst Euch

Euer herzlich Euch liebender Sohn
Ludwig.

Neapel, d. 13. Dezember 1840.

23. Meine geliebten Eltern!

Wie viel habe ich zu schreiben, und wie wenig Raum habe ich! Ich sehe mit Schmerzen, dass ich nicht mehr das ganze Briefporto bezahlen kann, indem zwischen Neapel und Preussen so verschiedene Reiche mitten inne liegen und kein Vertrag zwischen ihnen zu bestehen scheint. Doch Geduld! wir werden bald wieder näher kommen. -- Ich schrieb Euch den letzten Brief von Marseille und glaube, dass er, klein wie er war, dennoch richtig bei Euch eingetroffen ist. Wir verliessen am 30. Oktober das schöne Marseille. Rings von nackten Kalkfelsen umgeben, scheint die schön gebaute Stadt nur freundlich über das Meer hinaus, welches ihm alle Schätze ferner Länder freundlich zuführt. Kaum hatten wir den Hafen verlassen, kaum begann das toskanische Dampfschiff »Leopoldo secondo« etwas stärker zu wiegen, so fühlte ich, dass meine Stunde gekommen war und dass ich mich sogleich auf mein hartes Lager strecken musste, um die unerquickliche Seekrankheit zu erwarten und so ruhig christlich als möglich zu erdulden. Nie wurde ich so urplötzlich von der Krankheit befallen! So lag ich denn 30 Stunden auf dem Rücken von einer Menge von Menschen umgeben, deren Magen sich jeden Augenblick aus dem Munde hervor zu stürzen drohte; unwohl von dem Geruche des Oeles und vom Dampfe der Maschine, die ohne Aufhören an dem schweren Schiffe rüttelte, um es so hurtig wie einen Vogel durch die Wogen zu treiben. — Nach 30 Stunden kamen wir in Genua an. O Genua! Die Natur hat an dem blauen Meere eine Kette mächtiger Berge aufgehäuft und hat diese mit freundlichem Grün bekleidet; der Mensch hat von diesem Amphitheater sogleich Besitz genommen und eine Stadt von Marmorpalästen gegründet. Versteht mich recht! Es sind Marmorpaläste und zwar von carrarischem Marmor. Ganze Strassen sind von solchen Prachtwerken gebildet. Herrliche Kirchen in Fülle! Man sieht, dass dieses Genua einst eine grosse freie Handelsstadt war, in welcher sich unendliche Reichthümer aufhäuften; jetzt gehorcht die gebrochene

Beherrscherin des Meeres dem Könige beider Sardinien, Victor Amadaeus. Dennoch giebt es nur 3 Strassen in Genua, in welchen Wagen passiren können, alle übrigen sind so klein, dass sich kaum zwei beladene Esel auszuweichen im Stande sind; nur diese friedlichen Geschöpfe, nur Senftenträger, früher Zeit- und Fussgänger fanden sich in den kleinen 3 Ellen breiten Gässchen. — Auf unserer traurigen eintönigen Seereise von Genua nach Neapel befanden wir uns insofern etwas besser, als wir in horizontaler Rückenlage, ohne krank zu werden, verharren konnten. Wir hatten gleich von vorn herein für unser Frühstück und Mittagessen bezahlen müssen, man setzte es gewöhnlich dann auf, wenn die Schwankungen des Schiffes am grössten waren und deshalb blieb es von uns wenigstens unangetastet. Der Oelgeruch der Maschine wurde für unsere geneigte Empfindlichkeit fast unerträglich. Zu Livorno stiegen wir endlich am 3. November an's Land. Es ist eine regelmässig gebaute, sehr handeltreibende Stadt und für Italien das, was Hamburg für Norddeutschland, was London für England ist. Es befindet sich hier eine Citadelle, in welcher die Gefangenen aufbewahrt werden, welche schwerer Verbrechen wegen Ketten tragen. Zu zweien zusammen geschmiedet ziehen sie die Karren durch die Stadt, fegen die Strassen, reinigen die Abflüsse. Sie sind in rothem oder gelbem wollenen Stoffe gekleidet und ihr Verbrechen ist ihnen auf dem Rücken geschrieben. So las ich z. B.: »Diebstahl mit bewaffneter Hand«, — »Vorsätzlicher Menschenmord«. Ich habe nicht nöthig zu sagen, einen wie schmerzlichen Eindruck ein solcher Anblick hervorbringt; dennoch examinirt man mit einer gewissen Neugierde das Gesicht, die Gestalt des Menschen, dessen Verbrechen man von der Jacke abliest.

Den 4. November gelangten wir nach Civita vecchia, der Hafenstadt des Kirchenstaats, einem kleinen, engen, schmutzigen Neste, in welchem sich weiter nichts Merkwürdiges, als die schlechte Wirthschaft des Papstes sehen lässt. Man erzählte mir, dass ein Räuberhauptmann Gasparoni mit seiner Bande dort gefangen gehalten werde, der früher der Schrecken des Kirchenstaates war. Der Papst konnte ihm mit allen seinen Truppen nicht ankommen, und war sehr erfreut, als Gasparoni sich ihm unter der Bedingung auslieferte, dass man ihm täglich 6 francs, einem jeden seiner Bande aber 1 franc 40 cent. auszahlte, und ihm überdies noch jährlich 2 Monat Urlaub ertheilte. Letztere Bedingung hat der Papst indessen nicht gehalten, und der furchtbare Räuber sitzt in dauerndem strengen Gewahrsam. Diese Kapitulation zeigt hinlänglich die Schwäche der jämmerlichen päpstlichen Regierung.

Am 5. November gelangten wir nach Neapel. Ein weiter Meerbusen breitet sich vor der Stadt aus. Diese liegt am Abhange eines halbkreisförmigen Gebirges, welches an beiden Seiten des Golfes lange Arme in's Meer hinausstreckt. Der Stadt gegenüber erhebt sich der Vesuvius, aus dessen Krater unaufhörlich eine Rauchsäule emporsteigt, welche als schwere Wolke über dem Berge verharrt. — Ich hatte so viele Bilder gesehen, so viele dichterische und prosaische Beschreibungen der Schönheiten dieser Stadt gelesen, dass ich in der That durch den wirklichen Anblick nicht völlig befriedigt wurde. Doch ist die jetzige Zeit wenig geeignet, die Gegend in allem ihren Glanze zu zeigen. Die Weingärten sind ohne Laub, die Feigenbäume haben gleichfalls ihre Blätter verloren, kurz man bemerkt Trauer und Oede in der Landschaft, wenn auch eine Menge immer grüner Gewächse die völlige Entblössung verhindern. Man soll Neapel im April und Mai sehen, um die Dichter verstehen zu können, die sich überdies noch in Uebertreibungen gefallen. Wenn der Südwind weht, so ist die Luft lau und angenehm, doch der Nord- und Ostwind welche beide vom Lande herkommen, bringen Kälte, welche sich, obwohl gering, recht fühlbar macht, indem alle Vorrichtungen zur Heizung fehlen. Wird es zu kalt, so bringt man einen flachen Kessel voll glühender ausgebrannter Kohlen in die Stube, an welchen man sich denn so gut und so lange wie es geht, wärmt.

In den Strassen sind alle Handwerke vor den Thüren. Es ist im höchsten Grade unterhaltend, 12 Schuster oder Schneidergesellen in der Strasse sitzen zu sehen. Man kann mit Leichtigkeit alle Gewerbe während eines Spazierganges studiren. Dieses öffentliche Leben charakterisirt nun ganz Neapel. Die Strassen wimmeln von Volk, welches arbeitet, oder lustwandelt, oder sich sonnt. Am Morgen treibt man eine Menge von Kühen durch die Stadt, melkt sie, wie auch die Ziegen, vor jeder Thür und verkauft so die Milch vom Euter weg. Daher kommt es denn, dass die Milch äusserst theuer ist, während der Kaffee selbst wenig kostet. Die Landleute kommen nun mit ihren Eseln zur Stadt, bringen Gemüse, Obst u. dgl.; dann laufen die Fischverkäufer mit einer Menge kleiner Körbchen auf dem Kopfe herum, beständig schreiend und ihre Waare anbietend. Es ist ein unendliches Getöse, ein unaufhörliches Gejage und Getreibe. — Wir suchten lange Zeit vergeblich nach einer Wohnung; endlich fanden wir, wie man es anzufangen habe. An den Strassenecken sitzen Männer mit einer Tafel über sich, auf welcher es heisst »Hier vermiethet man Stuben, Wohnungen etc.« Ein solcher Mann schickt nun einen Diener mit uns in die Häuser, welche er kennt, und wo man vermiethet. Die Miether und Vermiether müssen ihm für diese Vermittelung etwas bezahlen. Wir fanden eine freundliche aber zugige Stube, in welcher William immerwährend an Rheumatismus in den Schultern, ich in den Füssen leide. Wir bezahlen dafür 8½ Ducati (ungefähr 10—11 Thlr. preussisch) monatlich. Der Neapolitaner lebt billig, der Fremde theuer; denn der Fremde wird überall übervortheilt, wenn er sich nicht beständig um den Preis herumbeissen will; gewöhnlich fordert man von ihm 3 mal mehr, als die Sache werth ist. Bietet er hierauf die Hälfte, so verliert er immer noch. Wir glaubten uns von den Ausgaben unserer Reise hier erholen zu können, doch wir finden, dass wir fast ebenso viel verbrauchen, wie in Paris. — Die Häuser sind erstaunlich hoch, gewöhnlich von 4, 5—6 Stockwerken. Wir wohnen im 4ten und haben den Genuss des Daches. Im Allgemeinen sind nämlich die Häuser ohne Ziegeldächer, völlig flach, mit einem Geländer nach der Strasse, so dass man auf dieser Plattform lustwandeln und das Getreibe der Strasse beobachten kann. Die Dächer neben uns sind wie Höfe, mit Citronenbäumen in Töpfen besetzt, mit einem Hühnerhof etc. Kleine Rinnen führen das Rinnenwasser in Behälter oder in Röhren, in welchen es nach der Strasse hin abfliesst.

Das Essen ist gut und nicht zu theuer. Das Leibessen der Neapolitaner sind die Macaronis oder Nudeln. Man isst sie in allen Gestalten, sei es mit Bouillon, mit Sauce, mit brauner Butter. Der gemeine Mann isst sie oft nur in Wasser abgekocht, und es ist lächerlich zu sehen, wie ein Dutzend hungriger Menschen den Kessel eines Macaronenkoches umgiebt, wie letzterer geschickt die Portionen austheilt und wie nun jeder die fast ellenlangen Nudeln geschickt in den Mund hineinschlüpfen lässt. — Der Kaffeehäuser giebt es eine Unzahl. Sie sind klein, mit 2—3 kleinen Tischen; Divans laufen an den Wänden hin bis zur Strasse hinaus. Frauen, Mönche, Händler von allen Qualitäten treten ein, trinken eine Tasse Kaffee für einen Dreier und ziehen dann ruhig ihres Weges; es ist ein viel lebhafteres Treiben als man sich vorstellt. Der Mönche giebt es unzählige, ich bin noch nicht im Stande gewesen mir alle die verschiedenen Kleidungen zu merken, durch welche sich ein Orden von dem andern unterscheidet. Einige Orden sind ganz weiss, andere ganz schwarz gekleidet. Wohin man auch sein Auge wendet, es begegnen einem überall diese ewigen Junggesellen, welche indessen im Allgemeinen das Leben auf ihre Weise so gut als möglich geniessen. Das Volk ist in Neapel bigott und abergläubisch und lässt sich jedes Jahr auf die gröbste Weise betrügen, indem die Priester vorgeben, das Blut des heiligen Januarius in einem Fläschchen zu besitzen, welches, wenn ein glückliches Jahr bevorsteht, am ersten Mai flüssig wird. Man zeigt der versammelten Menge zuerst das geronnene Blut, dann zieht man sich zurück bis es flüssig geworden, und nun verkündet man die frohe Botschaft dem jauchzenden Volke. Indessen ist jenes geronnene Blut kein Blut, sondern, wie man glaubt, eine Harzmischung, welche bei geringer Wärmeerhöhung flüssig wird. Sind die Priester nicht mit der Regierung zufrieden, so lassen sie das Blut nicht flüssig werden, und das Volk wird unruhig.

Nachdem wir uns nun ein wenig heimisch gemacht hatten, begann ich mich in der Umgegend umzusehen. Das Land in der Nähe von Neapel ist gut bebaut, und die Sorgfalt, mit welcher man den Dünger auf den Strassen zusammensucht, ist erstaunlich. Der Weinbau nimmt die erste Stelle ein. Der Wein, in mächtigen Stöcken an den Pappeln hinaufgezogen, rankt von einem Baume zum andern, und lange Guirlanden hängen unregelmässig schön über den Zwischenräumen herunter. Ein jeder Weingarten scheint eine grosse Laube zu sein, welche einen grünen Rasenteppich beschattet. Indem so der Weinstock zur Würde eines Baumes erhoben wird, erzeugt er jene schönen grossen Beeren, von welchen ich Euch schon von Marseille aus geschrieben und deren Form Ihr an unserem Petersilienweine kennt. Er ist blau und weiss, der blaue hat eine zartere Schaale und ist saftiger. Der gekelterte Wein ist von recht guter Qualität; ich habe die auf dem Vesuv wachsenden Lacrymae Christi getrunken und sehr wohlschmeckend gefunden. Man nennt nämlich allen Wein, der in den Weinbergen am Vesuv gewonnen wird, Lacrymae und benennt nun die verschiedenen Sorten nach den Ortschaften, z. B. Lacrymae von Resina, von Torve etc. — Der Getreidebau ist auf gewisse Gegenden, z. B. auf Campanio, Apulia und Sicilien beschränkt, und die freigebige Natur belohnt auch geringe Mühe durch reichliche Ernten. Der Mais wird gebaut, doch weniger als im nördlichen Italien. Die Feigen sind von vortrefflicher Qualität; die Apfelsinenbäume sind theilweise jetzt schon voll von goldenen Früchten; Aepfel, Birnen, Mispeln und andere theilweise Euch unbekannte Früchte giebt es in grosser Fülle und Schönheit. Doch der Aepfel ist nicht so schön, wie man erwarten sollte; er scheint mir holziger zu werden. In Genua habe ich ihn in grösster Vollkommenheit gekostet. Erfreulich war es für mich, eine besondere Art Fichte hier zu finden, welche einen hohen Stamm treibt und dann eine regenschirmartige Krone ausbreitet. Man nennt sie Pinia. Die Kienäpfel dieser Pinia sind erstaunlich gross, einen halben Fuss hoch, 1½ Fuss im Umfang und enthalten sehr schmackhafte Kerne. Um indessen diese Kerne zu gewinnen, muss man die Aepfel selbst braten, wodurch die Schuppen sich lösen und die Kerne sich weich rösten. Zu Weihnachten isst man sie, wie bei uns die Nüsse. Die Strassen sind voll von kleinen Feuerpfannen, auf welchen man beständig mit der Röstung beschäftigt ist. — Ich habe denn auch den Vesuv bestiegen und in seinen Rachen hinabgeschaut, ja sogar versucht, ihm zwischen die Zähne hinein zu steigen. Eure Einbildung macht Euch zweifelsohne beben. Doch hört! Es giebt wenige Dinge, welche nicht bei näherer Betrachtung vieles von ihrer Furchtbarkeit verlieren. Wir fuhren von Neapel nach Portici, einer kleinen freundlichen Stadt am Fusse des Vesuv per Eisenbahn, welche hier seit 1½ Jahr existirt. Kaum hatten wir die Wagen verlassen, so stürzte auch schon ein Tross von Leuten an uns heran, welche sich alle anboten, uns auf den Vesuv zu begleiten. Es ist nothwendig einen solchen Cicerone zu haben, um den Weg nicht zu verfehlen, und wir waren endlich so glücklich, mit Einem davon zu kommen. Wir passirten Resina, ein kleines Städtchen, welches sich unmittelbar an Portici anschliesst, stiegen hierauf zwischen Weinbergen in die Höhe, wanderten dann über Lavafelder und erreichten die Wohnung des Eremiten. Hier hat früher der heilige Januarius gelebt, von dessen Blut ich Euch vorhin gesprochen und welcher Schutzheiliger von Neapel ist. Jetzt ist eine Herberge für die Reisenden hier, welche man wacker zu prellen weiss. Hinter der Eremitenwohnung erhebt sich der eigentliche Kegel des Vesuv, welcher aus Schlackenstücken und Lava aufgehäuft ist. Dieser Theil des Weges ist äusserst beschwerlich; er ist sehr steil und die losen Stücke geben dem auftretenden Fusse wenig Halt. Doch man überwindet am Ende alles! Wir erreichten die Plattform, in welche der Krater einsinkt, und sahen nun die hervorsteigende Dampfwolke vor uns. Ihr müsst nicht glauben, dass der Kraterrand scharf abgeschnitten sei, wie der Rand eines Trichters, keineswegs! Eine breite Fläche läuft um die eigentliche Vertiefung herum. Ebenso wenig ist die Kraterwand so glatt und so steil, wie Ihr denken könntet; sie ist rauh, mit Absätzen, Schlackenstücken bestreut, und in der Tiefe erblickt man den sich erhebenden Rauch und die glühende Lavamasse, wenn ein Ausbruch bevorsteht. Als ich dort war, war nichts Glühendes zu sehen. Das Gefährliche und Unangenehme, ist der schwefelsaure und salzsaure Dampf, welcher die Brust heftig angreift und bei längerer Einwirkung unfehlbar tödten würde. Doch da beständig auf dem Gipfel des Berges ein Wind herrscht, so wird dieser Rauch auch immer nach einer Seite hin abgetrieben, und man gelangt auf der freien Seite leicht zum Krater. Doch in den Krater hineinzusteigen wird unter solchen Umständen schwierig, da die Kraterwand den aufsteigenden Dampf schützt und er also den ganzen Krater ausfüllt. An einigen Stellen steigt der Dampf durch Spalten bis zur Spitze des Berges, der schlackige Boden ist heiss, in kleinen Höhlen, die man an solchen Stellen macht, ist die Hitze unerträglich, und oft gelingt es Holz oder Papier zu entzünden. Grosse gelbe Flecke bemerkt man am Krater und auf dem Kraterrand, diese sind durch Schwefel gebildet, welcher in Dampfform aufstieg und sich dort an den Schlackenstücken niederschlug. Der Dampf stieg aus dem Krater in kurzen Perioden mit eigenthümlich stöhnendem Geräusche empor. Vom Vesuv geniesst man eine ganz herrliche Aussicht auf Neapel und das Meer. Das Hinabsteigen ging sehr leicht; wir rannten in vollem Laufe an einer Stelle nieder, wo ein loser vulkanischer Sand dem Fusstritt leicht nachgab und uns bei jedem Sprunge tief einsinken und herunterrutschen liess. — Vor 1800 Jahren war der Berg viel höher; es erfolgte ein heftiger Ausbruch, welcher den halben Kegel abriss und auf die am Fusse liegenden Städte Pompeji und Herculanum schleuderte, wodurch diese völlig verschüttet wurden. Von jenem alten Berge existirt jetzt noch eine halbe Wand, welche man die Somma nennt. Der Kegel des Vesuv häufte sich durch nachfolgende Ausbrüche zur jetzigen Höhe auf und ist beständigen Veränderungen unterworfen. Die Lavaströme brechen gewöhnlich an den Flanken des Berges hervor. Pompeji ist durch die Regierung zum 5. Theil wieder ausgegraben, und man sieht nun zum Erstaunen eine alte römische Stadt in aller Frische aus der Asche hervortreten. Die Häuser sind klein, die Stübchen eng aber nett, mit Wandgemälden, welche ausserordentlich frisch sind. Man sieht die Bäder, den Marktplatz, ein schönes Amphitheater, in welchem öffentliche Spiele gegeben wurden. Man findet Bohnen, mit welchen man die Pferde fütterte, kurz eine Menge von Kleinigkeiten, welche in dem Augenblick herumlagen, als die Aschen auf die Stadt niederfielen. In einem Apothekerladen fand man nicht nur die Pillen, sondern auch den zusammengerollten Cylinder, aus welchem sie gemacht wurden. Die Menschen retteten sich fast alle; doch hat man ein Dutzend Skelete gefunden, welche grösstentheils durch ihre Lage bewiesen, dass die Menschen an Flucht dachten, aber vom Aschenregen überwältigt wurden. Man hat auch Schriften gefunden, doch sie waren grösstentheils sehr vermodert und zerbrechlich. Zu Herculanum, der anderen vergrabenen Stadt, die noch tiefer verschüttet ist, hat man andere Papyrusrollen recht schön erhalten angetroffen. Es ist wunderlich genug zu sehen, wie die Menschen ein so gefährliches Beispiel vor Augen haben und dennoch mit ihren Wohnungen von Neuem an dem Berg hinaufkriechen. Doch der Boden ist fruchtbar, die Gelegenheit des Verkaufs in der grossen Stadt ist zu lockend, und so scheut man keine Gefahr, um das Leben, wenigstens so lange man es hat, bestmöglichst zu geniessen.

Ich herze und küsse Euch vieltausend Mal, wünsche Euch ein glückliches neues Jahr und verbleibe auf immer

Euer herzlich Euch liebender
Ludwig.

Neapel, d. 22. Januar 1841.

24. Mein theurer Schwager!

Endlich findet sich nach vier Tagen fieberhaften Träumens oder gedankenlosen Hinbrütens wieder Besinnung genug, den Aufruhr meiner Gefühle zu bemeistern und von einem höheren Standpunkte Umsicht und Ruhe zu gewinnen. O mein theurer Freund! Ich habe so oft den Tod im Grossen gesehen; ich habe keine jener herrlichen Städte verlassen, ohne in Kranken- und Armenhäusern jene unendliche Fülle menschlichen Elends zu betrauern, welches mit seinen Lumpen und seiner kalten freudelosen Blösse vorzüglich die Armuth drückt; ich habe am Todtenbette Verlassener gestanden, denen kein Freund, keine geliebte Gattin, kein theures Kind die Augen zudrückte; habe ihr kräftiges Ringen mit dem Tode, ihr allmähliches Ermüden, Unterliegen, Erstarren, Verlöschen bewacht, und der Gedanke meiner eigenen wissenschaftlichen Gleichgiltigkeit hat mich in Schrecken gesetzt. Und nun? Nun ist die Reihe an mich gekommen, der den Gedanken an die eigene Verwundbarkeit gänzlich beseitigt hatte, und ich sehe mich plötzlich des theuern Vaters, des vielgeliebten Freundes beraubt. Ich kann nicht ausdrücken, wie schwer es mir wird, den kräftigen lebensfrohen Mann ruhig in der engen Grube zu wissen und zu denken, dass jene Lieben in entsetzlich stummen Staub verfallen, unter denen mir nur väterliches Wohlwollen und freundliche Theilnahme entgegen traten. Und doch ist es nur der Gang der Natur; die Pflanze wächst und blüht und stirbt und düngt den Boden für neues Leben; ganze Geschlechter von Thieren kommen und gehen und die Menschengeschlechter schüttelt der Tod, wie der Herbst die welken Blätter. Ein grosser neuer Schmerz liegt im Tode des Menschen. Leicht würden wir uns an die Auflösung der Körper gewöhnen, doch unerträglich ist uns das Gefühl, der Gedanke, dass der befreundete Geist, der ganze Komplex höherer Thätigkeiten sich so unerfassbar, unhaltbar unserer Hand entzieht und auf einmal für diese Erde spurlos verschwunden ist. Denn der Verkehr der Lebenden mit den Todten lebt doch nur in den Märchen vergangener Zeiten und in den Hirngespinnsten verwirrter Schwärmer! Aber es ist mir beruhigend zu denken, dass der geliebte Vater mir als helfender Schutzgeist zur Seite stehe und jetzt den Sohn als freier Geist begleite, an dessen Schicksal er stets einen so innigen Antheil nahm. Aber ist dies nicht egoistisch? Wie wird der Menschengeist, für eine höhere Entwickelung bestimmt, plötzlich innehalten, um sich mit einem erdgeborenen Sohne durch enge irdische Bahnen zu schleppen? — Und schreitet er in der Entwickelung fort, — wo werden wir uns in aller Ewigkeit wieder finden?

Am 17. Oktober kam ich von einer sechstägigen Reise in den Mont Dore wieder nach Clermont zurück. Während der arme Vater im Sterben lag, war ich in der Betrachtung ausserordentlicher Naturverhältnisse versenkt, ohne Ahnung des Zustandes des fernen Geliebten, und als ich mich am Abend müde aufs Lager streckte, und einem gesunden, ungestörten Schlummer in die Arme sank, da verfiel jener dem Tode. Mit jenem Tage hörte das Glück meiner Reise auf. Hatte bis dahin ein ununterbrochen schönes Wetter unsere Unternehmungen begünstigt, so trat mit dem Sonntage früh, den 18. Oktober, kalter Sturmwind und Regen ein, welcher einen Theil meiner Pläne vereitelte und, obwohl mit dazwischen tretenden herrlichen Sonnenblicken, über die schöne Reise seinen nebligen Schleier warf. Ich hatte die Absicht, den Cantal zu besuchen, welcher in geologischer Beziehung von ausserordentlichem Interesse ist; doch als ich ankam, waren die Berge mit Schnee bedeckt und ein nasskaltes Winterwetter mit heftigem Sturm machte das Reisen in den hohen Bergen unmöglich und nutzlos. Wir waren gezwungen, sogleich nach Montpellier zu gehen. Hier hatten wir zwar einige sonnige Tage und die Natur zeigte sich in ihrer mittäglichen Milde; doch der Wind bedeckte mit Staub die weiten mit Wein und Olivenbäumen bepflanzten Flächen und machte die Reise für sich unfreundlich. Während auf diese Weise der im südlichen Frankreich gefürchtete Nordostwind, welchen sie Alistral nennen, uns beständig umweht hatte, und wir nun glaubten, er werde uns als besserer Freund über das Meer begleiten, änderte er sich an demselben Tage, als wir uns einschiffen wollten, um nach Genua zu gehen; ein heftiger Südwind (Sirocco) trat ein, welcher, über das ganze Mittelmeer herüberkommend, den nördlichen Theil in grossen Wogen erhob, den Lauf des Schiffes hemmte und alle Passagiere mit der heftigsten Seekrankheit heimsuchte.

So gelangten wir, wie ich Euch geschrieben, nach Genua, so endlich nach Neapel. Als ich in Neapel das Schiff verliess, bat mich ein junger Mann, ihm 80 Francs nur bis zum Augenblick, wo wir das Land betreten würden, zu borgen; ich that es — und er hat mich darum betrogen. — Die erste Zeit hatten wir ganz erträgliches Wetter und einige himmlische Tage, wie sie nur im südlichen Italien um diese Zeit eintreten konnten; doch seit zwei Monaten hindert ein fast ununterbrochener Regen jeden Ausflug, und feuchte Kälte macht die Kamine und ofenlosen Zimmer ausserordentlich unbehaglich. Die Kohlenpfannen, die wir zur Erwärmung benutzen, verursachen uns, da wir an freie Luft gewöhnt sind, unerträglichen Kopfschmerz. Doch das ist noch nicht die Summe meiner Leiden. Wir hatten die Absicht nach Sicilien zu gehen, welches wegen des Aetna für den Geologen ausserordentlich interessant ist, doch William hat für sich den Plan aufgegeben, und obwohl er es mir freistellte allein die Reise zu machen, veranlassten mich mannigfache zwingende Umstände, von diesem seinem wohlwollenden Anerbieten nicht Gebrauch zu machen. Verbindet mit allen diesen Widerwärtigkeiten noch ein anderes Unglück, wovon ich Euch später sprechen werde, dass William für sich auch die Reise nach Neuholland aufgegeben, und dass ich also allein gehe; denkt Euch, dass ich so seit acht Wochen, wie rings von Uebel umgeben nach allen Seiten dunkele Pfade schaute, und Ihr werdet Euch vorstellen können, welchen Eindruck die unerwartete schreckliche Trauerbotschaft auf mein verdüstertes Gemüth hervorbrachte.

Ehe wir Paris verliessen, war William durch Krankheit seines Bruders genöthigt nach England zu gehen. Er sah hier seine Familie, fühlte das Glück eines behaglichen Lebens und wurde sicherlich von allen den Seinigen vielfach bestürmt, eine gefährliche Reise in ferne Weltgegenden aufzugeben und zu ihnen zurückzukehren, um sich in ihrer Mitte oder wenigstens ihnen nahe dauernd anzusiedeln. William ging von England nach Deutschland, kehrte nach London zurück und kam endlich nach Paris und später nach Clermont, wohin ich vor ihm abgegangen war. Ihr könnt Euch mein Erstaunen denken, als er allmählich mit seinen veränderten Absichten zu Tage kam. Natürlich wollte er auch mich zum Proselyten machen; doch da ich in vollem Ernste mein Leben einem grossen Plane angetraut, wollte ich ihm für die Ruhe eines englischen Heerdes nicht untreu werden. Hiermit war die Nothwendigkeit unserer Trennung ausgesprochen und so schmerzlich mir der Gedanke war, dass ich ohne den geliebten Freund vielleicht eine grosse Zeit meines Lebens durchwandern würde, so stiegen doch viele ernste Betrachtungen in mir auf, welche mich den neuen Plan mit grösster Ruhe adoptiren liessen. Ich werde in anderen Briefen Gelegenheit haben, Dir, mein lieber Schwager, diese Umstände auseinander zu setzen, besonders wenn ich, in Paris angekommen, wieder weiss, dass ich das ganze Briefporto bezahlen kann.

Wenn auch mein Aufenthalt in Neapel eine fast ununterbrochene Reihe von Unglücksfällen und unangenehmen Zuständen war, so kann ich doch nicht leugnen, dass ich hier vieles Neue gesehen, vieles gelernt habe. Es war ein Fehler, in den wir durch den Rath anderer Reisenden verfielen, im Winter nach Italien zu gehen. Der Frühling und Herbst sind hier allein für den Naturforscher günstig; denn der Winter bringt fast ununterbrochenen Regen, der hohe Sommer ununterbrochene Hitze. So wurden nicht nur unsere so nothwendigen Fussreisen ausserordentlich beschränkt, sondern die Natur hatte sich auch ihrer charakteristischen Vegetation entledigt und machte jede Erwartung des Botanikers zu Schanden. Der neapolitanische Volkscharakter hat mich ebenso wenig befriedigt. Mit einer unersättlichen Gier fallen sie über den Reisenden her, unfähig, zwischen dem reichen Mylord und dem armen Fremden einen Unterschied zu machen. Doch ist der gesellschaftliche Zustand nicht so unsicher, wie Ihr glaubt. Ich habe stets allein meine Wanderungen angestellt mit der Schiesstasche über der Schulter, mit dem Hammer in der Hand; so sehr man mich auch in den Forderungen zu prellen suchte, so hat man doch nie auch nur Miene gemacht, mit Gewalt zu nehmen. Ich glaube indessen, dass Neapel sicherer ist als der Kirchenstaat, obwohl der Charakter der eigentlichen Römer, nach allem was ich gehört, viel achtbarer erscheint, als der der Napolitaner. Ich habe Euch geschrieben, dass ich Pompeji und Herculanum gesehen. Diese beiden für 1800 Jahre verschütteten und jetzt zum Theil ausgegrabenen Städte bilden einen vorzüglichen Anziehungspunkt und eine bedeutende Quelle des Reichthums für Neapel. Das Stadt- und Familienleben der Römer tritt auf wunderbare anschauliche Weise in den vorhandenen Ruinen vor uns. Man hat die aufgefundenen Kunstschätze im Museo Borbonico vereinigt, und das ist unstreitig in dieser Beziehung das vollständigste Museum, welches in Europa existirt. Nicht nur die ganze Oekonomie des römischen Hauses, die Küche, die Dekoration der Zimmer in herrlichem Fresco und Mosaik, die Toilette der Frauen, die Papyrusrollen der Männer, sondern auch die Nahrungsmittel bis zu den Broten, welche man noch im Ofen des Bäckers fand, bis zum Fleisch in der Casserolle sind ausserordentlich wohl erhalten und hier neben einander aufgestellt.

Rom, den 29. Januar. Ein herrliches Reisewetter begünstigte mich. Die Natur scheint wieder mit mir versöhnt. Die lang ersehnte ewige, heilige Stadt mit ihren ausserordentlichen Schätzen alter und neuer Kunst, ist im weiten Kreise von öden Flächen umgeben. Hier muss sich also der Geist nothwendig nur nach Innen in die Tempel, in die Museen wenden. Mit Neapel verglichen befriedigt die innere Ruhe und Würde der Strassen, der Paläste und des Volkes, welches durch sie hinwandelt, ausserordentlich. Die Neapolitaner sind durchaus schwächer. Voll, frei und edel lässt sich die Sprache selbst im Munde des Volks vernehmen, während der neapolitanische Dialekt, kurz, abgebrochen mit reicher Gestikulation begleitet, hervor geschrieen wird. Dies sind die ersten Eindrücke. Du sollst bald mehr erfahren. Schreibe nach Florenz.

In Deine Wünsche für die Wohlfahrt unserer guten Mutter stimme ich herzlich mit ein; mag es der Himmel mir gewähren, sie einst mit Euch wieder in meine Arme zu schliessen.

An Mütterchen und an alle die Uebrigen viele tausend Grüsse von

Deinem herzlich Dich liebenden Schwager

Ludwig Leichhardt.

Genf, d. 23. Mai 1841.

25. Mein theuerster Schwager!

Wie bin ich voll von Erlebnissen, von Gesichten! Und wie wenig kann ich Euch davon mittheilen! Zu Florenz eilte ich spornstreichs zur Post und fand Deinen Brief, und die liebe Heimath war auf einmal wieder vor meiner Seele. Ich habe mich in Rom an 8 Wochen lang aufgehalten und diese älteste Stadt, voll von den erstaunungswürdigsten Ruinen, von aussen und innen stets mit demselben Interesse betrachtet. Alles, was die Vorfahren thaten, ist hier wahrhaft gross, was die Lebenden thun, ist nur grosser Affenschanz. Nachdem man die grossen Bauwerke der Römer, die Meisterstücke Raphaels und Michelangelos und ihrer Schüler bewundert, geht man in die herrliche St. Peters Kirche und sieht den Papst, gleich einem Götzenbilde in feierlicher Procession durch die Kirche tragen, und die Soldaten auf Kommando vor seiner Heiligkeit niederknieen. Man sieht die jämmerliche Wirthschaft des Papstes, die unbebaute fruchtbar öde Campagna von Rom, auf welcher nur zerstreute Schafheerden wandern, man sieht das träge Schlaraffenleben des Volkes, das sich stolz auf seine Ruinen setzt, um von wandernden Fremden Allmosen zu betteln, und ich sage Dir, man weiss nicht mehr, ob man im jetzigen Jahrhundert lebt oder ob ein Traumgesicht verklungener Zeiten uns vor dem irrenden Auge liegt. — Wir verliessen Rom vor der heiligen Woche. William fuhr nach Florenz, ich wanderte dorthin zu Fuss. So lange ich auf päpstlichem Boden war, fand ich das Land wenig bebaut, mit Ausnahme einiger Gegenden, wie Viterbo und Montefiascone. Als ich Toscana betrat, sah ich mich plötzlich von reger Thätigkeit umgeben. Ich sah, dass hier ein kräftigerer Herzschlag das Blut durch die Adern treibt. Nichtsdestoweniger war der Kirchenstaat für mich als Geologen weit interessanter. Es haben hier früher Vulkane gebrannt, deren eingestürzte Krater jetzt mit Wasser gefüllt sind und herrliche weite Seen bilden (Bracciano, Vico, Bolsena). Die vulkanischen Produkte sind sehr mannigfaltig und vielfach durch einander gemischt, so dass es schwer wird, die wahren ursprünglichen Verhältnisse wieder zu erkennen. Das Volk auf dem Lande ist gutmüthig, freundlich; oft bedauerten sie mich, wenn ich hungrig in eine Osteria (Schenke) kam und begierig Wein und Speise verlangte. Dabei sind sie billig, und William war nicht wenig erstaunt, dass ich die Reise für 2½ Scudi gemacht, wofür er 14 Scudi bezahlt hatte. Gute freundliche Menschen giebt es am Ende überall, wo nicht die grosse Heerstrasse das Volk habsüchtig gemacht hat, indem es alle seine Gedanken auf schnellsten Erwerb des Geldes richtete.

In Florenz hielten wir uns 14 Tage lang auf. Die Umgegend ist ausserordentlich schön, ein hügeliges, wechselvolles Land, ein weites schön bebautes, reich mit Ortschaften bedecktes Thal. Die Stadt ist reinlich, voll von historischen Denkmälern, die Einwohner sind thätig, verständig, höflich. Wer nur lebt, um zu leben, um zu existiren, der mag es am besten in Florenz thun, wo sich trefflicher Trank und treffliche Speise wohlfeil einkaufen lassen, wo schöne Promenaden und ein herrlicher italienischer Himmel den Lebensprozess auf das angenehmste bethätigen. Selbst für den Geist ist in Bibliotheken und Museen die beste Nahrung. Hier sah ich die gepriesene medicaeische Venus, wie in Rom den Laocoon und Apoll und viele andere vortreffliche Werke. — Von Florenz fuhren wir nach Bologna, Ferrara und Venedig, die Königin des Meeres, welche jährlich einen Trauring in's Meer warf, um ihre innige Vereinigung stets von Neuem anzudeuten. Es war einst die blühendste Stadt auf Gottes Erdboden, fast wie London jetzt. Auf einer Menge kleiner Inseln, auf Pfahlwerk erbaut, wird es rings vom Wasser umgeben. Kanäle bilden seine Strassen, kleine enge Gässchen laufen für die Fussgänger zwischen hohen Häusern hin, auf fast spreewaldähnlichen Brückenstegen die Kanäle kreuzend. Kein Wagen hat je in Venedig gerasselt; Tausende von Venetianern haben nie ein Pferd gesehen; die grösste Stille herrscht durch die grosse Stadt. Die Gondeln, welche auf den Kanälen auf- und abfahren, sind schwarz wie Särge und machten auf mich keinen angenehmen Eindruck. Paläste erheben sich überall, doch diese Paläste sind grösstentheils unbewohnt; grosse reiche Familien sind ausgestorben; die Gebäude werden baufällig, morsch, aber es ist Niemand da, um sie erneuern zu lassen. Der St. Marcusplatz ist der schönste Platz, den ich gesehen; es ist ein weiter, oben offener Saal, von Palästen von drei Seiten eingeschlossen, an der vierten von der kuppelreichen Marcuskirche begrenzt, auf deren Hauptthoren die vier Siegesrosse stehen, welche Napoleon gleich denen des Brandenburger Thores nach Paris führte, welche späterhin aber wieder zu ihrem alten Standorte zurückkehrten. Man hat jetzt angefangen Venedig durch eine lange Brücke mit dem Festlande zu verbinden und eine Eisenbahn nach Mailand zu bauen. Ich glaube nicht, dass man ihr auch nur einen Schimmer früheren Glanzes wird wiedergeben können. Wir waren in Tizians Arbeitszimmer, in welchem noch jetzt einige seiner schönsten Stücke z. B. seine Magdalena hängen. Von Tizian, Paul Veronese und Tintoretto ist hier alles voll. Diese Männer haben ihre Vaterstadt bis in die kleinsten Kirchen hinein auf's Reichste mit ihren Meisterwerken geschmückt. Es ist unglaublich, wie reich dies Italien an Kunstwerken ist. Jede Stadt fast hat einige schöne Werke; die grösseren Städte haben Malerschulen und Museen. Von Venedig, wo wir uns 5 Tage aufhielten, fuhren wir über Padua, Verona nach Mailand. Dies ist eine sehr regelmässige schön gebaute, in einer unabsehbaren Ebene liegende Stadt, welche auf's Reichste bebaut ist. Das ganze lombardisch-venetianische Königreich steht unter Oesterreichs Regierung; so geniesst es den Segen der Ordnung und des Friedens und entwickelt sich rascher und fröhlicher als der Kirchenstaat und Neapel. Ueberall herrscht Wohlthätigkeit und die freundlichen Gehöfte blicken überall zwischen Maulbeerbäumen und Weinanpflanzungen hindurch. Der Dom von Mailand ist ein herrliches Werk, vielleicht nach St. Peter das schönste Bauwerk in Italien. Du wirst sicherlich Gelegenheit haben, es im Kupferstich zu sehen.

Von Mailand fuhren wir nach Como, kreuzten den Comersee und endlich über dem Splügen die Alpenkette. So fanden wir uns in der Schweiz, in einer anderen Natur. Der Splügen war mit Schnee bedeckt, und wir mussten mit Schlitten hinüber fahren, nachdem wir zu Como das lieblichste wärmste Sommerwetter gehabt. In Chur endigte unsere Wagenreise und wir gingen zu Fuss weiter, nachdem ich William mit ziemlicher Mühe dazu überredet hatte. Wir stiegen zum zweiten Mal gegen die Berge hinan zu den Quellen des Rheins, über die wir im hohen Schnee hinweg wanderten. Nachdem ich so viele Gebirge gesehen, und also auf die Alpen vollkommen vorbereitet war, musste ich dennoch bekennen, dass sie meine Erwartungen weit übertrafen. Alle Verhältnisse sind hier so riesenmässig, dass nichts bleibt, womit man es vergleichen könnte. Hohe Kuppen, Hörner, Grate ragen in die Wolken, eingehüllt von Schnee und Eis. Dichte schwarze Waldungen bedecken, von Waldwiesen unterbrochen, die Mitte und den Fuss der Berge; in tiefausgeschnittenen Thälern brausen wasserreiche Bäche, unter den Eismassen treten kräftige Quellen hervor, die sich über Felsenwände zu Hunderten von Fussen in die Tiefe stürzen; die herrlichsten Seen füllen weite Thäler; Ortschaften hängen an den Abhängen der Gebirge oder liegen zerstreut in weiten oder engen, fruchtbaren oder unfruchtbaren Thälern. Und dann der breite kräftige Menschenschlag mit seinen barbarischen Dialekten, überall ernst, wortkarg, doch gutmüthig; jeden Augenblick ein anderer Staat, eine andere Verfassung! Denn obwohl alle verbündet sind, so ist doch jeder unabhängig für sich, getrennt von den anderen durch Gebirge, durch Religion, durch Sprache, durch Gebräuche. Wir haben keine Idee von diesem schweizerischen Staatenbunde, wenn wir ihn nicht sehen. Einige sprechen italienisch, andere deutsch, andere französisch, andere romanisch (einen Dialekt, der sich wahrscheinlich auch selbstständig aus dem Lateinischen herausbildete, aber viel weiter vom Lateinischen absteht, als das Italienische). Doch nirgends spricht man eine Sprache rein, überall, besonders im deutschen Theile herrscht ein verdorbener, rauher, rasselnder Dialekt, der mir durchaus nicht gefiel. Ich verstand die Leute nicht, sie mich nicht und am Ende zog ich es vor, französisch zu sprechen. In den französischen Kantonen Waadtland, Genf spricht man zu gleicher Zeit den schweizer Dialekt und das reine Französisch, und so verständigt man sich überall. — Wollt Ihr meinem Wege auf der Karte folgen, so steigt von Chur, der Hauptstadt von Graubünden den Rhein hinauf bis zum St. Gotthard; folgt dann von Andermatt der Reuss, welche unter der Teufelsbrücke hinschäumt bis nach Altorf und den Vierwaldstädter-See. Dieser See ist überall von hohen, rauhen Gebirgen eingeschlossen und bietet in dieser Beziehung eigentlich zu wenig Abwechselung. Von Brunnen geht nach Schwyz, dann links nach Lauerz und dem Rigiberge. Von diesem Berge hat man vielleicht die schönste, beseelteste Ansicht des Schweizerlandes. Von dort nach Einsiedeln und nach Richtenswyl zum Züricher-See, auf welchem wir mit dem Dampfboot nach Zürich hinunter fuhren. Von dort gingen wir nach Schaffhausen, um den

Rheinfall zu sehen. Dieser Fall ist gewiss eine der ausserordentlichsten Naturmerkwürdigkeiten der Schweiz; doch hat man soviel darüber gehört und gelesen, dass die Phantasie das Bild vergrösserte und man sich nun etwas in der Erwartung getäuscht sieht. Doch ist es immer ein mächtiger Strom, welcher sich an vielleicht 40 Fuss brausend und schneegleich in die Tiefe stürzt. — Hier in Schaffhausen war William des Fussreisens müde; wir trennten uns also, indem er nach Genf mit der Post reiste, um von dort geradenwegs nach Paris zu gehen. Ich wanderte indessen zu Fuss weiter, wohl wissend, wie viel genaue Kenntnisse man sich auf diese Weise einsammeln kann, besonders, wenn man unabhängig seinem eigenen Willen folgen darf. Ich ging nach Aarau, nach Solothurn, dem Bielersee und bestieg den Gestler, um das Juragebirge zu übersehen. Von dort ging ich nach Bern, nach Freiburg und Lausanne. Auf den Höhen von Lausanne lag der Genfersee vor mir. Es ist der schönste See im schönen Schweizerlande und den Seen Italiens nahe verwandt. In einem weiten Halbmonde zieht er sich zwischen hohen Gebirgen und freundlichen weinbepflanzten Hügeln hin. Gerade diese Vereinigung einer weiten Wasserfläche mit hohen schneebedeckten Gebirgen und mit grünen holzreichen Hügeln, zwischen denen überall der Menschengeist in Städten, Dörfern und bebauten Feldern durchblickt, gewährt dem Auge die unsägliche Befriedigung, welche es empfindet, wenn es über den Genfersee und über seine Gestade schweift. Jeder Ort hat bedeutende Männer gesehen, an deren Erinnerung er begierig festhält. Hier hat Jean Jacque Rousseau gelebt und geschrieben, Gibbon seine herrliche Geschichte verfasst, Lord Byron hat hier genossen und Voltaire sich von den Mühen des Lebens ausgeruht. Ich ging um den Genfersee herum nach Villeneuve und nach Bex, um die Salzwerke zu sehen und ihre Lage zu studiren. So kam ich wiederum den höchsten Gebirgen nahe, welche den Kanton Wallis vom Kanton Waadt trennen. Ich kehrte dann zum Ufer des Sees zurück und fuhr mit einem Dampfschiffe nach Genf, in welchem ich jetzt eben beschäftigt bin Euch einen kleinen Abriss meiner Wanderung mitzutheilen. Und wie klein ist er? Ich habe fast zwei Bücher voll geschrieben und Euch sende ich drei schwache Seiten! Jetzt habe ich die Absicht in die Dauphinée zu gehen, dann Elsass und Lothringen zu durchwandern — vielleicht bis Strassburg — und dann nach Paris zurückzukehren. — Euer idyllisches Leben thut mir wohl; ich begleite Euch zwischen Euren Georginen, meiner Lieblingsblume; doch ich liebe vorzüglich die dunkelroth sammetartigen, etwas in's Violette fallenden, auch die schwefelgelben und in's Orange spielenden sind schön, haben aber den zweiten Platz. Ich wollte ich könnte Euch Wurzeln schicken. In Versailles habe ich wundervolle Blumen gesehen. — Ja meine Lieben, ich wollte, ich könnte leben, wie Ihr; aber ich kann es nicht. Es ist etwas in meiner Natur, das mich immer und immer vorwärts treibt; aber es ist nicht eigennütziger Ehrgeiz, wie William meint; ich denke nicht an Ruhm, obwohl ich an weite Wirkungskreise denke. Ich habe gehört, dass Humboldt nach Paris kommen wird; ich lasse ihn dann nicht, ohne Gewisses über meine Zukunft zu haben. Wir wollen von Paris aus über diese Angelegenheit mehr sprechen.

Grüsse unsere Herzens-Mutter und alle die Uebrigen von

Deinem Dich liebenden Schwager

Ludwig.

Paris, d. 11. Juli 1841.

Rue des fossés St. Victor No. 17.

26. Mein theuerster Schwager!

So bin ich denn wieder in meine alte Wohnung zurückgekommen und hoffe hier nun recht bald und recht viel von Euch dort über dem Rheine zu hören. Ich habe eine recht mühselige, obwohl lehrreiche Reise gemacht, und die Wehen davon sitzen mir immer noch in den Gliedern. Ich hoffe doch, dass Ihr meinen Brief von Genf erhalten habt. Von Genf wanderte ich durch Savoyen (Aix en Sovoie in Chambery) nach Grenoble. Dort besuchte ich einige Kohlengruben und Gypsbrüche, welche das Jahr vorher von der geologischen Gesellschaft besucht worden waren, und deren Lage selbst heute noch Gegenstand des Zweifels und Streites ist. Kurz vor meinem Eintritt in Frankreich muss ich mir auf irgend eine Weise, wahrscheinlich durch unvorsichtiges Trinken Schaden gethan haben. Meine Kräfte schwanden mir am folgenden Tage augenblicklich und so vollständig, dass ich gezwungen war, in den Wagen zu steigen und nach Grenoble zu fahren. Savoyen selbst ist ein äusserst romantisches Land; reich bebaute Landschaften zwischen hohen Gebirgszügen eingeschlossen, durch niedrige Höhen anmuthig unterbrochen, von kräftigen freundlichen Menschen bewohnt, möchte eins jener Asyle sein, zu welchen der lebensmüde Wanderer wallfahrtet, um sich nach den Erhitzungen des langen Tages für die Kühle des Grabes vorzubereiten. Doch jene reinliche Wohlhäbigkeit, welche Leben und Reisen in der Schweiz so behaglich macht, fängt in Savoyen gemach an zu fehlen, bis man endlich in den dicken Schmutz Frankreichs hinein geräth. Meine Fussreise, mit dem Tornister auf dem Rücken, führte mich, wie Ihr

Euch leicht denken könnt, nicht eben in die grossen Hôtels, deren Pforten sich dem reisenden Engländer so freundlich, so begierig öffnen. Diese sind im Grossen und Ganzen fast überall sich gleich. Doch der kleine Gasthof, die Dorfschenke und Stadtkneipe, sind grossem Wechsel unterworfen. Man sprach mir so viel vom theuern Leben in der Schweiz; ich habe gefunden, dass ich mit viel grösserem Lebensgenusse und geringeren Kosten in der Schweiz reiste, als später in Frankreich. — Grenoble ist von hohen Bergen umgeben, welche bis fast zum Gipfel mit Weinbergen bedeckt sind; der Wein ist hier vortrefflich und hat alle Eigenschaften des Burgunders, obgleich Grenoble nicht ganz in Burgund, sondern in der alten Dauphinée liegt. — Doch die Schönheiten der Natur, die mich hier und auf meiner Reise nach Paris noch häufig umgaben, verloren die Hälfte ihres Werthes für meinen erschöpften Körper. Ich that alles mögliche, um mich wieder zu ermuthigen; doch die Siechheit, ein heilloses Gefühl von Schwachheit in den Gelenken, wollte gar nicht aus dem Körper heraus. Ich fuhr nach Lyon, einer ausserordentlich schönen Stadt zwischen zwei bedeutenden Flüssen, der Rhone und Saone, eingebannt, welche letzten Winter Stadt und benachbarte Gefilde überschwemmt hatten; ich blieb einige Tage dort, um die Merkwürdigkeiten zu besehen. Für Seidenweberei ist es die bedeutendste Stadt in Europa; auch klapperte in einigen Stadttheilen das Weberschiffchen so lebendig und thätig herüber und hinüber, dass man in ein grosses Fabrikgebäude eingetreten zu sein glaubte. — Von Lyon nach St. Etienne fährt eine Eisenbahn. Ich besuchte St. Etienne, um sehr berühmte und sehr bedeutende Kohlenminen zu besehen. Ein ziemlich enges, langes Thal erscheint, überall mit hohen Schornsteinobelisken bedeckt, welche rings von schwarzen Steinkohlenmassen umgeben sind. Diese Obelisken sind die Schornsteine für die Feuerung der Dampfmaschinen, welche die Kohlen und Wasser aus den Bergwerken zu Tage heben. Die Bewohner dieses Thales, fast alle mit Kohlentransport oder mit Bergbau beschäftigt, sind alle schwarz; St. Etienne selbst ist von Kohlendampf angeräuchert. Alles dies zusammen genommen macht einen merkwürdigen Eindruck. Die Kohlen werden in Wagen gepackt, welche zu 40—50 ohne andere bewegende Kraft als ihre eigene Schwere, die Eisenbahn herab gleiten. Die Eisenbahn steigt nämlich an 1½ Meilen so bedeutend in die Höhe, dass der Dampfwagen, der stets eine ebene Fläche verlangt, nicht bis nach St. Etienne hinaufgeht. Die Kohlenwagen aber rollen ohne anderen Kraftaufwand nieder, und das ist der Vortheil. Zu St. Etienne und in diesem schwarzen Thale, sind auch bedeutende Bandmanufakturen, und so hat sich weiss und schwarz, höchste Reinlichkeit und schmutziger Kohlenstaub auf recht gedeihliche Weise neben einander angesiedelt. Von St. Etienne fuhr ich nach Puy en Velaq, welches wieder auf altem Vulkanboden liegt. Hier wanderte ich 4 Tage lang herum, um die höchst merkwürdige Gegend zu studiren. Zu drei verschiedenen Malen ist dieses Land Schauplatz fürchterlicher Naturkräfte gewesen; Seen haben früher seine Thäler gefüllt, Lavamassen haben sich unter dem Wasser ausgebreitet, haben sich über dasselbe erhoben und hohe Gebirge gebildet, an deren Fusse sich neue Feuerströme ergossen. Auf diese Weise wurde eine Landschaft gebildet, auf welcher der Naturforscher über eine genügende Erklärung herumsinnt. Ich sage Dir, dass ich den Begriff »Zeit« zwischen den Gebirgen fast ganz verloren habe, ebenso wie man den Begriff »Raum« verliert, wenn man sich das Sternenall als zusammenhängendes Ganze denkt. Tausende von Jahren sind eine Kleinigkeit; der arme Moses mit seinen 6000 Jährchen hat allen Kredit verloren; die Geologen sprechen nur von 10 – 60 — 100 Tausenden von Jahren und streben darnach, diese Summen aus dem alten Erdstamm herauszuzählen, wie der Förster die Jahresringe aus einer alten Eiche.

Ich kehrte von Puy nach St. Etienne und nach Lyon zurück, setzte mich dort in die Postkutsche von Laffitte et Caillard und fuhr in einem Zuge nach Paris, wo William mich bereits seit drei Wochen erwartete. Ich hatte mich recht bitter getäuscht und war lange Zeit recht traurig. Ich glaubte mit vermehrten Kräften, als ein recht ausgewetterter Mann nach Paris zurück zu kommen; anstatt dessen fühlte ich mich schwächer, kränker, als bei meiner Abreise im September vorigen Jahres. In diesem Zustande musste nun studirt, geordnet, vorbereitet werden. William hatte mit meinen Beschäftigungen nichts mehr zu thun; seine Zeit war über und über mit Hospitalbesuch gefüllt.

Ein Glücksfall hatte Humboldt nach Paris geführt, und ich machte mich sogleich auf, ihn zu sprechen. Er bewilligte mir eine Unterredung von 10 Minuten, und ich ging ebenso weise von ihm, wie ich gekommen war. Diese Männer sind so sehr an neugierigen Besuch gewöhnt, dass sie alle für Neugierige halten, welche nicht mit einem Haufen von Empfehlungsbriefen kommen, und da sie sich jenen nur eben zeigen wollen, oekonomisiren sie so viel als möglich mit ihrer Zeit. Er war äusserst höflich, sagte mir, dass es ihn freue meine Bekanntschaft gemacht zu haben, besonders da ich Preusse wäre etc. Doch alles dies war nur Wort und Redensart. Ihr könnt Euch leicht vorstellen, dass ich unter so bewandten Umständen nicht gewillt war, ihm weiter von meiner Militairgeschichte zu sprechen. Das mag gehen, wie Gott will; wenn wir es nöthig haben, muss es sich von selbst machen. Es giebt so viele Dinge, über welche wir uns beunruhigen, bei denen wir weder Anfang noch Ende sehen; kommen wir näher, so machen sie sich tausend gegen ein Mal anders, als wir glaubten. So hätte ich mir gleichfalls eine Menge von Sorgen in dieser Geschichte ersparen können, wenn ich nur eben Ruhe genug gehabt hätte, alles seinen Gang gehen zu lassen. Wir beabsichtigen bis zu Ende August in Paris zu bleiben und dann nach England zurückzukehren. William will sich als Arzt in Edinburgh niederlassen und eine akademische Laufbahn versuchen; ich werde mich vielleicht schon zu Anfang Oktober nach Sydney oder aber nach Port Philipp einschiffen. Das Einzige, warum ich bitte, ist jetzt eine kräftige Gesundheit, ein fester Körper, welcher sich an die bevorstehenden Strapatzen leicht gewöhne. Ihr wisst, dass Williams Bruder in Neuholland ist. Er ging dort hin ohne höheres Ziel, als schnell sich Schätze zu erwerben. An ein sehr bequemes Leben gewöhnt, von Familie und Freunden täglich umgeben, sah er sich hier plötzlich allein, ohne mitfühlende Menschen, in einem unkultivirten, barbarischen Lande, in welchem fast jeder nur strebte sich reich zu machen. Er begann Viehhandel, ein Geschäft, von dem er früher nicht die geringste Ahnung gehabt und das mit ausserordentlichen Beschwerden verbunden ist. Da er nun eben kein Mensch von grosser Energie ist, und in Wahrheit sein Zweck nicht so grosse Aufopferungen verdient, so sind seine Briefe mit Klagen gefüllt und zeigen jetzt schon offen den Entschluss in einigen Jahren zurück zu kehren. Dieser Umstand macht mich ungewiss, ob ich mich sogleich nach Sydney wenden soll, oder ob ich zuerst nach Port Philipp gehe, wo eben Williams Bruder lebt. Von letzterem hätte ich eine freundliche Unterstützung zu hoffen, während Sydney mir fremd ist; doch in Sydney sind die Mittel der Existenz mannigfacher, und ich könnte mich vielleicht sogleich jenen Männern anschliessen, welche mit Unternehmungen in das Innere des Landes beschäftigt sind. — Dass ich ohne William gehe, hat sein Gutes und seinen Nachtheil. Es ist vortheilhafter für mich, selbstständig meinen eigenen Ansichten und Neigungen folgen zu können, als mich denen eines anderen zu fügen, welcher fast nach allen Richtungen hin so sehr von mir abweicht. William ist ein Kind reicher Eltern, an bequemes Leben, an Bedienung gewöhnt, mit merkwürdigen Begriffen von dem, was sich ziemt! Ich bin in sehr beschränkten Verhältnissen gross geworden, habe stets Ruhm darin gesucht, Beschwerden zu ertragen und habe weder dem Aeusseren meines Körpers, noch den

Meinungen der Menschen über mein Thun und Treiben grosse Aufmerksamkeit geschenkt. William liebt es nicht bei einem Gegenstande zu verweilen, um ihn im Detail kennen zu lernen, oder er fasst häufig rascher auf und kann deshalb schneller vorwärts schreiten; ich bin schon durch mein schwächeres Auge gezwungen bei jedem Gegenstande zu bleiben, lange daran herum zu tasten und herum zu denken, bevor ich mich zu einem andern wende. William arbeitet und ruht, just wie die Umstände es mit sich bringen, ohne Regel, ohne Zeiteintheilung; ich folge einer sehr bestimmten Ordnung, die ich fast nie verlasse, obwohl ich sie den Umständen häufig anpassen muss. Williams Körper selbst ist unregelmässig, er leidet an Verdauungs-Störungen, welche dann auf den Geist zurück wirken und ihn oft in üble Laune versetzen; mein Körper ist sehr regelmässig, ja meine Gesundheit hängt von dieser Regelmässigkeit ab, und ich fürchte, dass längere Störungen für mich gefährlich werden können. So seht Ihr denn, dass zwei Menschen mit anderen Körpern, anderen Gewohnheiten, anderen Ideen zwar glücklich neben einander leben, aber nicht zufrieden mit einander handeln können. Nachtheilig ist es indessen für mich, ohne William zu gehen, weil mir einerseits sein freundschaftliches Mitgefühl, sein pflegender Beistand im Falle von Krankheit, anderseits seine dauernde pekuniäre Unterstützung fehlt, welche in einem wenig civilisirten Lande, wo Arbeit so theuer ist (wie ja überall) von höchster Bedeutung ist. Ich muss langsam meinem Ziele nachgehen, wenn ich weder Post noch Extrapost bezahlen kann; doch mit Geduld und Vorsicht kommt man so auch vorwärts und am Ende gewinnt der Mensch für sich selbst vielleicht mehr, obwohl die Wissenschaft dabei etwas einbüsst. — Ich bin ganz ruhig und härme mich nicht; vielleicht steht mir noch ein sonderbares Leben bevor; ich werde unter jeder Bedingung zum bösen Spiel frohe Miene machen. Gebe nur Gott, dass meinem Körper nicht die Geschmeidigkeit fehle, sich jeglichem Verhältnisse anzupassen. Doch ich habe schon oft mit Furcht Reisen begonnen und gefunden, dass sie glücklich für mich endeten, indem vielleicht die Studirstube der schlimmste Ort für mich ist. — So habe ich Euch so viel von mir geschrieben und Ihr könntet denken, ich sei so egoistisch, so mit mir selbst beschäftigt, dass ich Euch darüber vergässe. Doch glaubt mir, dass mein Herz von Euch voll ist; jeden Tag führen mich meine Gedanken zu Euch; jeden Tag möchte ich mich mit Euch unterhalten, von Euch hören; ich habe zwar hier einen theuern Freund, aber ich habe keine theuere liebenden Angehörigen hier, die an mein Schicksal regen Antheil nehmen, die mit mir fürchten, mit mir hoffen und endlich sich mit mir freuen, wie ich selbst mit Theilnahme ihrem Schicksale folge und so wechselweise gebe und empfange. — Denkt, dass uns vielleicht nur 12 Wochen noch zu kurzathmigen Unterhaltungen freistehen, später werden sie sicher langathmig werden. Schreibt mir deshalb recht bald und soviel Ihr könnt.

Grüsst mein liebes Mütterchen und alle die Unsrigen von

Eurem Euch herzlich liebenden

Ludwig.

Paris, d. 30. Juli 1841.

27. Mein theuerster Schwager!

Jeder Deiner Briefe zeigt mir von Neuem, wie glücklich derjenige ist, welcher mit seiner Familie eng verbunden bleiben kann, welcher in ihr wurzelt, welcher vor den Augen seiner Lieben handelt, sich ihres Beifalls freut oder ihren Tadel bedenkt. Ja wohl machen Deine Briefe mich reich, bevölkern sie mein Gemüth mit heimathlich frohen Gefühlen, geben sie mir neue Thatkraft, und ich will wieder frischer, muthiger vorwärts, da mir eine freundliche Stimme zuruft: »Verzage nicht!« Ich habe versucht, so viel es mir möglich war, in fremde Nationalitäten einzugehen, mich auf dem jedesmaligen Boden heimisch zu machen, auf welchem ich mich befand, doch ich empfinde täglich mehr die Schwierigkeit, ja vielleicht die Unmöglichkeit eines solchen Strebens. Ich fühlte mich stets allein und einsam, und aus der umgebenden Natur, die mir Mutter, Vater und Geschwister repraesentirt, tönt mir immer nur meine eigene Stimme als Echo zurück. Ich fand wohlwollende Menschen; doch ihr Gefühlskreis ist so verschieden von dem meinigen, dass sie mich nicht, dass ich sie nicht verstehe, und so quält Einer den Andern.

Mit William verknüpfen mich die Erinnerungen von fast 6 Jahren. Wir haben zusammen gelitten und zusammen genossen; doch einestheils ruht der grösste Theil seines Interesses in seiner eigenen Familie, anderntheils ist er gegen meine Beschäftigungen durchaus gleichgültig, und Gleichgültigkeit entkräftet den Thätigen mehr, als selbst Widerstand, der so oft anregt.

Wer würde eine geliebte Schwester weinen machen? Und doch fühle ich mich so beglückt durch diese Thränen, für die ich ihr tausendfach danke! — Meine Gesundheit ist jetzt völlig wieder hergestellt; doch geht's mir wie einem einmal übertriebenen Gaul, oder einem einmal besiegten Hahne; ich bin noch verzagt und nur allmählich wird das Vertrauen auf meine Kräfte zurückkehren. Indessen habe ich im Pflanzengarten wieder fleissig gearbeitet, und meine Reise hat die Gallerien für mich viel lebendiger, viel verständlicher gemacht. Ich beschäftige mich gegenwärtig vorzüglich mit Botanik und mit Mineralogie und Geologie. Der botanische Garten ist ausserordentlich reich und wohlgeordnet, und das mineralogische und geologische Museum hat für die Schönheit und Zweckmässigkeit seiner Anordnung keinen Nebenbuhler. Hier finde ich nun z. B. die Gesteine wieder, welche ich in grossen Massen durch Italien, die Schweiz und Frankreich sah; hier werden mir ihre Beziehungen zu einander, ihre Charaktere deutlicher, und während ich unter Glas und Fach die kleinen Stückchen in Reihe und Glied vor mir sehe, arbeitet mein Geist immer im Grossen und gruppirt weite Gebirge mit ihren wechselnden Formen vor sich in die Luft. Und doch fühle ich jeden Augenblick, dass ich noch nicht fertig bin, und dass mir so vieles noch fehlt. Ich sage Dir, das Studium der Natur ist auf einer Seite ausserordentlich befriedigend, auf der anderen ausserordentlich niederschlagend. Während die Untersuchung des Gegenwärtigen und die Entwicklung allgemeiner Gesetze uns erfreut, verwirrt uns der Blick in die Ferne, die uns eine unendliche Reihe neuer Gestalten zeigt, die zu erkennen, ein Menschenleben nicht hinreicht. — Ich habe nun besonders in der Botanik stets auf Neuholland Rücksicht genommen, welches sich ebenso im Pflanzenreiche, wie in seiner thierischen Schöpfung von den Formen der alten Welt und Amerikas unterscheidet. Fast alles, was von dort her kommt, ist wenigstens auffallend, alles nach einem eigenthümlichen Typus geschaffen. Habe ich Euch geschrieben, dass ich nicht nur die Absicht hatte, sondern auch wirklich den Versuch machte, mit einer Expedition nach der Westküste von Afrika zu gehen? Diese Expedition bestand aus 2—3 eisernen Dampfschiffen, welche den Zweck haben, den Niger aufwärts zu fahren, eine Art Agrikulturkolonie zu errichten und die Neger den Landbau zu lehren, um so an der Quelle den Sklavenhandel zu ersticken, der trotz der grössten Wachsamkeit englischer Kreuzer immer noch fortgeht, indem sich in Westindien und Brasilien immer noch Käufer finden. Es ist ein menschenfreundliches Unternehmen, das indessen schwerlich gelingen wird, da das Klima für die Europäer zu ungünstig ist und doch eine sehr bedeutende Zeit für die Erziehung der Neger zu Ackerbauern nöthig sein möchte. Ich wandte mich von Rom aus an einen Freund in London, um für mich bei der Kommission anzufragen. Doch es war zu spät und vielleicht zu meinem Vortheil, indem man allgemein diese Expedition für ausserordentlich lebensgefährlich hält. Ich hatte meine Idee nach Neuholland zu gehen, nicht aufgegeben; doch schien es mir ausserordentlich wünschenswerth, in der Begleitung einer Menge gebildeter Männer mich einzuschulen und so gründliche Erfahrungen zu machen. Ein Deutscher, mit Namen Vogel, wenn ich nicht irre, ist als Botaniker hingegangen.

Gestern, den 29. Juli, war der letzte Tag des grossen Freiheitsfestes, über welches die Franzosen jetzt nicht wenig spotten, da es so ziemlich seine Bedeutung verloren hat, indem sie 1841 unter Louis Philipp nicht weiter sind, als 1830 unter Karl X. Doch wird von der Regierung viel Geld auf dieses Fest verwendet und die Illumination und das Feuerwerk, welche dieses Jahr ausserordentlich prächtig waren, muss ihr viel kosten. Die elyseïschen Felder waren in der That ein Zauberwerk. Man hatte von der Place de la Concorde bis zum Triumphbogen (wenigstens eine starke halbe Stunde Weges) ein ununterbrochenes Holzgerüst gebaut und dies dicht mit Lampen von verschiedenen Farben bedeckt; ebenso hatte man zwischen diesen beiden Lichtwänden oder in diesem langen Saale zwei Reihen von grossen Kronenleuchtern ebenfalls durch Lampenkombination nachgeahmt. Wenn Du nun am Obelisk von Luxor in der Mitte der Place de la Concorde ständest, sähest Du die ganze lange Lichtallee hinunter, mit jenen 4 fast zu einem Punkte zusammenlaufenden Linien (den 2 Wänden und den 2 Kronenleuchterreihen). Neben Dir würde der 3000 Jahre alte Obelisk von Luxor dämmern und die beiden prächtigen Fontainen, nur graulich schwach erleuchtet, sprudeln und plätschern. Zur Rechten und Linken in der Ferne sähest Du einfache Lampenlinien an den öffentlichen Gebäuden, oder Lampenpyramiden vor der Kammer der Deputirten; vor Dir nun die elyseïschen Felder, zwischen dunkeln Baummassen die von unzähligen farbigen Lichtern erleuchtete Allee. — Auf das Feuerwerk verwendet man gleichfalls grosse Aufmerksamkeit, und ich muss gestehen, dass ich nur in dem Vauxhallgarden in London Aehnliches, nie aber etwas Gleiches gesehen habe. Das Feuerwerk schliesst gewöhnlich mit dem Bouquet; denn die ungeheuere Masse von farbigen Raketen ahmt gewissermassen die Gestalt eines Blumenstrausses nach. Ich könnte mir fast einbilden, dass es den Ausbruch eines Vulkans darstelle. Dies ist der grossartigste Theil des Feuerwerks, der mich jedes Mal durch die Mannigfaltigkeit und Intensität seiner Lichter in Verwunderung gesetzt hat. Die Franzosen lieben das Feuerwerk ausserordentlich, und diese rasch vorüber gehenden Lichterscheinungen, welche das Auge für den Augenblick unfähig machen andere Eindrücke zu empfinden, haben in der Geschichte und im Charakter des Volkes manche Parallele.

Ich möchte Deinen Georginenflor gar zu gern erweitern, wenn sich dies bei Deinem Reichthum von Arten noch thun lässt; doch möchte ich ebensowenig eine Dummheit begehen. Ich bleibe nicht in Paris bis zur Zeit, wo die Blumen abgeblüht haben und der Same gereift ist, denn sie treten jetzt erst in Blüthe. Ich könnte also nicht Körner von diesem Jahre einsammeln; doch ist stets Samen vom vorigen Jahre vorhanden. Dieser Same ist aber nicht mehr auf dem Fruchtboden, um nach Deiner mir interessanten Weisung, die Körner nach dem 4. Ringe selbst wählen zu können; sondern ich muss auf Treu und Glauben die Körner nehmen, wie sie sind. Nun kann ich zwar eins und das andere der Körner untersuchen und sehen, ob es den Embryo enthält; aber ich kenne immer die Farbe nicht. Du musst mir also hierüber noch bestimmte Regeln geben, und ich sende Dir sicherlich Samen; doch glaube ich, dass wir nicht ein getrenntes Päckchen machen dürfen, sondern, dass ich den Samen nach Art der Pulver in Papier schlage und ihn so in den Brief lege. Auch hierüber musst Du Dein Gutachten abgeben. Dann wird mir wieder gar angst und bange, wenn ich Dich nun in 1 oder 2 Jahren vor den Knospen der von Paris geschickten Georginen sehe; vielleicht mit Weib und Kind und einigen Freunden und einigen neidischen Amateurs, alle in voller Erwartung über die junge Blume, über welcher die Hüllblätter noch halb zusammen liegen. — Sage, dass Du sie am Abend so verlassen, und dass Du am andern, schönen, sonnigen Morgen in pleno in Deinen Garten ziehst, um eine beauty of Bedfort oder Beauté de Belmont zu begrüssen und dass nun ein schmächtiges Blümchen verschämt vor Dir steht, wie Lea vor Jakob, als wollte es sagen, ich wollte Dich nicht täuschen, aber ich kann mich nun nicht anders machen, als ich bin. Vielleicht möchte dann Dein Antipode Ludwig selbst polarisch Deinen Kummer mit empfinden. Ich muss Dir gestehen, dass ich vor Deinem Salvator Rosa von 4¾" Durchmesser grossen Respekt habe; ja es ist mir, als wenn ich nie eine so grosse Blume gesehen hätte, obwohl ich nie genau gemessen habe. 3½" Durchmesser möchte hier so im Allgemeinen das Maass der besseren Blumen sein. — Ziehe nur tief dunkelrothe; diese Farbe liebe ich grenzenlos, und für sie allein würde ich die Georginen der ganzen übrigen reichen Blumenwelt vorziehen. Die Römerinnen mögen den Blumenduft nicht leiden, und stinken und riechen ist ihnen Ein Wort. Als man einst einer jungen Dame eine Primel reichte, fügte sie zu ihrem Danke hinzu »und sie ist um so schöner, da sie nicht stinkt.« Bei ihnen müssen nun auch die Georginen Glück machen. — Ehe ich Paris verlasse, werde ich noch einmal Versailles besuchen, wo ich voriges Jahr einen ausserordentlich reichen Georginenflor gesehen habe, vielleicht werde ich im nächsten Briefe Dir etwas davon zu erzählen haben.

Der Gedanke an die frischen Kartoffeln erfüllt mich ganz mit Heimweh; seitdem ich Euch verlassen habe, habe ich nie wieder frische Kartoffeln in der Schale mit frischer Butter oder mit neuem Hering gegessen, ebensowenig wie Karpfen nach heimischer Weise. Jedes Mal, dass ich an sie denke, zieht die Ideenverbindung mir das ganze Vaterland vor die Seele, und so ist auch mein Magen für sich fähig, mich patriotisch zu machen. Sicherlich ist dies nicht der einzige Weg. Dennoch aber bin ich fest überzeugt, dass leibliche Zustände vorzüglich das Heimweh begründen, und dass es viel mehr die Erinnerungen körperlicher Genüsse, als das Gefühl der Hemmung ist, welches wir in unserem Denken empfinden, wenn wir von einer fremden Natur umgeben sind.

Das Wetter ist hier ausnehmend kalt. Das Frühjahr war ausserordentlich heiss und die Frühlings- und Sommerblumen entwickelten sich sehr rasch, während die Spätsommer- und Herbstblumen alle in ihrer Entwickelung viel mehr zurück bleiben. Ausserdem haben wir ein wahres Aprilwetter; jeder Tag hat seine Regenschauer, meist um 3 bis 5 Uhr Nachmittags. Seit Mitte Juni regnete es fast jeden Sonntag.

Ein Schiff Astrolabe, auf welchem Herr Dumont d'Urville eine Entdeckungsreise zum Südpol oder in das antarktische Meer machte, um zu sehen, wie weit er gegen den Pol vordringen könnte, kehrte im November vorigen Jahres mit reichen Sammlungen zurück. Diese waren im Mai, Juni und Juli in der Orangerie aufgestellt und besonders durch eine Sammlung von Gypsmodellen (Gypsmasken) ausgezeichnet, welche ein Herr Dumoutier auf den Köpfen der Südsee-Insulaner selbst geformt hatte. Diese Modelle geben die lebendigste und richtigste Vorstellung von der Gesichts- und Schädelbildung jener Menschenrasse.

Lebe wohl mein theuerster Schwager und behalte lieb

Deinen herzlich Dich liebenden

Ludwig.

Paris, d. 26 August 1841.

28. Mein theuerster Schwager!

Nächsten Sonnabend, übermorgen, reisen wir von Paris ab und hoffen in 2 Tagen nach London zu kommen. Unsere Packereien machen uns nicht wenig zu schaffen; ich besitze Pflanzen-, Insekten- und Mineraliensammlungen und habe in Folge dessen so viele Schachteln und Büchsen wie eine reisende Frau. — Hätte ich gewusst, dass am 4. August Dein

Geburtstag war, so hätte ich gewiss die Gratulation nicht vergessen, die ich nun nachträglich sende. Es ist leicht möglich, dass ich nie das funfzigste Jahr sehen werde, obwohl meine ziemlich freudenlose Jugendzeit mich auf ein heiteres Mannes- und Greisenalter verwiesen hat. Unsere sichersten Wechselbriefe stehen immer auf die künftige Welt, in die wir am freiesten von der Höhe des Lebens hineinsehen; schreiten wir auf der andern Seite nieder, so wird die geistige Kraft von Neuem gebunden, und wir heften uns wieder inniger an die Erde an, die wir vielleicht um so ungerner verlassen, je älter und schwächer wir werden. Mein ganzes Streben steht dahin, eine ununterbrochene Seelenentwickelung fest zu halten; so machen wir uns die ganze Welt zur Heimath und betrachten Unsterblichkeit als eine Sache, die sich von selbst versteht.

Während der letzten Zeit meines Hierseins kam ich, indem ich mit Leuten von Fach Bekanntschaft machte, vielfach in Verlegenheit; die Botaniker, die Geologen, die Zoologen wünschten mich ihnen verbindlich zu machen, damit ich von Neuholland aus an sie dächte und ihnen von den dortigen Wunderdingen etwas zukommen liesse. Ich wünsche indessen nicht, mich den französischen Gelehrten anzuschliessen; ich liebe die englische Nation mehr und würde von dort her mit grossem Vergnügen Anträge annehmen. Ihr könnt Euch leicht denken, dass ich von Deutschland her nicht viel zu hoffen habe. —

Ich schreibe Euch von London. Bis dahin lebt mir alle recht wohl.

Euer
Ludwig.

London, d. 27. September 1841.

29. Mein theuerster Schwager!

Hiermit empfängst Du denn meinen letzten Brief von europäischem Boden. Ich habe eine Lebensperiode voll Mühe und Arbeit hier abgeschlossen, um am andern Ende der Welt eine andere, vielleicht ebenso mühselige, doch auf jeden Fall unter veränderten Umständen zu beginnen. Ich habe mich mit der Ferne so vertraut gemacht, dass die Mühseligkeiten und Gefahren der Reise ganz unbeachtet bleiben. In der That habe ich von meiner Reise, die ich zu jetziger Jahreszeit beginne, wenig zu fürchten; und der Anfang, die ersten 8—14 Tage sind allein unangenehm, indem sich mein Körper an ein neues Element gewöhnen muss, und indem mein Magen die harte Probe der Seekrankheit zu bestehen hat. Seid also über die Gefahren so wenig bange, wie ich selbst, obwohl ich weiss, dass sich den Bewohnern des Binnenlandes, die mit Zagen an das weite Meer denken, schwer nur Muth einsprechen lässt. Der Name meines Schiffes ist »Sir Edward Paget« von 600 Tonnen, vorzüglich für Reisende und Auswanderer eingerichtet. Ich habe ein kleines Kabinet für mich und bezahle für dieses, sowie für Speise und Bedienung 45 £ (315 Thlr.) Diese Schiffe sind wohlfeil, weil sie weniger Bequemlichkeiten bieten, und nur zugemessene Speise, ohne Wein oder Bier geben. Andere Schiffe, in welchen man alles hat, was sich immer nur wünschen lässt, kosten 70—80 £. Jeder bringt seine Betten mit und meublirt sein Kabinet aus, so gut wie er kann. Das Meinige ist sehr einfach. Ein grosser Salon dient als Speisesaal, als Lese- und Schreibzimmer. Ich habe gute Gesellschaft, einen Prediger, einen Musiklehrer, einen Arzt, den Kapitain; alle scheinen gebildete Leute zu sein. Ich bin überdies neugierig das Leben auf der See kennen zu lernen, und werde vielleicht selbst für mein Naturstudium Bedeutendes gewinnen. Wie ich Dir früher geschrieben habe, gehe ich mit viel bescheideneren Hoffnungen nach Sydney, als ich damals hegte, als William die Absicht hatte mit mir zu gehen. In der That weiss ich für jetzt noch wenig, wie ich das Werk werde angreifen und handhaben müssen, um meinen Zweck zu erreichen. Doch ich werde unermüdlich dem vorgesteckten Ziele nachstreben und werde mich glücklich schätzen, wenn ich ihm täglich auch nur einen Zoll näher rücke.

Wieviel William für mich that, magst Du daraus ersehen, dass er nicht nur meine Reise und meine Ausstattung mit Kleidung etc. bezahlt hat, sondern dass er mir auch zur Ausführung meines Unternehmens und zum Fortkommen in Sydney 200 £ (1400 Thlr) gab. Das beste Einvernehmen ist bis zum letzten Augenblick nicht zwischen uns gestört worden, obwohl es sich versteht, dass, da jeder frei seine Ueberzeugung äusserte, unsere Meinungen sich gar oft in Konflikt befanden, was im Anfange unserer Bekanntschaft oft zu lächerlichen, unbedeutenden Disputen, später indessen oft zu befriedigenden Resultaten führte.

Ich gehe jetzt also nach Sydney, dem Mittelpunkte aller australischen Kolonien und der Hauptstadt von Neusüdwallis. Es giebt jetzt 6 verschiedene englische Kolonien in Australien, und Du musst sie wohl unterscheiden, da sie oft so weit wie Preussen von Italien, ja viel weiter noch von einander entfernt liegen. Die älteste 1788 gegründete ist Neusüdwallis mit der Hauptstadt Sydney an der Ostküste Neuhollands; die zweite (der Zeit nach) ist auf der Insel Vandiemensland und hat jetzt einen eigenen Gouverneur. Diese beiden dienten zur Aufnahme der ausgesandten Verbrecher. Eine dritte ist die Kolonie des Schwanenflusses an der Westküste Neuhollands; doch diese will nicht recht vorwärts. Ein vierte ist Südaustralien an der Südküste Neuhollands am Spencer- und St. Vincent Golf mit der Hauptstadt Adelaide, 1833 gegründet; eine fünfte ist Port Philipp oder Australia felix (das glückliche Australien) an Neuhollands Südküste *), Vandiemensland gegenüber. Hier lebt Williams Bruder. Die Kolonie ist von der Natur ausserordentlich begünstigt und hat jetzt schon 3 Städte, deren eine »Melbourne« bereits 9000 Einwohner zählt, obwohl sie erst 1837 gegründet ist. Eine sechste Kolonie ist vor zwei Jahren in Neuseeland in zwei Niederlassungen gegründet, welche sich gleichfalls rasch und üppig entwickeln. Port Philipp, Vandiemensland und Neuseeland sind ohne Zweifel die begünstigsten Kolonien und in ihnen wird europäische Kultur den besten Boden finden, um sich bald der alten Mutter gleich in junger Fülle und Kraft zu erheben. — Während sich so die Küsten von Neuholland allmählich beleben, ruht das Innere noch in völligem Dunkel. Man hat Expeditionen hineingesandt, aber sie haben immer nur eine verhältnissmässig geringe Strecke eindringen können, indem ihre Vorräthe sich aufzehrten, oder die Eingeborenen sie durch Feindseligkeiten zurückschreckten. Dieses Innere, dieser Kern der dunkeln Masse ist mein Ziel, und ich werde nicht eher nachlassen, als bis ich es erreiche. —

Unsere Briefe sind 4—5 Monate auf der Reise, und Du musst deshalb nicht vor Ablauf eines Jahres auf einen Brief rechnen. Du musst indessen sobald schreiben, wie Du kannst, da mir Dein Brief nach Cork in Irland nachgeschickt werden kann, wo unser Schiff für einige Zeit ankert. Wenn erst das englische Briefsystem über die ganze Erde verbreitet ist, dann soll kein Posttag ohne Brief vergehen, das verspreche ich Dir. In England bezahlt man nämlich für jeden Brief einen Penny (einen Dreier), er mag nun 5 Minuten Weges oder 100 Meilen weit gehen. Dies gilt jedoch nur für England, Irland und Schottland, nicht für die Kolonien, nicht für den Kontinent. Es ist ein wahrer Luxus, hier für einen früheren Brief vielleicht zwölf schreiben zu können. Obwohl die Einnahmen im Postamte sich dadurch bedeutend vermindert haben, so hofft man doch allmählich wieder zur halben Höhe zu kommen.

Es ist doch sonderbar, dass ich in meinen Träumen fast jede Nacht jetzt nach Trebatsch geführt werde, obwohl meine Geschäfte mich den Tag über mit so verschiedenen Gegenständen in Berührung bringen; und immer ist es, als wenn ich zu Fusse angewandert käme, als wenn ich in der weiten Ebene Trebatsch und unsern Garten sähe, wie wenn man von Sawall oder dem Luche dem Dorfe sich

*) Die heutige Kolonie Victoria, welche erst 1851 von Neusüdwallis unabhängig wurde.

nähert. Die vorletzte Nacht sah ich die Kirche in Ruinen, und wie ich in den Garten eintrat, schien es mir als wenn Barths Kinder Onkel Ludwig riefen, doch wie ich näher kam, gingen fremde Menschen an mir vorüber. Ich habe seit Deinem ersten Brief Vater stets todt geträumt, mehrere Male sah ich ihn im Sarge, oft war ich auf seinem Grabe; doch nie erschien er mir lebend. Als Tante gestorben war, die, wie du weisst, mir sehr nahe stand, habe ich häufig von ihr geträumt; doch sie erschien mir immer lebend! Ich finde Mütterchen immer in ihrer alten Wohnung und meine Schwester Barth häufig mit ihr. Ja Mütterchens Wohnung ist die einzige, in welche der träumende Geist einkehrt, während dem wachenden doch das ganze Gehöfte so lebhaft vorschwebt. Hermann und Raimund erscheinen sonderbar genug wie Quälgeister; sie kitzeln mich u. s. w. Ist dies nicht wunderlich? Das ist nicht ein Traum, das war die letzte Woche fast jede Nacht! Wäre ich abergläubisch, so würde ich denken, dass Vaters Gut in fremde Hände gekommen wäre etc.*)

Grüsse Mütterchen zum Abschiede, nicht von dieser Erde sondern von Europa, viele viele Male und sage ihr, wie ich sie in meinem Herzen hege und pflege und wie mich ihr Name, der mir auf dem theuern Ringe immer vor Augen liegt, an sie, an ihr Leben, an das, was sie duldete, und an die Weise wie sie duldete, erinnert und mir so beständig das lebendigste Beispiel ruhiger Ergebung in die Fügung des Himmels vorhält.

Ich bitte Dich, mein theuerster Schwager, auch an die übrigen theilnehmenden Glieder unserer Familie meine Grüsse zu bestellen und ihnen mitzutheilen, dass ich vom ersten Oktober bis 110 Tage in die Zukunft auf dem balkenlosen Elemente unseren Antipoden zuschwimme. Folge Du mir von Woche zu Woche für die zwei ersten Monate zwischen der Südspitze von Irland (Cork), welches wir den 16. Oktober verlassen, und dem Kap der guten Hoffnung; im dritten und vierten Monat folge mir vom Kap der guten Hoffnung quer über das Indische Meer nach Neuholland. Trauert nicht, sondern freut Euch mit mir, denn ich fühle mich in der allmählichen Erfüllung meiner Wünsche, welche ja eben mit meiner Einschiffung beginnt, glücklich.

Lebt denn wohl theurer Schwager, Schwester, Neffen und Nichten und behaltet lieb

Euren herzlich Euch liebenden
Ludwig.

---

*) Diese Träume sind in Erfüllung gegangen; die Kirche des Ortes ist niedergerissen worden, um grösser und schöner wieder aufgebaut zu werden; das Leichhardt'sche Grundstück wurde im Jahre 1868 verkauft und gegenwärtig befindet sich kein Angehöriger des Dr. L. Leichhardt in Trebatsch.

Dritte Epoche.

Briefe aus Australien.

1. Oktober 1841 — 3. April 1848.

Sydney, d. 23. März 1842.

30. Mein theuerster Schwager!

Weite Meere habe ich durchkreuzt, heftigen Stürmen habe ich getrotzt. Die Sonne zog über meinen Scheitel von Süden nach Norden und nun liegt die ganze Erde zwischen mir und Euch, nun ist Tageszeit, Jahreszeit, ja der Charakter der Himmelsgegenden verschieden, der Süden ist kalt, der Norden heiss und der Schatten meines Körpers fällt am Mittage nach Süden. — Ich verliess London am 1. Oktober 1841; wir hatten ein ausserordentlich stürmisches Wetter von London nach Cork; doch das Verlangen die Ferne zu sehen, war so gross, dass Gefahr und Mühsal vergessen wurden, und dass wir unter dem Sausen des Sturmes und dem Brausen des Meeres von Mänteln und Segeltüchern geschützt, oft muntere Wanderlieder in die mondhellen Nächte hinaussangen. O, dass ich Euch in Worten ausdrücken könnte, wie mich das grossartige Schauspiel der Seenatur auf das Tiefste bewegte! Am klaren Himmel leuchteten die herrlichen Himmelsbilder im Osten über die scharfe Linie des Horizontes hervor, schritten in ihrer erhabenen Ruhe über das bewegte Meer und sanken so im Westen allmählich nieder. Wie wir den Aequator durchschnitten hatten, verschwanden die alten befreundeten Sternbilder und ungesehene, glänzendere begrüssten uns. Oft war unser Schiff, ein so leichtes Menschenwerk, Gegenstand meines Nachdenkens und meiner Bewunderung. An 300 Menschen schwammen auf unermesslicher Oede mit dem Gefühle fast vollkommener Sicherheit, von vielen Lebensbequemlichkeiten umgeben einer fernen Heimath zu, und dieser kleine bevölkerte, von Wind und Wetter bewegte Punkt, wurde selbst wieder nach dem Kompass geleitet, einem kaum 3 Zoll langen Stückchen Eisen, doch der wunderbarsten Eisenbrücke, welche sich über die weitesten Meere von einem Kontinente zum andern spannt. — Wir sahen einige Inseln, wie z. B. St. Antonio, eine der Capverdischen Inseln, Trinidad an der Küste von Brasilien, St. Paul zwischen dem Kap der guten Hoffnung und Neuholland; doch landeten wir nirgends. Das Leben auf dem Schiffe war eigenthümlich. Ausser den 250 Auswanderern *) befanden sich 20 unabhängige Passagiere am Bord. Wir

*) Welchen die Regierung die Passage zahlt.

lebten fast wie eine Familie mit einander, da wir zusammen frühstückten, Mittag assen und Thee tranken; dennoch blieben wir getrennt genug, um uns in der Zwischenzeit nach unsern eigenen Neigungen zu beschäftigen. Ich studirte vorzüglich Seekunde, lernte die Länge und Breite bestimmen, beobachtete die Veränderungen des Barometers und Thermometers. Dieses letztere war, während wir die Linie kreuzten nie höher als $23{,}5^0$ (R.). Ueberhaupt litten wir mehr von Kälte im Norden und später im Süden des Aequators, als von der Hitze. Da die Matrosen sich gewöhnlich ziemlich handgreifliche Scherze erlauben, wenn sie den Aequator kreuzen, so hält der Kapitain den Zeitpunkt des Kreuzens geheim, und man erfuhr die Thatsache nicht eher, als bis das Schiff schon 5^0 südlich war. Die Matrosen pflegen diejenigen Passagiere zu taufen, welche zum ersten Mal die Linie kreuzen d. h. sie begiessen sie mit Wasser, machen ihnen Bärte mit Theer etc. — Es konnte nicht fehlen, dass zwischen 20 Menschen, die beständig mit einander waren, vielfache Reibungen stattfinden mussten. Wir hatten überdies einige Elemente, die eine dauernde Gährung unterhielten. Auf der anderen Seite brachte diese Gährung die wahren Charaktere zu Tage und wurde also für das Menschenstudium von ausserordentlicher Wichtigkeit. Von Seethieren wurde wenig gesehen, obwohl das Meer vielleicht am reichsten bevölkert ist, indem Polypen und Krustenthiere und Würmer auf seinem Grunde sich befestigen oder dort hausen, und indem Fische und Weichthiere in unzähligen Schaaren seine weiten Räume durchziehen. Oft blickte ich vom Schiffe in das Meer, bedauernd, dass es mir nicht vergönnt sei, alle die Wunder näher kennen zu lernen, welche eine Tiefe von vielleicht 2—3000 Fuss bedeckte. Dennoch ergötzten uns oft Heerden von Delphinen, welche mit halbem Körper aus dem Wasser hervortauchten und besonders beim bevorstehenden stürmischern Wetter sich sehen liessen, oder der bedächtige Haifisch, welcher suchend in langsamen Bewegungen unser Schiff umschwamm, um sich jedes Abwurfes sogleich gierigst zu bemächtigen. Seevögel wurden in Menge gesehen und gefangen; besonders der Albatros, welcher mit 10 bis 12 Fuss Flügelbreite fast immer auf seinen Flügeln zu leben scheint, hunderte von Meilen vom Festlande entfernt, in der Nacht zwischen Wellenbergen Ruhe haltend. Vier und einen halben Monat (Oktober bis Mitte Februar) verstrichen, ehe wir zwischen den beiden Felsenpforten von Port Jackson einfuhren. Als der Pilot auf einem von Neuholländern gezogenen Boote zum Schiffe kam, hätte ich das alte olivenfarbige mürrische Seekind als ersten Herold der neuen Erde umarmen mögen. — Port Jackson ist ein buchtenreicher weiter Meereseinschnitt, rings von Hügeln und Felsen eingeschlossen, die in Folge eines langersehnten Regens von frischgrünenden Bäumen bedeckt waren, aus denen überall freundliche Gehöfte oder Lusthäuser hervorblühten. Man hatte fast 18 Monate hindurch an ununterbrochener Dürre gelitten. Schaf- und Rinderheerden waren an den vertrockneten Tränkplätzen vor Durst niedergesunken. Zwei Tage vor unserer Ankunft begann es endlich zu regnen, und so regnete es 14 Tage hindurch unaufhörlich. Dies machte die erste Zeit meines Aufenthalts etwas unbehaglich, doch da es den Anblick der Natur so wesentlich veränderte und verbesserte, trug ich die Unannehmlichkeit willig. Die Ufer dieses herrlichen Hafens waren vor 54 Jahren von wilden Menschen bewohnt, die nie vorher einen weissen Mann gesehen hatten. Jetzt erhebt sich hier eine grosse Stadt von 42000 Einwohnern, nach allen Seiten von den Lusthäusern ihrer reichen Einwohner umgeben. Sie ist zum Theil in einem Thale, zum Theil an zwei Bergen hinaufgebaut, regelmässig, in der Regel mit grossen Häusern und breiten Strassen. Der Sandsteinfels, welcher die ganze Gegend zusammensetzt, kommt in den Strassen oft zu Tage und oft sind letztere selbst durch ihn hindurchgehauen. Ich wurde in Sydney wohl empfangen, und obwohl grosse Mittel nöthig sind um etwas Tüchtiges zu wirken, so hoffe ich doch mit der Zeit gleichfalls mein Ziel zu erreichen. Das Klima ist ausserordentlich mild und angenehm, besonders zu jetziger Jahreszeit, welche eigentlich nur über zu plötzlichen Wechsel klagen lässt. Es herrscht in dieser Stadt eine erstaunliche Thätigkeit und ein übermässiger Spekulationseifer. Eine grosse Menge von Schiffen füllen den Hafen; täglich kommen und gehen Schiffe nach England, nach China, nach Neuseeland, Van Diemensland, Port Philipp und nach verschiedenen Küstenplätzen. Dampfboote laufen nach Hunter's River, nach Moretonbay, nach Port Philipp. Jeder Luxus, jede Bequemlichkeit lässt sich in Sydney kaufen. Gute Strassen führen nach den verschiedenen Städten, welche ein wenig mehr im Innern des Kontinents liegen, so nach Bathurst an der andern Seite der blauen Berge, ungefähr 50 Meilen von Sydney entfernt, nach Liverpool, Windsor am Hawksburyfluss u. s. w. Und wer hat diese wunderbaren Veränderungen in so kurzer Zeit bewirkt? — 1788 führte Arthur Philipp 850 Verbrecher hierher, gründete die Kolonie und begann durch Verbrecherkraft dieses Land urbar zu machen. Von jener Zeit wurden fortdauernd Verbrecher hierher gesendet, zu öffentlichen Bauten verwendet, oder aber freien Ansiedlern zugestanden um sich ihrer als Dienstboten zu bedienen. Verbrecher, die ihre Strafen erduldet hatten, wurden frei und siedelten selbst sich an, ja, selbst während ihrer bedingten Freiheit konnten sie schon Güter erwerben und sich unabhängig bereichern. Die reichsten Männer der Kolonie waren Verbrecher oder stammen von Verbrechern. Allmählich wandern mehr und mehr freie Ansiedler ein und jetzt finden sich an 100,000 auf Australiens Boden. — Diese Auswanderer werden fast alle von der Begierde nach Reichthum hierher getrieben. Sie wollen einige Jahre ihres Lebens daran wenden, um dann wieder in ihre Heimath zurückzukehren und ruhig geniessend ihrem Tode entgegen zu sehen. Wenige kommen her, um hier zu bleiben; viele verändern indessen ihre Absicht, sobald sie die Schönheiten dieses reichen Landes besser kennen, und die Unannehmlichkeiten leichter ertragen lernen. Solche Familien freier Ansiedler, die Interesse an der Kolonie nehmen und sie als ihr Vaterland betrachten, sind denn auch allein der wahre Schatz des Landes und aus ihnen wird sich allmählich ein mächtiges Volk entwickeln, welches uns das alte Europa vergessen machen möchte. — Es ist indessen natürlich, dass der gegenwärtige gesellschaftliche Zustand von Sydney nicht befriedigend sein kann, da eben so unharmonische Elemente diese Gesellschaft bilden. So liberal man auch sein mag, stets wird sich in der Gesellschaft früherer Verbrecher der Gedanke aufdrängen, dass man es eben mit Menschen zu thun habe, die einst fähig waren, schwere Verbrechen zu begehen. Es ist wahr, sie haben ihre Strafe erduldet, sie sind in die Gesellschaft weissgewaschen zurückgekehrt, ob sie aber wirklich gebessert sind und unser Vertrauen verdienen? Solche Betrachtungen, die sicherlich nicht ohne Grund sind, haben denn oft die freien Einwanderer bestimmt, sich als eine getrennte bessere Klasse anzusehen, und dies hat auf der anderen Seite die emanzipirten Verbrecher mit einander vereinigt, so dass jetzt zwei Parteien, zwei Gesellschaften einander gegenüber stehen, die sich vielfach anfeinden und den Fortschritt der Kolonie hemmen. Wenn früher ein Verbrecherschiff nach Sydney kam, meldeten sich diejenigen Personen, welche Dienstboten bedurften, und man gab ihnen nach der Grösse ihres Geschäfts eine Anzahl Verbrecher. Sie hatten polizeiliche Aufsicht und grosse Gewalt über diese, welche sie denn auch häufig missbrauchten. Der grosse Vortheil war, dass sie für diese Leute nichts zu bezahlen hatten und nur für Nahrung und Kleidung sorgten. Da man indessen später wohl einsah, dass in der Kolonie nicht mehr der Auswurf Europas eingeführt werden dürfte, gab man das System, Verbrecher an die Kolonisten abzutreten, auf, errichtete eine andere Strafkolonie zu Moretonbay (mehr gegen

Norden) und auf Norfolk Island.*) Die erstere ist jetzt gleichfalls freien Ansiedlern überlassen. — Hatte der Verbrecher nun seine Strafe, d. h. 2, 3 bis 20 und mehrere Jahre Dienst, erlitten, und hatte er sich gut aufgeführt, so gab man ihm eine Erlaubnisskarte, und er konnte nun unter der Aufsicht der Polizei sein eigenes Geschäft beginnen, unter der Bedingung, dass ein neuer Fehler ihn in seinen früheren Zustand wie Dienstbarkeit oder Gefangenschaft zurückführen würde. Unbedingte Freiheit erhielten nur wenige, und reiche Männer und Familienväter in Sydney sind Verbrecher, welche nur bedingungsweise ihre Freiheit geniessen. — Seitdem ich mein eigenes Vaterland, seitdem ich Euch verlassen, habe ich mich nie so heimathlich gefühlt, wie hier. Einer meiner Reisegefährten war ein junger Musiklehrer, ein junger verheiratheter Mann ohne Kinder, der nach Sydney seinem Schwager folgte. Als wir hier ankamen, miethete er ein Haus für den enormen Preis von 1000 Thlr. jährlicher Rente, und da er ein Stübchen übrig hatte, bot er mir an, mit ihm zu leben und so einen Theil seiner Kosten zu tragen. Dies wurde angenommen, meine Stube einfach, doch behaglich eingerichtet. So lebe ich denn verhältnissmässig ausserordentlich zufrieden, ganz mit meinem Studium beschäftigt in diesen mir neuen Verhältnissen. Dann hat es unstreitig einen grossen Reiz für mich, dieses sich entwickelnde Volk zu beobachten, welches sich vielleicht in weniger als einem Jahrhundert, gleich den Vereinigten Staaten Nordamerikas, von England losreissen wird, um einen unabhängigen Staat oder Staatenbund zu bilden. In einem milden Klima, in einer reichen Natur, in für den Handel sehr günstigen Verhältnissen, muss ein thatkräftiges Volk gleich dem englischen schnell Ausserordentliches leisten. In Italien habe ich eine solche Rasse oft mit Schmerzen vermisst, und ich glaube, dass Italiens Zustand sich nicht eher bessern wird, als bis eine friedliche Einwanderung von arbeitsamen Männern des Nordens stattfindet.

Früchte sind in Fülle zu haben; von unserm Apfel, der Birne, den Pfirsichen, den Feigen, Trauben bis zu den tropischen Früchten, der Ananas, der Banane, der Kokosnuss, gedeihen sie alle, sei es in Sydney, welches indessen ausserordentlich sandig ist, sei es in den ferneren Ansiedelungen und Städten nach dem Innern zu oder an der Seeküste. Sie sind indessen sehr theuer, wie auch die Gemüse, während das Fleisch besonders jetzt ausserordentlich billig ist. Der Lohn der Dienstboten ist sehr hoch und selbst Knaben erhalten 50—60 Thlr. jährlich mit Kleidung und Nahrung. Die Dienstboten sind deshalb

---

*) Schon 1803 in Tasmanien.

auch sehr unabhängig, und man muss sich vorsehen, von ihnen nicht im Stiche gelassen zu werden. — Von Zeit zu Zeit sind Verbrecher entsprungen, um in der Wildniss frei zu sein und nicht arbeiten zu müssen. Diese haben theils allein, theils zu mehreren vereinzelt, Angriffe auf die Reisenden und auf die einsameren Ansiedelungen gemacht. Sie bemächtigten sich nur des Geldes, der Uhr und dergleichen Kostbarkeiten; doch niemals oder sehr selten waren ihre Raubzüge blutig. Diese Menschen nennt man bushrangers (Buschläufer)*) und die berittene Polizei ist ihnen so dicht auf den Fersen, dass ihre Unternehmungen immer seltener und mit der sich vermehrenden Bevölkerung bald gänzlich verschwinden werden. Die Verbrecher werden jetzt hier wie in irgend einem grossen Gefängnisse bei uns behandelt. Im Gefängniss unter strenger Aufsicht und unter dem Verbot zu sprechen, werden sie jeden Morgen zur Arbeit hinausgeführt, sei es um öffentliche Gebäude aufzuführen, Strassen zu bauen oder Wälder auszuroden. Sie haben mit den Bewohnern jetzt keine Gemeinschaft mehr. Könnt ihr nun aus den früher Erwähnten abnehmen, dass der gesellschaftliche Zustand in Sydney wegen des beständigen Gegensatzes emanzipirter Verbrecher und freier Einwanderer nicht eben der angenehmste ist, so sind dennoch eine Menge gebildeter Familien hier, welche es mich völlig vergessen lassen, dass ich in einer Verbrecherkolonie oder so weit von Europa entfernt bin. Ich machte während meiner Reise die Bekanntschaft der Familie eines Kapitains, der von Schottland nach Sydney versetzt wurde. Man behandelte mich ausserordentlich freundschaftlich und es scheint, als hätte man die Absicht, mir die eigenen fernen Verwandten einigermassen ersetzen zu wollen. Ich wurde bei einer Menge von Personen eingeführt, was mich nicht wenig verwirrte, da ich stets ein zurückgezogenes Leben geführt hatte und nur sehr wenige Bekanntschaften suchte. Ich kann noch nicht gehörig unterscheiden, wen ich zu lassen, oder zu suchen habe und die daraus entspringenden konventionellen Pflichten sind mir sehr unangenehm. — Ich erfuhr hier, dass an eine Expedition in's Innere unter einem Jahre schwerlich zu denken wäre, und da ich während dieser Zeit unabhängig zu leben wünschte, gedachte ich zuerst einige Zöglinge zu nehmen, für die man gut bezahlt. Doch das ungebundene Freiheitsgefühl ist so stark in mir, und der Aerger mit trägen Zöglingen ist meiner Vorstellung so gegenwärtig und zuwider, dass ich diese Idee aufgegeben habe. Es befindet sich hier eine Schule der Künste, und ich werde während

*) Buschstreicher.

des Winters wahrscheinlich einige Vorlesungen über Botanik und Zoologie halten. Ich kann indessen wenig über meine gegenwärtige Stellung sagen. Jeder Tag kann wesentliche Veränderungen hervorrufen. Mag es Euch genügen, mich bis auf die Entfernung von Euch zufrieden und deshalb auch glücklich zu wissen, obwohl ich nicht leugne, dass ich oft ungeduldig werde, wenn ich meine Pläne nicht so rasch und grossartig ausführen kann, wie ich möchte. Dies ist denn auch die Ursache, dass ich oft mit Schmerzen an Williams veränderten Plan zurück denke, da wir mit seinen Mitteln, wenn er sich nur ein wenig für die Wissenschaft erwärmt hätte, um so viel schneller und sicherer unser Ziel hätten erreichen können. Selbst sein Bruder scheint Neuholland wieder verlassen zu haben, da er mir auf zwei Briefe die Antwort schuldig geblieben ist. William wurde besonders durch den Gedanken zurückgeschreckt, hier eine Wildniss, Kannibalen und rohe Ansiedler zu finden. Hätte er die blühende Stadt gesehen, versehen mit allem, was sich europäischer Luxus wünschen kann, ja selbst für den wissenschaftlichen Mann nicht ohne Mittel, er würde wahrscheinlich mit mir gekommen sein und mein Schicksal getheilt haben. Ich leugne nicht, dass mir das allgemeine Bestreben sich Geld zu erwerben, diese durchaus materielle Richtung, welche höhere geistige Bedürfnisse nicht zum Bewusstsein kommen lässt, keineswegs gefällt; doch bin ich ja vielleicht selbst im Stande, mich durch Erweckung jener Bedürfnisse nützlich zu machen, und dieser Gedanke reizt mich. Es sind hier mehrere Männer, welche sich durch besondere Umstände eine schöne Unabhängigkeit erworben haben und nun wenigstens von Zeit zu Zeit sich mit den Wissenschaften beschäftigen. Ich hatte einen Empfehlungsbrief an Sir Thomas Mitchell, den Surveyor General (den Chef der Landvermessungskommission) von Neusüdwallis. Er führte mich bei Doktor Nicholson ein, der mit meinem William indessen nichts zu thun hat. Sie sind beide einflussreiche Männer, und ich hoffe allmählich Grund zu gewinnen. — Ich habe mehrere Deutsche hier kennen gelernt; einen jungen Mann aus Frankfurt am Main mit Namen Kirchner, einen Herrn Schmidt aus Stargard, einen Missionar und noch viele andere. Der Deutsche ist seiner Bescheidenheit und Mässigkeit wegen gewöhnlich sehr geachtet, und mein Vaterland allein dient mir oft zum Empfehlungsbriefe. Was ich indessen auch Gutes und Löbliches über dieses Land schreiben möchte, das wie jedes andere seine fühlbaren Mängel hat, Ihr würdet schwerlich dem unruhigen Wanderer folgen, um in diesem reizenden Klima Eures Daseins Euch mehr zu erfreuen, oder in einer für Euch neuen Schöpfung einen neuen Gottesdienst zu beginnen. Denn Ihr steht am andern

Ufer des weiten, sturmbewegten Meeres, und die Gefahren allein, die geträumten Gefahren, würden Euch zurückschrecken.

Lebt denn wohl meine Theuern, grüsst meine liebe Mutter und alle die Uebrigen.

Euer herzlich Euch liebender
Ludwig.

Sydney, d. 6. September 1842.

31. Meine theuerste Mutter!

Es ist nun ein Jahr, dass ich von Euch keine Nachricht erhalten habe. Von Paris, von England und von Sydney, kurz nach meiner Ankunft daselbst habe ich Briefe an Euch geschrieben, die doch wohl sicherlich Euch zu Händen gekommen sind. Jeden Sonntag, wenn ich mich still den Erinnerungen an die Vergangenheit überlasse, befinde ich mich in Eurem Kreise; ich sehe Euch, höre Euch und denke mit Euch; doch dann schiebt sich der ganze Erdball wieder zwischen uns. Ihr kehrt zurück zu der lieben Heimath, während ich, in der Fremde mir selbst überlassen, in mir selbst Trost, Ruhe, Befriedigung suchen muss. Ich fühle mich nicht unglücklich; denn seit langer Zeit habe ich mich gewöhnt, mit der Natur zu leben und in ihrer Betrachtung und Erforschung Freude zu finden. Der einzige Schmerz, der mir bisweilen das Herz beklemmt, ist eben, dass ich von Euch getrennt über die Erde wandere, dass ich mit Euch nicht häufiger, selbst auch nur schriftlich, verkehren kann. Ich fühle, dass auch Ihr mich sehen möchtet, dass Du, meine liebe Mutter, ebenso sehnlich wünschest, Deinen Sohn ans Herz zu drücken, wie dieser Dich; und doch, und doch kann ich für die Gegenwart keine Hoffnung für die baldige Erfüllung unserer Wünsche rege machen. Als ich noch zu Hause war und meiner Armuth wegen nie hoffen konnte auszuführen, was ich jetzt ausführe, glaubte ich, dass ich Alles leicht opfern könnte, um den Drang in die Ferne zu befriedigen. Der Himmel erfüllte meine geheimen Wünsche; mir wurde zu Theil, was oft dem Reichsten nicht zu Theil wird; ich fand überall Unterstützung und konnte mich meiner Neigung zum Studium der Natur unbesorgt überlassen. Doch eine andere Sorge liess mich nun nicht los. Ich wurde stets unterstützt, aber ich war nie unabhängig. William gab mir Geld, nach Neuholland zu gehen; hier in Sydney angekommen, fand ich bald gute Freunde, welche mich bei sich aufnahmen und mir alle Kosten in einem sehr theuren Orte ersparten, in welchem ich allein für ein einfaches Logis wöchentlich mehr als 10 Thaler zu bezahlen haben würde. Ich kann hier leben, hier studiren, aber ich kann nicht von hier gehen, ohne Jemanden zu finden, der mich mit sich nimmt. Auf der anderen Seite habe ich mit schätzenswerthen Familien Bekanntschaft gemacht; oft habe ich einige Neigung zu Mädchen empfunden, ja, ich bin tief verliebt gewesen, doch meine abhängige Stellung hat mich stets von ernsten Schritten und Offenbarungen zurückgehalten. So siehst Du Deinen Sohn von mannigfachen Gefühlen beherrscht, von den früheren Erinnerungen, von der stets regen Liebe zu seinem Naturstudium, von den Eindrücken des Augenblicks, welche vielleicht für ihn die gefährlichsten sind und voreilig sein wanderndes Schifflein zum Ankern bringen. Doch wenn auch mein Gemüth oft unruhig sich bewegt, so kann ich Dir doch versichern, dass ich glaube stets besser geworden zu sein, und dass ich mich noch ebenso unschuldig fühle wie damals, als Du mich zum letzten Male in Deine Arme schlossest. Und ich danke Dir dafür; denn wenn ich zur Quelle meiner moralischen Grundsätze zurückspüre, so komme ich zur kleinen Kammer in unserm alten Hause mit seinem kleinen Fensterchen, in welchem Du uns unsere Morgen- und Abendgebete lehrtest und uns zuerst mit unserem himmlischen Vater bekannt machtest.

Vor 52 Jahren war auf dieser Stelle, wo jetzt 42,000 Menschen mit voller europäischer Bequemlichkeit leben, ein wildes, ödes Buschwerk, durch welches kaum wilde Horden streiften; jetzt ist hier eine mächtige Stadt und die ganze Küste ist mit werdenden Städten besetzt. Die Wilden sind entweder ausgestorben oder 50 bis 60 Meilen landeinwärts zurückgedrängt, und nur selten kommen sie nach Sydney. Obwohl ich überzeugt bin, dass sie nie europäische Kultur annehmen werden, so zeigen sie doch viel natürlichen Scharfsinn und viel Anstand und Gewandtheit. Die freie Haltung, mit welcher ein wilder Mann durch die Strassen von Sydney schreitet, setzte mich in Verwunderung; die Weiber sind gewöhnlich zu grossen Beschwerden ausgesetzt, indem die Männer sie fast wie Lastthiere behandeln. — Sydney ist von Sandfelsen und Sandhügeln umgeben, welche mich oft an die sandige Mark Brandenburg *) erinnern; die Gewächse sind keineswegs so frisch und grün wie bei Euch, und die Landschaft erscheint eigenthümlich matt und graugrün. Tiefe Waldung und hohe Bäume fehlen hier ganz, obwohl sie in anderen Gegenden der Kolonie sich finden; der Busch wird von niedrigen Bäumen und Gesträuchern gebildet, welche häufig sehr auffallende, grosse, schöngefärbte Blumen haben. In der That giebt es wenige Stellen der Erde, wo in einem

*) Die Kunst der Menschen hat hier also grosse Veränderungen bewirkt; denn Sydney liegt heute in herrlichen Gärten und Baumpflanzungen.

beschränkten Raume so viele schöne Pflanzen beisammen wachsen. Schlangen giebt es in Menge hier; ich selbst habe schon zwei in diesem letzten Monat getödtet; viele hält man für sehr giftig. Papageien von allen Farben sieht man hier in grossen Zügen. Ausserdem finden sich hier einige auffallend schöne Vögel mit prachtvollem Feder- und Farbenschmuck. Euer Sommer ist unser Winter, und der Winter hier ist mild mit vielem oft heftigem Regen. Obwohl der Winter milder ist als bei uns oder in England, so empfinden wir doch die kleinen Veränderungen, die nasse Kälte oft sehr unangenehm. Der Boden, obwohl sandig, ist fruchtbar, sobald nur die nöthige Feuchtigkeit vorhanden ist; doch im Sommer vereitelt oft lang anhaltende Dürre jede Bestrebung des Landmannes. Diese Dürre macht das Land zum Landbau wenig geeignet und die grössere Menge der Einwohner hatte sich besonders früher der Schaf- und Viehzucht zugewendet. Die Verbrecher, welche man von England hierher brachte, waren gezwungen, für die Kolonisten zu arbeiten. Gegenwärtig werden keine Verbrecher mehr hierher gebracht, und die freien Einwanderer lassen sich für ihre Arbeit sehr theuer bezahlen. Die Folge davon ist, dass die Schafzucht sehr wenig Profit abwirft und dass die früher so reichen Besitzer entweder zu Grunde gingen oder doch ihr Vermögen bedeutend geschmälert sehen. Besonders jetzt ist deshalb die Kolonie in sehr bedrängten Umständen, und eine Menge von Leuten, welche hierher kamen mit der Hoffnung, schnell ein grosses Vermögen zu erwerben, sahen sich bitter getäuscht. Doch der Mann, welcher arbeiten kann und will, findet schnell Beschäftigung und hat reichliche Nahrung für sich selbst und für Weib und Kind. Die Künstler haben weniger Hoffnung, ebenso die wissenschaftlichen Männer. Alles ist hier noch Körperwerk! —

Der hiesige Landmann und Arbeiter lebt, was Nahrung betrifft, viel besser als die Landleute bei Euch. Er hat Fleischspeise, soviel er will; Gemüse ist weniger reichlich; die Kartoffeln sind keineswegs so gut. Die Wohnungen sind indessen nicht so behaglich. Oft sind es sehr einfache Hütten. Doch das Klima ist mild, Oefen sind nicht nöthig. Dann sind die Besitzungen weit von einander entfernt. Es fehlt die behagliche Gesellschaftlichkeit eines Dorfes. Entsprungene Verbrecher machen die Strassen unsicher und berauben die Reisenden, welche indessen selten viel Geld bei sich führen. Ich habe Euch früher geschrieben, dass in Van-Diemensland und in Neuseeland, wie im Süden von Neuholland reiche, menschenreiche Kolonien existiren, dass europäische Sitte und Kultur sich hier völlig heimisch gemacht hat, dass man die Hauptstrassen von Sydney kaum von manchen

Strassen Londons unterscheidet, dass Sydney 8 Mal so gross ist, wie Cottbus (ich glaube Cottbus hat 5000 Einwohner), dass Dampfschiffe alle Punkte mit einander in regelmässige Verbindung setzen. Gebt deshalb alle Idee von Wildniss auf! Die reichen Leute, ja selbst die Armen haben und erfreuen sich grösserer Bequemlichkeiten, als die Bewohner der Mark Brandenburg und Ihr selbst! In Sydney werden öffentliche Blätter (Zeitungen) gedruckt!

Nachdem ich einige Zeit in einem getrennten Logis gewohnt hatte, machte ich die Bekanntschaft eines englischen Offiziers, welcher mich einlud bei ihm zu wohnen, um die so bedeutenden Ausgaben zu ersparen. Der Name dieses Ehrenmannes ist Lynd. Ich lebe nun schon mehr als 3 Monate mit ihm zusammen, und ich habe Ursache, ihn nur noch höher zu schätzen. — Ich versuchte, eine Anstellung im botanischen Garten zu erhalten; doch war ich noch zu unbekannt und zu kurze Zeit hier und deshalb gelang es mir nicht. Ich hätte nicht nur ruhig fortstudiren können, sondern man würde mir selbst noch dafür bezahlt haben. Ich habe indessen die Bekanntschaft vieler angesehenen Leute gemacht, und ich hoffe, bald eine sichere Stellung zu gewinnen. — Ich habe die ganze Zeit über unablässig gearbeitet und gesammelt; allmählich, wie sich meine Materialien mehr ordnen, werde ich Euch Sachen zum Druck nach Hause senden; und wenn Schmalfuss bei einem angesehenen Buchhändler in Berlin anfragte, könnte ich vielleicht für Euch von hier aus nützlich werden, indem ich Euch den Vortheil des Honorars überliesse. Es scheint mir am besten, eine solche Veröffentlichung in Briefform zu fassen, wie z. B. Raumers Briefe über England oder Italien. Ich bin überzeugt, dass ein solches Buch, von einem tüchtigen Buchhändler herausgegeben, sich wohl bezahlt machen würde. Ich überlasse dies Euch.

In wenigen Tagen beabsichtige ich Sydney für einige Zeit zu verlassen und nach Newcastle (am Hunter) zu gehen, welches ungefähr 20 Meilen nach Norden liegt. Ein wohlhabender Besitzer hat mich nämlich eingeladen, ihn zu besuchen, und da die Gegend sehr interessant ist, hoffe ich meine Zeit dort sehr nützlich anzuwenden. Es ist in der That eine Gunst, welche man den einsamen Bewohnern des Landes erzeigt, welche selten nur fremde Gesichter oder überhaupt Menschen bei sich sehen. Es wäre vielleicht möglich, dass ich mich dauernd dort authielte, indem mir einige Vorschläge gemacht sind, über die ich selbst noch nicht klar bin, um entscheiden zu können. — Ich fühle mich wohl; doch bin ich sehr zur Diarrhöe geneigt, welche mich bisweilen ausserordentlich erschöpft. Das ist gewöhnlich mit allen denen der Fall, welche hier ankommen, bis sich die Natur vielleicht an Klima, Speise oder Wasser gewöhnt hat. Ich war indessen diesem Uebel schon in Paris ausgesetzt und würde wahrscheinlich bereits gestorben sein, wenn ich mich der Niger-Expedition in's Innere von Afrika angeschlossen hätte, wie es ursprünglich meine Absicht war.

Lebt nun wohl meine theure Mutter und meine theuren Angehörigen. Seid überzeugt, dass ich Euch stets in meinem Herzen hege, wohin mich auch immer meine Füsse tragen mögen.

Euer

Ludwig.

Newcastle d. 10. November 1842.

32. Meine liebe theure Mutter!

Sollte ich den heutigen Tag vorübergehen lassen, ohne an Dich zu denken, ohne mit Dir zu sein und meine Glückwünsche mit denen aller Deiner Kinder und Enkel zu mischen, welche den Vortheil haben, sich in Deiner Nähe zu befinden und Deine Hände zu drücken und an Deinem Halse zu hängen! — O meine Mutter, mich trieb die unablässige Begierde zu lernen von Dir, und obwohl die Heimath stets meiner Erinnerung frisch blieb, so waren es doch nur Erinnerungen; ich beklagte oft mein Schicksal, welches mir den Vortheil, das Vergnügen raubte, mit Euch zu leben, während es mir die weite Welt eröffnete. Doch Du hast wenigstens ein Vergnügen, welches nicht allen zu Theil wird, Du hast eine liebende Seele an der entgegengesetzten Seite der Erde, welche von dort her um Dein Glück täglich den himmlischen Vater bittet. — Nachdem ich ungefähr 6 Monate in Sydney gelebt und die Umgegend der Stadt, die Bewohner, ihre bürgerliche Verfassung, ihre Art und Weise zu leben beobachtet hatte, wünschte ich andere Theile dieser Kolonie zu sehen. Von dieser Stadt ging ich auf einem Dampfschiffe nach Newcastle. Das Dampfschiff verlässt gewöhnlich Sydney um 10 Uhr in der Nacht und ist am Morgen um 7 Uhr in Newcastle. Dies ist ein kleines, sich eben erst entwickelndes Städtchen, dessen zerstreute Häuser rings an den Abhängen der zum Flusse sich senkenden Hügel liegen. Ein reicher Landbesitzer, dessen Bekanntschaft ich in Sydney gemacht, bot mir seine Wohnung während meines Aufenthaltes an, und ich lebe mit ihm nun schon diese 7 Wochen. Ausser Pflänzen, Gesteinen und Thieren, die ich hier sammelte, sah ich Einiges vom australischen Ackerbau. Den Hunter-Fluss hinauf findet sich ein reiches, vom Flusse im Laufe der Zeiten angeschwemmtes Land, welches ohne Dünger reiche Ernten giebt, doch unglücklicher Weise von heissen Winden und von der Sonnenhitze so ausgetrocknet wird, dass der Ackerbau immer nur in 3 Jahren auf eine gute Ernte rechnen kann. Diesem Wassermangel könnte vielleicht durch künstliche Teiche abgeholfen werden; doch sind so wenige Arbeiter hier, und die wenigen verlangen so ausserordentlichen hohen Arbeitslohn, dass man an grosse Unternehmungen der Art jetzt noch nicht denken darf. Ausser Weizen baut man besonders türkischen Weizen, welcher zur Fütterung benutzt wird. Ihr werdet indessen leicht einsehen, dass die Landbesitzer wenig Neigung haben, ihr Land zu bestellen, da das Mehl und Getreide, welches von Van Diemensland und Südamerika eingeführt wird, wohlfeiler ist, als sie selbst es gewinnen können. Sie schenken deshalb der Vieh- und Schafzucht weit grössere Aufmerksamkeit. Die Schafheerden sind ungefähr 100—200 engl. Meilen landeinwärts; die Rinder lässt man frei in weiten ungezäunten Waldstrecken herumlaufen, nachdem man jedem das Zeichen des Besitzers eingebrannt. Jedes Jahr werden die jungen Kälber eingefangen und gebrannt. Die Kühe melkt man nur in der Nähe der Städte, in welchen man Butter und Milch verkaufen kann. Man strebt gewöhnlich die Heerde zu vermehren und die fetten Stücke an die Fleischer zu verkaufen. Die Thiere werden fast wild, da sie so wenig Gemeinschaft mit Menschen haben; die Hirten, welche nur von Zeit zu Zeit Musterung halten, sind alle zu Pferde, und oft ist Ross und Reiter den Angriffen der Kühe und Bullen ausgesetzt. Mit den Schafen ist es verschieden. Hier müssen regelmässige Hirten gehalten werden, welchen man jährlich von 220—350 ℛ︁ zu bezahlen hat. Jeder Hirt hat nach der Beschaffenheit des Landes von 500—1000 Stück Schafe. Diese sind den Angriffen des wilden Hundes ausgesetzt, welcher die Verschmitztheit des Fuchses mit der Stärke eines guten Schäferhundes vereinigt.

Die jungen Männer, welche von England hierher kommen, sind gewöhnlich von guter Familie und haben etwas Geld. Sind sie arm, so treten sie für einige Zeit als Oekonomen oder Inspektoren in den Dienst der angesiedelten Besitzer. Nachdem sie sich einiges Geld erspart, gehen sie landeinwärts in die noch nicht in Besitz genommenen Theile und gründen auf eigene Rechnung eine Vieh- oder Schafstation. Sie pachten gewöhnlich von der Regierung Strecken von 1000—2000 Morgen Landes, welche ihrer Heerde hinreichende Nahrung gewährt und bezahlen für dies den festgesetzten Preis von 50 Thlr. jährlich. Sie sind indessen nicht Eigenthümer und wenn das Land zum öffentlichen Verkauf kommt, so hören ihre Ansprüche daran auf. — Wenn der junge Mann mit seinem Hirten an den gewählten Ort angekommen ist, baut er sich eine Hütte von gespaltenem Holze, welches er mit Baumrinde bedeckt. Die Hütte besteht aus dem Raume, in welchem der Besitzer isst und schläft, und aus dem Kamine, welcher sehr geräumig ist, um das Verbrennen zu verhindern. Er hat einen Theetopf von Weissblech, einige Teller, eine Tasse, ein paar Löffel. Er lebt ausschliesslich von Fleisch und einem schweren ungegohrenen Weizenbrot, welches man Damper nennt. Man knetet Mehl mit Wasser in einen dichten Teig, macht ein grosses Feuer mit trockener Baumrinde, und wenn es ausgebrannt, legt man den flachen Teigkuchen in die heisse Asche und lässt denselben 40—50 Minuten backen. Thee ist fast das einzige Getränk. Zum Frühstück, zum Mittag- und Abendbrot wird Thee getrunken, welchen man mit braunem unraffinirtem Zucker süss macht. Hat man keine Milch, welches gewöhnlich der Fall ist, so schlägt man ein Ei in jede Tasse; wenn Eier fehlen, muss man sich ohne Alles zu behelfen wissen. So lebt der junge Mann, der vielleicht in England an jeden Luxus gewöhnt war und auf dessen Wink im Vaterhause vielleicht 2—3 Bedienten warteten, in tiefster Einsamkeit, rings vom Busche umgeben; alle seine Aufmerksamkeit richtet sich auf seine Heerde. Oft sitzt er vom frühen Morgen bis zur späten Nacht zu Pferde, entlaufene Kühe oder Schafe suchend. Wenn er müde in seine Hütte zurückkehrt, hat er mit eigener Hand sein Feuer zu schüren, seinen Thee zu bereiten, sein Beefsteak oder Hammelkeule zu braten. Dabei kann er sich oft nicht auf seinen Hirten verlassen; denn da die Arbeiter so selten sind, muss man diese oft rohen Menschen mit grosser Zuvorkommenheit behandeln. Doch trotz der harten Lebensweise, hat diese Einsamkeit für das junge kräftige Gemüth viele eigenthümliche Reize. Dasselbe erkennt mit Verwunderung, wie wenig der Mensch bedarf, um seinen Körper zu befriedigen, und wie viel Kraft er selbst besitzt, jedem Mangel abzuhelfen. Oft haben mir junge Männer versichert, dass diese Selbsterkenntniss, welche sie vielleicht in England nie gewonnen haben würden, ihnen mehr Nutzen gewähre, als Reichthum, und einige kehren nach England zurück, völlig zufrieden gelernt zu haben, wie man wohlfeil leben könne. Die Leichtigkeit, mit welcher sie auf ihren an den Wald gewohnten Pferden den Busch durchstreifen, das Gefühl der Unabhängigkeit, welches dieses sonderbar wilde Leben giebt, macht ihnen ihre einsame Rindenhütte theuer und oft erinnern sie sich mit stillem Behagen derselben, wenn sie entweder zu den Städten oder nach England zurückgekehrt sind. — Wenn ich Euch von einer elenden Bretterwohnung spreche, durch welche Wind und Wetter überall eindringen, so müsst Ihr nicht vergessen, dass wir hier in einem milden gesegneten

Klima leben, in welchem das Thermometer nie bis zum Nullpunkt sinkt. Fast 8 Monate hindurch ist der Himmel immer heiter oder nur für Tage getrübt, und die Sonnenhitze ist oft ausserordentlich. Während der heissen Nordwestwinde hat man das Thermometer bis zu 39° R. (120° F.) steigen sehen. Die gewöhnliche Wärme ist 16—20° R.

Während des Winters (April, Mai, Juni, Juli) haben wir gewöhnlich viel von heftigen Regengüssen zu leiden; denn obgleich eine ausserordentliche Dürre die Ernten vereitelt und oft Tausende von Rindern und Schafen vor Durst sterben lässt, so ist doch die Regenmenge hier fast doppelt so gross wie in England oder Deutschland. Könnte man den Regen auf der Erdoberfläche gegen Abfliessen und Verdunstung schützen, so würde in einem Jahre eine Wassermasse von 6 Fuss Tiefe Australien bedecken, während in Deutschland kaum 3 Fuss Wasser fällt. Doch in Deutschland ist es über das ganze Jahr vertheilt, während es hier wie in Wolkenbrüchen in wenigen Wochen niederströmt.

Lebe wohl theure Mutter, tausend Küsse, tausend Glückwünsche von Deinem

wandernden Sohne
Ludwig.

Glendon, d. 16. Januar 1843.

33. Mein theuerster Schwager!

Deinen Trauerbrief erhielt ich zu Anfang Dezember 1842. Ich kann Dir nicht ausdrücken, wie sehr mich der Tod unserer lieben Schwester Mathilde schmerzte. Doch ich danke Dir für die sanfte und kluge Weise, mit welcher Du verstehst, mir den bittern Kelch zu reichen. Du fülltest meinen Geist mit einer so dichten Schaar von Erinnerungen aus der Heimath; ich begleitete Dich mit Thränen im Auge Schritt vor Schritt den oft gewanderten Weg von Cottbus nach Trebatsch; ich war so voll von Wehmuth über die Veränderung aller Verhältnisse, dass die letzte schwere Nachricht nur den Eimer zum Ueberlaufen brachte, und ich mich meinen Schmerzen frei überliess. Nachdem ich ungefähr 8 Wochen in Newcastle gelebt und von dort nach allen Richtungen Exkursionen gemacht hatte, kaufte ich mir ein Pferd und ritt nun gar sonderlich ausstaffirt den Hunter-Fluss hinauf. Wo immer sich höhere Berge zeigten, liess ich mein Pferd auf guter Weide und stieg die Berge hinan, um ihre Bildung und die Gesteinsarten kennen zu lernen, aus welchen sie bestanden. Einige Hemden, ein Theetopf, 1 ℔ Thee und 2 ℔ brauner Zucker war alles, was ich zu meinem Unterhalte mitnahm. Damper und Fleisch, bisweilen Milch und Eier wurden mir von den Ansiedlern gereicht, die mich gewöhnlich recht gastfreundlich aufnahmen. Für den Fall, dass ich im Busche unter freiem Himmel zu übernachten hatte, führte ich eine wollene Decke mit mir, in welche ich mich einhüllte und dann unter einem Baume niederstreckte. Auf diese Weise habe ich auf dem Meeres-Ufer kampirt, wo mich das Brausen der Wellen einwiegte, und in einsamem Walde, in welchem mich Kängurus umgrasten. — Der Wanderer im Walde von Neuholland hat nichts von wilden Thieren zu fürchten; das grösste fleischfressende Thier ist der wilde Hund, von der Grösse eines Schakals, welcher zwar den Schafen grossen Schaden zufügt, doch sich nie getraut einen Menschen anzugreifen. Die Waldeinsamkeit in der stillen Nacht, mit einem glänzend gestirnten Himmelsgewölbe, macht einen ausserordentlichen tiefen Eindruck auf einen einsamen Wanderer, und ich werde einige Nächte dieser Art nie vergessen. Doch wechselt der Wald nicht mit weiten bestellten Gefilden, wie wir sie in unserer Heimath sehen. Mitunter findet man um die Buschhütte des Ansiedlers einen beschränkten Raum von Bäumen befreit, um ein wenig Weizen oder Mais zu bauen. Doch grösstentheils sind die Ansiedler mit Viehzucht und Schafzucht beschäftigt und kaufen sich ihr Mehl in den Städten. — Die Dürre war ausserordentlich anhaltend; die so hoch gepriesenen Ufer des Hunter hatten kaum Gras genug, um mein Pferd spärlich zu nähren. Die ganze Gegend schien wie versengt. Ungefähr 5 Meilen von Newcastle liegt Maitland, eine viel bedeutendere Stadt, mit ungefähr 10,000 Einwohnern. Höher hinauf findet man zwar beginnende Städtchen, doch sie sind oft kaum Dörfer, obwohl gewöhnlich mit besseren Wohnungen. Man hat an mehreren Stellen bedeutende Weinberge angelegt. Die Rebe befindet sich in der drückendsten Hitze ausserordentlich wohl. Das Laub ist stets frisch und grün. Die Trauben sind zahlreich und gross, doch die Körner gewöhnlich kleiner und mehr getrennt, als ich sie in den besten Weingegenden Europas gesehen habe. Man hat noch nicht guten Wein gekeltert, obwohl es viele versucht haben; doch ist der Wein recht wohl trinkbar. Während mich in Newcastle ein Herr Walker Scott in seine Wohnung aufnahm, bewirthet mich hier in Glendon, ungefähr 50 englische Meilen weiter, sein Bruder Herr Helenus Scott, der mit einem älteren Bruder hier sehr ausgedehnte Besitzungen hat. Ungefähr 80,000 Morgen Land gehören ihm, auf welchen an 9000 Stück Hornvieh fast wild herumstreifen, und eine Menge von Schafheerden von Hirten herumgetrieben werden. Der Einwanderer beginnt mit der Stellung als Hirte. Er erhält ungefähr 175 Thaler Lohn (25 £) und Wohnung und Nahrung. Wären die Menschen hiermit zufrieden und suchten sie sich ihre Wohnungen behaglich zu machen, indem sie kleine Gärten anlegten und einiges Land urbar machten, so könnten sie ohne Sorgen mit zahlreicher Familie recht glücklich leben. Doch die Einwanderer haben ihren Kopf von grossen Reichthümern so voll und sie wollen diese so schnell erwerben, dass sie stets nur denken andere Stellen und höheren Lohn zu gewinnen. Die Folge davon ist, dass sie sich scheuen den Spaten in die Hand zu nehmen, da sie ja eben nicht bleiben wollen, dass sie ihre müssige Zeit mit Nichtsthun verbringen, dass sie unstät von Ort zu Ort, von Herrschaft zu Herrschaft wandern und so sich selbst und diejenigen schädigen, in deren Lohn sie stehen; denn der beständige Wechsel der Dienstboten, wo jeder neue erst seine eigenen Erfahrungen zu machen hat, ist ausserordentlich unangenehm. Man hat nun geglaubt, dass dieses unruhige Vorwärtsstreben, dieser Spekulationsgeist besonders den Engländern eigen sei, und dass es sehr vortheilhaft sein würde, deutsche Familien zur Einwanderung zu bewegen, welche an Häuslichkeit gewöhnt, sich freuen würden, auf dieser fruchtbaren Erde ihren Lebensgenuss ausserordentlich zu erhöhen. Während der Mann dem Geschäfte des Herrn nachgeht, würde die Frau mit den Kindern ihre eigene Wirthschaft besorgen und so allmählich für sich selbst und für die Landeigenthümer von grossem Nutzen werden. Dies scheint mir auch begründet; nur müssten Familien und nicht junge Männer auswandern, die sich in der Oede des Waldes nur nach der Heimath zurücksehnen, die stets nur daran denken würden, so viel zu verdienen, dass sie nach Hause zurückgekommen, unabhängig leben könnten. Ich habe über diesen Gegenstand häufig mit den Ansiedlern gesprochen. Sie wollen besonders Schäfer; doch in den Gegenden, wo unsere grössten Schafzüchter leben, hat man auch nicht die leiseste Neigung zur Auswanderung. Die meisten Auswanderer kommen vom Rhein, von Hessen, Württemberg und Baden; doch dort ist Schafzucht weniger bedeutend. — Dieser Theil der Kolonie ist ausserordentlich heiss und langer Dürre ausgesetzt, welche häufig die Weizenernte zerstört, und daher gewöhnlich nur alle 3 Jahr gut ausfällt; doch alle Fruchtbäume gedeihen ausserordentlich gut, so z. B. Pfirsiche, Aprikosen, Feigen, Kastanien, die Traube, Birnen, Aepfel etc. — Ein grosser Nachtheil ist der Mangel an Wasser. Es giebt sehr wenige Quellen, sehr wenige fliessende Wasser. . . . .

Der Hunter, welcher an seinem Ausflusse so gross erscheint, ist ungefähr 19 engl. Meilen flussaufwärts ein unbedeutender Bach. Doch seine Ufer sind sehr hoch, und die heftigen Regengüsse füllen sie rasch an; so dass man bei dem Mangel von Brücken im Winter oft lange Zeit zu reiten hat, ehe man im Stande ist, den Fluss zu passiren. Die Bäche sind grösstentheils nur Ketten von Pfützen, welche ein wenig Wasser den Sommer über behalten. Dieser Mangel an Wasser, welcher dem ganzen Erdtheil von Neuholland, wenigstens im gewissen Grade, eigen zu sein scheint, veranlasst, dass wenn der Wind von Nordwesten oder Westen über das Innere herüber fegt, jede Spur von Feuchtigkeit absorbirt wird, und nun die volle Gluth des dem heissen Sonnenstrahl ausgesetzten Bodens uns an der Ostküste in's Gesicht weht.........

Die Blätter der Bäume verdorren, die junge Saat ist oft verloren, die Früchte backen fast auf den Bäumen. Doch da die Verdunstung des Schweisses wiederum verhältnissmässige Kälte erzeugt, ist das Gefühl der Hitze nicht so gross, als es in einer nassen Atmosphäre, wie z. B. in der ostindischen sein würde. Das ist auch die Ursache, warum die Hitze dem Körper weniger schadet, und der Mensch hier weniger Krankheiten ausgesetzt ist, als in Ostindien. Indessen haben mich die letzten heissen Tage doch ein wenig rheumatisch gemacht. Wir hatten eine Hitze von 39—40° R. (120° F.), welche um 9 Grad die Blutwärme übertrifft.

Auf meiner letzten Fussreise fing ich ein junges Känguru, welches mir jetzt viel Spass macht. Ihr wisst, dass das Mutterthier die Jungen bis zu einem sehr vorgerückten Alter in einer Tasche mit sich herumträgt. Wird nun das Thier verfolgt, und sieht es sich in grosser Gefahr, so hebt es mit seinen Vorderfüssen das Junge aus der Tasche und wirft es sozusagen über Bord. Dies war der Fall mit dem meinigen. Es war so unschuldig, dass es, als ich ihm ein Säckchen vorhielt, sogleich kopfüber in dasselbe hineinsprang, wahrscheinlich glaubend, dass es zur Tasche der Mutter zurückkehre. — Die Ameisen sind in diesem Lande ausserordentlich zahlreich; man findet sie von der Grösse einer Wespe und gleich dieser mit einem Stachel versehen, bis zu der eines Sandkorns von fast mikroskopischer Kleinheit. — Die Termite baut sich fünf Fuss hohe kegelförmige Wohnungen aus gelbem Thon, oder füllt das Innere hohler Bäume mit ihren Zellen. — Schöngefärbte Papageien sind die Hauptfeinde der Trauben und Früchte; sie fliegen in Völkern von 7 bis 12 und mehreren. Der Kakadu zerstört die türkischen Weizenfelder, auf die er sich zu Hunderten niederlässt.........

Lebt wohl und seid herzlich gegrüsst von Eurem Ludwig.

Moretonbay, d. 27. Januar 1843.

34. Meine theuerste Mutter!

Ich habe nun schon grosse Reisen in dieser Kolonie vollendet, ich habe Vieles gesehen und Manches gelitten. Oft bin ich in dem einsamen Walde, auf hohen Bergen allein gewesen, und bei meinem nächtlichen Feuer in meiner Wollendecke gehüllt, habe ich zu Dir und allen meinen Lieben daheim hinüber gedacht. Dein Sohn führt ein wunderliches Leben. Arm, wie er ist, kämpft er mit den Umständen so wacker, wie er kann, und stets kommt ein helfender Arm, wenn sich die Aussicht trübt. Denke Dir einen jungen Bauer mit Jacke und Hose, auf einem kleinen schwarzen Pferde mit einer Wollendecke und mit Quersack über den Sattel geschnallt, mit einem schweren Hammer am Sattelknopfe und mit einem kleinen in der Tasche, und Du hast eine ziemlich gute Vorstellung von Deinem lieben Sohne, wie er durch den Wald von Australien reitet. Ein weisser Hühnerhund ist ausser dem Pferde oft meine einzige Begleitung. Kommt es darauf an, vorwärts zu kommen und zeigt die Gegend nichts Merkwürdiges, so reite ich ungefähr 5 bis 6 deutsche Meilen. Ist die Gegend merkwürdig, so mache ich Halt, gebe meinem Pferde einige Rast und wandere durch die Nachbarschaft, um zu sehen und zu sammeln, was mir interessant erscheint.

Ich habe einige Deutsche gesehen, und schätze mich glücklich sagen zu können, dass der Deutsche überall durch seinen Fleiss und durch seine bescheidene Genügsamkeit sich die Liebe seiner Nachbarn erwirbt und sich unabhängig zu machen versteht. Einige Deutsche sind als Schäfer sehr geschätzt, andere als Weinbauer. Hier in Moretonbay lebe ich in der deutschen Mission, welche aus lieben, wackeren Leuten besteht, die Manches erduldet haben, um die Schwarzen zu bekehren, doch leider wenige Fortschritte machen. Sie sind alle verheirathet und zusammen 7 Familien mit 22 wohlerzogenen Kindern. Ich fühle mich wohl zwischen ihnen, da es gar zu selten ist, reinen, tugendhaften Menschen in dieser Kolonie zu begegnen. — Obwohl nun die Schwarzen wenig Neigung zeigen, das Christenthum anzunehmen und sich über religiöse Gegenstände den Kopf zu zerbrechen, so sind sie doch häufig recht klug und verschlagen. Dies ist besonders der Fall, wenn Kinder sehr jung von den Eltern entfernt werden und nun getrennt einige Erziehung erhalten. Die Stämme der Schwarzen sterben indessen sehr schnell aus und oft sind nur noch Zwei oder Drei von früher nach Hunderten zählenden Stämmen übrig. Sie thun an einigen Orten den Ansiedlern grossen Schaden, indem sie die Kühe mit ihren Speeren erstechen oder Schafheerden davon treiben und die Schäfer tödten. — Ungefähr 100 Meilen gegen Norden scheiterte vor vielleicht acht Jahren ein Schiff, welches einige Ochsen an Bord hatte. Ein Ochse schwamm an das Ufer und gedieh herrlich auf der reichen Weide. Die Schwarzen hatten nie ähnliche Thiere gesehen, und der gewaltige Ochse erregte ihr Erstaunen. Von fern und nah kamen sie, das unbekannte Ungeheuer in Augenschein zu nehmen, und viele Pläne wurden geschmiedet, es zu tödten. Doch sobald sie näher kamen, rannte der Ochse auf sie zu und verjagte sie. Endlich kamen die weissen Ansiedler zu jenen Gegenden. Sie kannten das fette Thier sehr wohl und eine Kugel war hinreichend, es zu Boden zu strecken. Es war ausserordentlich fett, und ein Herr, welcher ein Beefsteak von dem Fleische kostete, wusste seine Zartheit nicht genug zu rühmen.

Ich weiss nicht ob ich Dir geschrieben, dass ich einst in grosser Lebensgefahr war, indem ein wilder Ochse mich angriff. Ich war allein im Walde und hatte just Zeit, mich hinter einen Baum zu retten. Er griff mich mehrere Male an; ich versetzte ihm einen Schlag mit dem Hammer. Dies schien ihn zu beruhigen, und ich rettete mich, indem ich von einem Baum zum andern schlich. Ich verlor dabei meinen schönen Hammer, der mich durch Frankreich, die Schweiz und Italien begleitet, was indessen natürlich besser war, als das Leben.

Meine Gesundheit ist so fest und fester denn jemals. Indessen sagen mir die Leute, dass ich älter aussehe als früher — und die weissen Haare werden häufiger. Vielleicht würde ich weniger die Beschwerden der Reise ertragen haben, hätte ich mich nicht stets bestrebt einen reinen Lebenswandel zu führen und Deiner, meine gute Mutter, immer würdig zu bleiben. Hattest Du den Knaben und den Jüngling lieb, der Dir doch mitunter, obgleich gegen seinen Willen, Kummer verursachte, so würdest Du den Mann mehr lieben, in welchem sich allmählich die Leidenschaften der Jugend beruhigen, und der dennoch die kindliche Herzensfrische zu erhalten versucht hat. Lass uns hoffen, uns unter dem alten Himmel noch einmal wieder zu sehen! Mag Gott Dir bis dahin und länger Gesundheit und Heiterkeit schenken. Ich möchte so gern von Euch hören, und wahrscheinlich erwarten mich Briefe von Euch in Sydney. Doch das Innere des Landes ist nicht durch regelmässigen Postenlauf mit Sydney verbunden, und da ich beständig meinen Aufenthalt wechsele, ist es unmöglich, Briefe zu empfangen. Doch selbst heute höre ich vielleicht von Euch, da just ein Dampfschiff von Sydney nach Moretonbay gekommen ist, mit welchem ich Briefe von meinem Freunde in Sydney erwarte. Ich habe glücklicherweise einen recht wackeren Freund in diesem Lande gefunden, der mich nach allen seinen Kräften unterstützt, und der gleichsam Williams Stellvertreter ist, den der liebe Gott mir zusandte, als William in Europa zurückblieb. Auch von William, dem theuren Freunde und Bruder, habe ich lange nichts gehört.

Nun lebe wohl, liebe Mutter.

Dein herzlich Dich liebender Sohn
Ludwig.

Newcastle N. S. W., d. 15. Mai 1843.

35. Meine vielgeliebte Schwester! *)

Das Dampfschiff brachte mir heute alle Briefe, welche während 3 Monate in Sydney für mich angekommen waren. Und o der Freude! ein Brief von Dir. Eine so liebreiche freundliche Frauenstimme hat nicht zu mir geredet, seitdem ich mein Vaterland verlassen habe. Sieh', wie mich das Schicksal umhertreibt, und wie der ganze Erdball mir heimisch wird. Selbst als ich noch ein Knabe war, schien es mir immer, als sollte ich einst Flügel der Morgenröthe nehmen, um zu den äussersten Meeren zu fliegen. Du fragst mich nun, meine gute Schwester, wie ich mich selbst fühle, ob sich denn das ungestüme Streben auch mit Frieden in der eigenen Brust paare; so antworte ich, dass obwohl die Leidenschaften in dem Busen des Mannes heftiger arbeiten und schwieriger zu besiegen sind, dennoch das Herz sich noch rein und frei fühlt, und das Auge ohne Schmerzen in die Vergangenheit und mit Ruhe in die Zukunft blickt. Ich habe meine Lieben daheim gelassen, und dies verursacht mir Trauer; doch ich weiss, dass ich einen warmen Platz in ihren Herzen habe, und dass sie sich meiner nur als eines abwesenden Gutes erinnern. Was soll ich Dir über meine Beschäftigungen sagen? Du erfreust Dich der schönen Blumen und ihres Duftes, Du erfreust Dich des grünenden Baumes und seines Schattens, Du blickst über Wald und Flur von der Erde zum gestirnten Himmel, und Du fühlst Dich von höheren Gefühlen bewegt, indem so viele Stimmen von einem unendlichen Wesen, Dir unbewusst, sprechen. Wenn Dich die Natur so freundlich bewegt, wie vielmehr muss sie es mir thun, der ich es mir zur Aufgabe mache, in ihre tiefsten Geheimnisse ein zu dringen und die ewigen Gesetze zu entdecken, nach welchen sie so herrlich, so grossartig wirkt. Wäre es nicht Sünde, wenn ich nicht die Antwort gäbe, welche unser Erlöser seiner besorgten Mutter gab, als sie ihn im Tempel

*) Auguste L. verehelichte Hilgenfeld.

fand? Lass mich! Ich bin in Diensten meines Vaters! — Schwerlich werde ich mir Schätze erwerben; doch meine Wissenschaft ist anspruchslos und führt mich bei den besseren Menschen leicht ein, welche mir dann freundlich helfen, so weit wie ich es eben fordere.

Ich komme so eben von einer 18 monatlichen Wanderung zurück, welche ich zu den wenig bekannten Theilen der Kolonie unternahm. Ueberall finden sich Schäfer und Hirten und oft wohlgebildete Männer. Oft lebte ich indessen einsam im Walde, nur von meinem Pferde und meinem Hunde begleitet, — und niemals war ich weniger einsam. Meine Ausgaben sind sehr gering, so lange ich im Busche zubringe, und in Sydney habe ich gute Freunde, welche mir ihr Haus zur Wohnung anboten. Dennoch zehre ich von dem Kapitale, welches Freund Nicholson zu meiner Disposition stellte, und da ich nicht willens bin, ihn weiter zu belästigen, werde ich bald daran denken müssen, mein Brot zu verdienen und mir die Mittel weiterer Wanderungen zu verschaffen. Wer weiss indessen, was der nächste Augenblick bringt; denn ist es für Euch schwierig, selbst die nächste Zukunft zu wissen, wieviel schwieriger muss es für mich sein, der dem Schicksal und dem Zufall weit mehr ausgesetzt ist, als Ihr. Ich danke Hilgenfeld für seinen brüderlichen Vorschlag, ich freue mich, dass er mich so hoch schätzt, und ich verspreche Euch zu schreiben, wenn Euch das Postgeld nicht zu theuer ist. Erinnert Euch wohl, dass der ferne Bruder mit seinen Gedanken Euch nahe ist, dass er mit seinen Briefen in Eure Gegenwart eintritt, während der Nahelebende, wenn er schweigt, ebenso wohl bei den Wilden Australiens leben könnte.

Ihr werdet aus meinen Briefen an Schmalfuss gesehen haben, dass dieses Land, obwohl jung, dennoch schon mit vielen Städten bedeckt ist, welche sich allmählich entwickeln. Was Europa an Lebensgenüssen bietet, findet sich auch hier. Eine Menge von Schiffen kommen und gehen nach allen Weltgegenden, Dampfschiffe laufen an den Küsten und einige Flüsse hinauf und verbinden fernliegende Städte. Der Busch war eine unbekannte Wildniss für mich, als ich meine Reise begann; ich weiss gegenwärtig, dass der geschäftige unternehmende Ansiedler ihn mit seinen Lastwagen nach allen Richtungen durchfurcht, dass seine Schaf- und Rinderheerden ihn überall hin durchziehen und durchweiden. Die Stationen liegen ungefähr 3—5 deutsche Meilen von einander entfernt, und überall wird der Wanderer gastfreundlich empfangen. Die Wohnungen sind in einigen Gegenden behaglich, in anderen sind es Bretterhütten mit 2 oder 3 Zimmern, durch deren Wände der Wind weht. Sie sind mit Rinde gedeckt, indem diese sich leicht von mehreren Bäumen abschält. Der Reisende führt seine Wollendecke mit sich, da er oft im Freien schlafen muss. Doch die Luft ist so mild, das Klima so gesund, der Boden so trocken, dass man im Freien ebenso ruhig und angenehm schläft, wie in der Wohnung. Unzählige Male habe ich mich, so in meine Wollendecke gewickelt, am freundlichen Feuer niedergestreckt und den Lauf der Sternbilder bewacht, die glänzend und herrlich über mir hinglitten. Die Sternbilder dieser Halbkugel sind verschieden von denen der Eurigen, und nur wenige Sterne haben wir gemeinschaftlich. Doch derselbe Mond und dieselbe Sonne leuchten auch uns, obwohl nicht zu derselben Zeit. Dieses Land würde vielleicht eines der fruchtbarsten sein, wenn die Luft mehr Feuchtigkeit enthielte und der Regen häufiger wäre. Doch von Zeit zu Zeit treten lange Dürren ein, während welcher die heisse Sonne alle Pflanzen versengt und weite Flächen fast in nackte Wüsten verwandelt. Dann ein guter Regenschauer — und der Boden bedeckt sich schnell wieder mit dem lieblichsten Grün. Weiter gegen Norden sind die Regen häufiger und folglich der Boden fruchtbarer. Dichte Gebüsche bedecken die Gebirge und eine dichte Grasdecke den Boden. Das Vieh gedeiht vortrefflich auf solcher Weide, obwohl die Schafe in zu grosser Feuchtigkeit bedeutend leiden. In jenen Gebüschen habe ich mich lange Zeit aufgehalten und die verschiedenen Baumarten untersucht, welche dort wachsen. Riesenbäume von 200′ Höhe ragen wie die Säulen des Himmels über eine Schaar niederer Bäume von 80—100′ Höhe hervor. Rebenartige Gewächse schlingen sich an ihnen hinauf und binden sie nach allen Richtungen hin zusammen, und oft durchwebt ein reicher Blumenflor ihre Kronen. Wenige dieser Bäume haben essbare Früchte. Doch viele haben schön geaderte Hölzer, welche einer hohen Politur fähig sind.

Erwecke und ernähre in Deinen Kindern die Liebe zum Guten, und sei unbesorgt um ihre Zahl. Sieh' unsere Familie! Wir waren unserer acht, und einige von Euch hatten hart zu kämpfen, ehe sie gute Wurzeln fassten. Ich höre nun mit Vergnügen, dass alle erträglich vorwärtskommen.

Nun lebt wohl!

Euer Euch herzlich liebender Bruder und Schwager

Ludwig Leichhardt.

Moretonbay Distrikt, d. 27. August 1843.

36. Meine theuerste Mutter.

Immer noch hat Dein wandernder Sohn keine ruhige Stätte gefunden, sondern irrt durch Wald und Steppe, über Berg und Thal, schläft, nur in seine Wollendecke gehüllt, nun unter freiem Himmel vor einem warmen Feuer, nun in der Hütte des gastfreien Ansiedlers, ja bisweilen unter einer Decke mit dem transportirten Verbrecher, dessen frühere Sünden ich über die gegenwärtige Gastfreundschaft vergesse. Nachdem ich einige Zeit in Moretonbay gelebt und die dortigen Gebüsche durchsucht hatte, welche die Ufer des Flusses und der Bäche bedecken, ritt ich mit zwei Pferden, denn meine Familie hat sich um eine junge Stute vermehrt, zu einer weniger bekannten Gegend, welche gewöhnlich Bunya-Bunya-Gegend *) genannt wird. Es wächst nämlich hier in den Gebüschen, welche die Rücken der Berge bedecken, ein mächtiger Baum, gleich der Tanne in Deutschland mit grossen Tannenäpfeln, zwischen deren Schuppen mehlige süssliche Kerne liegen, die von den Schwarzen sehr geschätzt werden. Dieser Baum giebt nun nach der Aussage der Eingeborenen alle 3 Jahre eine Ernte, und zu dieser kommen die Stämme von nah und fern, um sich für ungefähr 3 Monate mit den nahrhaften Bunyakernen **) zu mästen. Hier fechten denn die Männer, während die Weiber ausgehen die Früchte zu sammeln, und mancher Schwarze kehrt nicht lebend zu seiner Heimath zurück. Seine Anverwandten verzehren indessen den gefallenen Bruder, reinigen seine Gebeine, Schenkel- und Armknochen und Schädel, welche die Weiber in einem kleinen Netze mit sich tragen. Einige Stämme haben den sonderbaren Glauben, dass die Stärke des Gefallenen auf den übergeht, der ihn verzehrt und ihn so doppelt stark macht. Es herrscht über diesen Genuss des Menschenfleisches nicht der mindeste Zweifel. Männer, die lange Jahre mit den Wilden gelebt, so wie die Missionäre, haben es beobachtet. Es ist keine Hoffnung, die gegenwärtige Generation zu Christen zu machen, und wahrscheinlich wird diese Generation die letzte sein, da die Schwarzen schnell aussterben, wo sie mit den Weissen in Berührung kommen. Diese schwarzen Kinder des Busches sind indessen in vielen Beziehungen recht interessante Geschöpfe. Es fehlt ihnen durchaus nicht an Scharfsinn. Wo die Natur ihnen den geringsten Vortheil bot, haben sie sich seiner bemächtigt, und sind deshalb in Bezug auf ihren Unterhalt ebenso reich an Entdeckungen, wie wir, die wir lernten aus Weizen und Roggen

*) Land zwischen Brisbane- und Burnett-Fluss.

**) Araucaria Bidwillii (Hooker).

Brot zu backen, Gemüse zuzubereiten, Fische zu fangen, Wild zu schiessen, den Bienen ihren Honig zu rauben und gewisse Pflanzen als Heilmittel anzuwenden. Sie sind dabei abergläubisch, glauben an Gespenster, haben dunkle Vorstellungen gewisser Gottheiten, und einige dieser Vorstellungen sind recht sonderbar. Ja es scheint selbst, dass ihre nächtlichen Tänze, während welcher sie sich mit weissem Thon streifenweise bemalen, oft zur Verehrung ihrer Gottheiten oder zur Besänftigung ihres Zornes angestellt werden. Ihre Weiber behandeln sie wie Sklaven und Lastthiere, und diese armen Geschöpfe haben für die trägen Männer Wurzeln zu suchen, die Kinder und Netze zu tragen, in welchen sie ihre Habseligkeiten fortschaffen. Jeder Stamm hat einen gewissen Bezirk. In diesem wandern sie beständig herum, um die hinlängliche Nahrung zu finden. Oft ist der ganze Stamm beisammen, oft sind sie zu zwei, drei und vier Paaren zerstreut. Ihre Hütten oder Humpies, wie sie sie hier nennen, machen sie aus Stöcken und Baumrinde, indem sehr viele Bäume leicht ihre Rinde abstreifen lassen. Am Meere sind die Männer gewöhnlich grösser, hier sind sie kleiner, doch untersetzt und wohlgenährt. Fast jeder Stamm hat seine eigene Sprache, oft haben selbst Familien eine Menge abweichender Worte; doch selbst fremde Stämme verständigen sich leicht. Sie sind gewöhnlich verrätherisch, und man muss sich vor ihnen, selbst wo sie sich freundlich bezeugen, hüten. In Wide Bay hatten sie just vor meiner Ankunft 5 Schäfer ermordet, und hier auf Herrn Archers Station suchten sie einen Schäfer mit ihren Speeren zu durchbohren; doch glücklicher Weise war es nur eine oberflächliche Schulterwunde. Es ist natürlich, dass die Weissen sich zu rächen suchen, und dass mancher Schwarze sein Leben verliert. Der Hauptfehler scheint in der unzulänglichen Polizei zu liegen. Es ist sehr schwierig, Euch eine richtige Idee dieser Missverhältnisse zu geben. Die Regierung scheint mir in so vielen Beziehungen irrig zu handeln, dass es schwer wird zu sehen, wo eigentlich der Hauptirrthum liegt. Grösstentheils sind die Weissen, welche auf den verschiedenen Stationen beschäftigt sind, transportirte Verbrecher, fast ohne Ausnahme oder mit wenigen Ausnahmen unverheirathet, ohne die geringsten moralischen Grundsätze und Gefühle. Diese Männer haben nun häufig Verkehr mit den schwarzen Weibern, welche sich natürlicher Weise leicht zu den Hütten halten, da sie gute und reichliche Nahrung finden, während sie im Busche gar oft hungern müssen. Die schwarzen Männer, obwohl durchaus nicht so genau mit ihren Weibern, wenn sie nur Tabak und zu essen erhalten, wollen es doch nicht leiden ihre Weiber ganz zu verlieren, und fangen denn an mürrisch zu werden, zu drohen und endlich sich zu rächen. Dies thun sie, indem sie entweder das Rindvieh und die Schafe tödten, oder selbst die weissen Männer angreifen, wo sie nur ihrer Herr werden können.

Ihr mögt fragen, warum die Besitzer der Schaf- und Viehheerden so schlechte und unmoralische Personen in Dienst nehmen? Die Antwort ist: die freien Einwanderer haben einestheils nicht Erfahrung genug, um sich nützlich zu machen, anderntheils fehlt ihnen der Muth entweder einzeln oder mit Weib und Kind oft hunderte von Meilen in's Inland zu gehen, um dort Schäfer oder Kuhhirte zu werden. Die transportirten Verbrecher, welche man hier »old hands« (alte Hände) nennt, waren dazu gezwungen, lebten lange Zeit an demselben Orte, und machten auf diese Weise viel Erfahrung. Es ist wunderbar, was ein solcher Mann nicht alles zu thun versteht. Er ist Schäfer, Kuhwächter, Hüttenbauer, Säger, Holzspalter, Tischler, Schmid; er versteht die Krankheiten der Pferde, der Schafe, versteht Brot zu backen, zu kochen, zu nähen — kurz alles, was zum Leben im Busche gehört. Dabei ist er ausserordentlich ausdauernd, kann lange Märsche unternehmen und hunderte von Meilen in einem Zuge reiten. Das Buschleben ist in dieser Beziehung sehr belehrend; der Mann lernt seine eigenen Kräfte kennen, und ich habe sehr viel Erfahrung in dieser Beziehung gewonnen, da ich gegenwärtig ein ziemlich guter Buschmann bin.

Da meine Mittel zu reisen allmählich schmelzen, werde ich bald ernstlich darauf denken müssen, mein Brot zu machen; denn ich will Australien nicht verlassen, ehe ich es nicht quer durchreist habe. Ich hatte mehrere Vorschläge; doch habe ich mich noch nicht entschlossen. Ich habe fast den ganzen nördlichen Theil der Kolonie gesehen und hoffe nächstes Jahr den südlichen Theil zu besuchen. Von Moretonbay kehre ich nun bald nach Neuengland zum Hunter und nach Sydney zurück, wo ich in 3 Monaten angekommen zu sein hoffe; denn mein Reisen geht so langsam vor sich, ich habe so vieles zu sehen und zu suchen, dass ich gar mühsam vorwärts komme. In Moretonbay sah ich die deutschen Missionäre, von denen einige von Berlin und Pommern kommen. Ich glaubte fast wieder in meiner Heimath zu sein, als ich ihrem sonntäglichen deutschen Gottesdienste beiwohnte. Es sind 7 Familien und zwei Prediger; die ganze Gemeinde hat jetzt 22 kleine Kinder, die vielleicht besser erzogen sind, als irgend ein anderes Kind in der Kolonie. Früher wurden sie von der Regierung unterstützt, gegenwärtig leben sie von Gartenbau, bis ihr weiteres Schicksal entschieden sein wird. Sie sind insofern nützlich gewesen, als sie die Schwarzen mit Menschenfreundlichkeit und Milde behandelten und so den Ansiedlern befreundeten. Doch in Bezug auf Lehre und Christenthum konnten sie leider wenig ausrichten. Katholische Missionaire sind hier vor einigen Monaten angekommen. Ich weiss nicht, ob der äusserliche Gottesdienst der Katholiken mehr geeignet sein wird, die Schwarzen an einem Orte zu fesseln, und ihre Aufmerksamkeit von den allein körperlichen Bedürfnissen auf geistige und göttliche zu richten. Könnte man die Kinder von dem Stamme entfernen und sie in der Ferne regelmässig erziehen, so liesse sich wohl etwas hoffen. Doch dies wird von der englischen Regierung als Eingriff in die Rechte brittischer Unterthanen, als welche sie die Wilden betrachtet, angesehen — und so schwindet denn auch diese Hoffnung eines künftigen Erfolges. —

Lebe wohl und behalte in Andenken

Deinen Dich liebenden Sohn
Ludwig.

Archer's Station, d. 2. Februar 1844.

37. Mein theuerster Schwager!

Du wirst aus meinem Briefe, den ich Dir mit Missionsbriefen nach Deutschland sandte, ersehen, dass ich mir über die langverzögerte Antwort meiner Briefe allerlei Gedanken machte. Wer konnte mir dafür bürgen, dass nicht das baltische Meer über die Sandebenen Pommerns und der Marken hereingebrochen und alle die Meinigen mit sich fortgeführt, um sie vielleicht an den Küsten Schwedens abzusetzen. Hat doch die Prophezeiung, dass London im März oder Mai 1840 verschlungen werden sollte, gar manches Herz zittern gemacht, wie sollen die schwachen Köpfe der Antipoden die wachsenden Befürchtungen bemeistern! Und wie kann ein Antipode alle die wunderbaren Neuigkeiten auffassen, die Du ihm in Deinem lieben langersehnten Briefe vom 29. April 1843 mittheilst. Ihr Alle gesund! Eisenbahn in Fürstenwalde! Daguerreotyp in Cottbus! Mir ist fast, wie jenem 200jährigen Schläfer, der beim Erwachen auf seinem Felde einen Dampfpflug heranbrausen sieht, auf welchem der Knecht eine Cigarre raucht und die Zeitungen liest. — Obwohl ich dem Grundsatze: »Besser hab' ich, als hätt' ich« hold bin, so lass ich mir doch den Aufschub in der Sendung eines daguerreotypirten Familienbildes bis zu meiner Zurückkunft nach Sydney gefallen; ich freue mich auf dasselbe, wie auf einen Augenblick des Wiedersehens, und ich hoffe nur, dass Eure Gesichter mit meiner Rechnung übereinstimmen, dass Sorgen nicht tiefere Furchen gegraben haben, als der natürliche Lauf der Jahre sie mit sich bringt. Jenen Kometen, welchen Ihr in

Deutschland beobachtet, haben wir auch hier gesehen; es war eine der herrlichsten Himmelserscheinungen, die mir in meinem Leben zu Theil geworden, und ich konnte nicht satt werden, den wunderbaren Fremdling, den schnellen Wanderer, anzustaunen, der auf seiner weiten Bahn durch den unermesslichen Raum zwischen den glänzenden Sternbildern dieses reichen dunkelblauen Himmels hindurchglitt und hinter den Sternen Orions sich in die blaue Nacht verlor. Er wurde zuerst am 3. und 4. März gesehen und den letzten leisen Lichtschimmer bemerkten meine angestrengten Augen ungefähr am 11. April. Ausser dem Hauptschweif des Kometen erschien ein lichter Streif, welcher im spitzen Winkel von ihm nach unten und Westen zu abging. Er war viele Male länger als der Schweif; doch bemerkte ich ihn nur den zweiten Abend. *) Ich bin neugierig zu hören, ob man diesen Streifen auch in Deutschland beobachtete **) und wie ihn die Astronomen erklären. — Ich bin immer noch in dem Bezirke von Moretonbay, obwohl gegen meinen Willen, indem der beständige Regen und die angeschwollenen Bäche und Wasser mich von meiner Heimkehr zurückhalten. Du wirst aus meinen früheren Briefen ersehen haben, dass dieser Bezirk sich wesentlich von den übrigen Kolonien unterscheidet. Die Leute haben hier fast zu viel Regen, viel zu viel für die Schafzucht, während die anderen Theile der Kolonie an Dürre leiden. Du must indessen wohl den Strich Landes unterscheiden, welcher sich in einer Breite von sechs Meilen am Meeresufer hinzieht und den regelmässigen Meereswinden ausgesetzt ist, die gewöhnlich von 10 oder 11 Uhr bis 3 oder 4 Uhr die mit Wasserdünsten geschwängerte Luft des Meeres über die benachbarte Landschaft westlich führen. In diesem Küstenstriche sind die Ernten sicherer, obwohl auch sie in sehr trockenen Jahren leiden. Die Gärten geben gewöhnlich einen sehr reichen Ertrag an Pfirsichen, Feigen, Granatäpfeln, Aprikosen, Trauben. Die Rebe gedeiht ausserordentlich, obwohl die Qualität des gewonnenen Weins sich noch nicht als sehr gut bewährt hat. Es ist eine Freude, von dem monotonen Graugrün der Waldung das Auge auf dem frischen Grün der Reben und Pfirsichbäume auszuruhen. Der Hunter scheint besonders für Weinpflanzungen geeignet, und ich machte voriges Jahr an fast 2000 Quart Wein und mehr — welche nach dem Urtheil der Sachverständigen zu den besten Weinen ge-

---

*) Comet 1843 I beobachtet in Port Stephens vom 3. bis 29. März und auf Van Diemensland 7. bis 27. März, wurde am 28. Februar, einen Tag nach seinem Durchgang durch das Perihel, in vielen Orten in Europa bei hellem Tage gesehen.

**) In Deutschland wurde wohl ein Schweif von grosser Länge, aber nirgends ein Streifen beobachtet.

hören, welche in der Kolonie gemacht sind. Die Kartoffel gedeiht nicht so gut; die besten werden von Van Diemensland eingeführt; doch habe ich im Moretonbay-Distrikt schöne europäische Kartoffeln gegessen. Während der Regenzeit gedeihen alle Gemüse vortrefflich; sie wuchern vielleicht zu sehr. Melonen von verschiedener Güte, Wassermelonen, Kürbisse, Gurken wachsen überall in Fülle, ja der Kürbiss ist sozusagen die Kartoffel der Kolonie, und man sagt im Scherz: »Man könne ein eingeborenes Mädchen (Currency) von einem englischen, eingewanderten Mädchen (Sterling) unterscheiden, wenn man ihr Kartoffeln und Kürbiss vorsetze. Das eingeborene Mädchen wird immer zuerst vom Kürbiss essen, während die Engländerin die Kartoffeln vorzieht. Die Kürbisse sind ausgezeichnet schön, gross und mehlig und halten sich lange; sie wachsen weit im Innern um die Hütten der Hirten und Schäfer herum, während alle anderen Gemüse unter der Dürre erliegen. Man baut in Moretonbay »die süsse Kartoffel« (Convolvulus Batatas), eine Art Winde mit Kartoffeln oder Knollen. Diese Pflanze giebt sehr reiche Ernten, schmeckt wie eine etwas wässerige süssliche Kartoffel und wird oft 17 ℔ schwer. Die Banane und das Zuckerrohr gedeihen hier gleichfalls; doch letzteres erfordert zu viel Aufmerksamkeit und Arbeit, um für's Erste für die Kolonie nützlich werden zu können, da Arbeit hier so ausserordentlich theuer ist. Ich erhielt vor einiger Zeit vom französischen Museum eine Aufforderung, eine Sammlung der verschiedenen Holzarten der Kolonie nach Paris zu senden. Ich habe versucht dieser Aufforderung nachzukommen und habe ungefähr 130 Holzstücke, 1 Fuss lang und 1—3 Zoll dick, in diesem Bezirk gesammelt. Wenn Du überlegst, von wie wenigen Baumarten unsere deutschen und einheimischen Wälder gebildet sind, so wirst Du Dich nicht wenig wundern, wenn ich Dir sage, dass ungefähr 120 dieser Bäume fast in dem Durchschnitt einer halben Meile zu finden sind. Hundert von diesen gehören den dichten fruchtbaren Berg- und Flussgebieten an, während 20—25 den offenen Wald bilden. Dieser Wald lässt sich nicht wie bei uns nach einem vorherrschenden Baume Kiefernwald oder Tannenwald oder Eichen- und Buchenwald nennen, sondern jene 25 verschiedenen Waldbäume sind gleichmässig gemischt, indessen mit Vorwalten einiger Arten nach der verschiedenen Beschaffenheit des Bodens; der Boden unter den Bäumen, welcher in unseren Eichwaldungen häufig mit Preisselbeeren und Heidelbeergesträuch bedeckt ist, nährt hier besonders eine Art Gras, welches man Kängurugras genannt hat, sei es, dass es die vorzüglichste Nahrung der Kängurus bildet, oder dass es dem Korn und Hafer gleich zu einer Höhe aufschiesst, über welche die weidenden Kängurus, wenn sie sich auf Schwanz und Hinterfüssen aufrichten, just mit ihren Köpfen hinübersehen. — Im Oktober und November wird dies Gras reif und der Waldgrund erscheint dann wie ein weites ununterbrochenes Haferfeld. Im November und Dezember wird es trocken und Buschfeuer finden statt, welche oft meilenweit durch den Wald sich hinziehen und den Boden von Gras und trockenem Holze reinigen. Die zurückbleibende Asche bildet den Dünger, unter welchem beim ersten Regenschauer das junge, süsse Gras hervorschiesst, welches von Kängurus, von Schaf- und Rinderheerden mit grosser Begierde beweidet wird. Hunderte von Meilen stehen während der heissen Jahreszeit in Feuer; es beginnt da wo der Schwarze sein Nachtlager aufgeschlagen, indem er beim Weitergehen just den glühendsten Brand herausnimmt und ihn gegen ein Stück Rinde anglimmen lässt, um sogleich Feuer zu haben, wenn er sich wieder niederlässt; oder der reisende Weisse setzt das benachbarte trockene Gras in Brand; oder die Ansiedler brennen das alte Gras systematisch ab, um junge Weide für ihre Schaf- und Rinderheerden zu haben. Man hat mir gesagt, das Feuer entstehe bisweilen durch das Reiben zweier Baumstämme oder Zweige gegen einander, wie sie vom Winde bewegt werden. Ich habe es nie gesehen und glaube, dass es nur sehr selten stattfindet, wenn es wirklich der Fall ist. Die Schwarzen wissen Feuer durch Reiben oder vielmehr schnelles Drehen eines Stockes in der Höhlung eines andern hervorzubringen; doch macht es ihnen zu viel Mühe und sie ziehen es vor, stets Feuerbrände mit sich zu führen. Die Buschfeuer sind oft und besonders während der Nacht sehr malerisch. Eine lange wellige Feuerlinie, hinter welcher der dichte Rauch empor wirbelt, bewegt sich langsamer oder schneller in ihrer ganzen Ausdehnung gegen den Wind, welcher ihr den nothwendigen Sauerstoff zuführt; wenn sie einem Strauche begegnet, rennt sie knisternd an ihm hinauf; sie frisst in die alten Bäume hinein, welche gewöhnlich im Innern hohl sind, und wie sie (vielleicht im Laufe mehrerer Jahre) endlich zur Höhle eindringt, treibt sie, wie in einem Ofen, durch die ganze Höhe des Baumes, und der Rauch wirbelt aus den Enden der abgebrochenen Aeste hervor, bis das Feuer selbst bis zu diesen hinansteigt und nun wie aus einem Hochofen aus ihnen hervorbläst. Zweige fallen brennend nieder, benachbarte Bäume werden von der Flamme ergriffen, welche schnell über Geblätter hinläuft und in eine Feuermasse auflodert; endlich verliert der Baum das Gleichgewicht und stürzt prasselnd nieder, die hohlen Zweige brechen und zersplittern, und so wie die äussere Luft freieren Zutritt zur verkohlten inneren Masse gewinnt, wird jeder abgebrochene Zweig der Mittelpunkt eines unabhängigen lebhaften

Feuers. Ich habe mich in der Nacht in der Nähe und selbst in der Mitte dieser Feuer befunden. Bäume stürzten nach allen Seiten, von allen Seiten kam die Flamme herangekrochen. Wenn das Gras nicht zu hoch ist, kann man über sie hinwegspringen; bei hohem Grase, wenn die Flamme hoch auflodert, wird es bedenklich. Die Gefahr droht besonders von den fallenden Bäumen und in der Nacht während des Schlafes. Während von Ende November bis zu Anfang Januar das Feuer im Walde regiert, haben während Ende Januar und Februar die Fluthen die Herrschaft. Schon vor Weihnachten treten häufig schwere Gewitterstürme ein, welche meistens von heftigen Regenschauern begleitet sind. Diese Gewitter kommen von westlichen Quartieren (besonders zwischen Süd-West—Nord-West).

Im Januar folgen den Gewittern oft für 3 Tage allgemeine leichte Landregen von schweren Schauern unterbrochen. Der Wind weht entweder leise von Osten, oder es ist vollkommen Luftstille. Die Schauer werden häufiger, heftiger, mit dem Charakter tropischer Regengüsse und dauern 5—6 Tage oder wochenlang. Schnell laufen die Wasser von den Bergabhängen in die Schluchten; diese schwellen an und führen es zu den bis dahin fast wasserlosen Bachbetten, die von hohen Ufern umgeben sind. Das Wasser steigt bis zu den höchsten Rändern hinweg und breitet sich über die benachbarten Ebenen und Vertiefungen aus. Der kaum rinnende Bach ist jetzt ein stattlicher tobender Fluss, welcher um die dicken Stämme der im Flussbette wachsenden Bäume lärmt, sie untergräbt und oft umstürzt. Doch da der Fall des Wassers gross ist, läuft es so schnell ab wie es kam, und in zwei bis drei Tagen kehrt es zu einem mittleren Stande zurück. Das Reisen ist nun sehr beschwerlich. Der Boden ist aufgeweicht; die Pferde sinken tief ein, die Lastwagen wühlen bis zu den Achsen in Koth, und heftige Windstösse entwurzeln leichter hohe Waldbäume, deren Wurzeln gewöhnlich flach in einem seichten Boden liegen, der von Regen aufgeweicht dem Baum nicht mehr hinreichenden Halt bietet. — Gewöhnlich macht diesem Regen ein plötzlich von Westen herwehender starker Wind ein Ende. Wenn in Europa der Wind von Westen nach Norden, Osten und Süden wechselt, so folgt er in Neuholland der entgegengesetzten Richtung von Westen nach Süden, Osten, Norden. Dies ist gewöhnlich der Fall, und weicht er ab, so springt er gewöhnlich wieder zurück. In Moretonbay und Widebay habe ich indessen bemerkt, dass östliche Winde plötzlich mit westlichen wechseln, als wenn zwei Luftströme über einander hinflössen, von denen sich der obere westliche unter gewissen Umständen senkt.

Man hatte die Absicht eine Expedition von Sydney nach dem nordwestlichen Theile Neuhollands (nach Port Essington) zu senden, um das Innere des Landes zu untersuchen. Ich hätte diese Expedition natürlich begleitet, doch die Regierung oder vielmehr der gegenwärtige Gouverneur, hat sich wegen fehlender Mittel dagegen ausgesprochen. Man schreibt diese Opposition indessen persönlichen Motiven zu, indem Sir Thomas Mitchell, welcher die Expedition leiten sollte, kein Freund des Gouverneurs Sir George Gipps ist. Ich weiss gegenwärtig nichts Näheres, da ich von Sydney entfernt bin. Wahrscheinlich wird eine solche Expedition früher oder später stattfinden. Man hat mich überall ausserordentlich gastfreundschaftlich behandelt, und mein gegenwärtiger freundlicher Wirth ist Herr David Archer, welcher hier Schafstationen hat. Er ist von Norwegen, wo sein Vater lebt, der indessen Schotte ist. Ich habe viele junge Männer gefunden, welche deutsch sprechen, und sie sind fast ohne Ausnahme von guter Familie und wohlgebildet, obwohl das einsame Leben im Busche manchen von ihnen feinen Sitten entfremdet.

Die Häuser sind gewöhnlich Bretterwohnungen mit Baumrinde gedeckt. Einige Waldbäume spalten sich sehr leicht, und ihre Rinde schält sich in grossen Platten (6' lang, 6' breit) ab, so dass die zwei nothwendigsten Artikel zur Errichtung der Wohnungen überall oder fast überall zur Hand sind. — Ich kehre in 8 Tagen nach Sydney zurück und befinde mich gegenwärtig in bester Gesundheit.

Es grüsst Dich herzlich

Dein Dich liebender Schwager
Ludwig Leichhardt.

Newcastle am Hunter, d. 14. Mai 1844.

38. Mein theuerster Schwager!

Ueber 600 englische Meilen hat mich meine getreue Stute wieder zurückgetragen, und ich habe auf diesem Wege einige der merkwürdigsten Theile der Kolonie besucht. Von Brisbanetown in Moretonbay, besuchte ich einige interessante Punkte, in welchen Kohle zu Tage steht. Sie wird von Sandstein bedeckt, und es scheint, dass das ganze Gebiet sich über Kohlenlager ausbreitet. Diese Kohle und der Sandstein werden indessen von einigen recht merkwürdigen Bergen und Bergzügen durchbrochen, welche ich gleichfalls besuchte, und welche dasselbe Gestein zeigten, welches ich schon in den Glasshouses fand, und welches deutsche Geologen Domit nennen, da es gewöhnlich Berge in Domform bildet. Dichte Gebüsche bedeckten den Fuss einiger dieser Ketten. Diese Gebüsche sind indessen von jenen Berggebüschen verschieden, welche ich im Bunya-Bunya-Distrikte untersuchte. Man nennt sie Rosewoodscrubs, Acacia excelsa (Bentham), da vorzüglich eine Akazie in ihnen wächst, deren Holz einen Rosen- oder Veilchengeruch hat. Es giebt in den Ebenen gegen Westen eine andere Akazie, welche die Ansiedler Mayall nennen (A. pendula), mit hängenden Zweigen, wie die Trauerweide; das Holz derselben hat auch den lieblichsten Veilchengeruch, welcher sich oft schon bemerkbar macht, wenn man sich den Mayallgebüschen nähert. Ich fand indessen hier einen anderen höchst merkwürdigen Baumsonderling. Er wächst ungefähr 45 Fuss hoch, ist am Grunde 1¼ Fuss dick, schwillt 3 Fuss höher zu 1½ bis 1¾ Fuss an, und schiesst dann in eine lange Spitze aus. Sein Laub ist sehr dünn, seine Krone unansehnlich. Wenn man mit dem Beile in ihn einhaut, ist der Stamm so weich und schwammig, dass das Beil leicht und tief eindringt. Das junge Holz ist saftig und wie das Innere eines Kohlstrunkes. Man kann es essen, und es ist für den hungrigen Magen eine willkommene Speise. Nach der Beschreibung siehst Du, dass die Gestalt des Baumes einer französischen Flasche etwas ähnelt, obwohl der Flaschenhals etwas in die Höhe gezogen ist. Die Ansiedler haben diesen Baum deshalb bottletree oder Flaschenbaum (Delabechia) genannt. Die Blätter sind bleichgrün, langlanzettlich; ich habe weder Blumen noch Früchte finden können, obwohl ich eigenhändig einen Baum von 5 Fuss Umfang fällte. — Aus dem Gebiete des Brisbane stieg ich durch einen hohen Bergpass zu den Darlingdowns, einem Hochlande 1600 Fuss über dem Meere, auf. Dieser Pass wird »Cunninghams Pass« genannt, da der Botaniker Cunningham der Erste war, der ihn auffand. Die Aussicht von diesem Passe gegen Osten war ausserordentlich reich und malerisch. Ich habe in Europa nichts Aehnliches gesehen. Da die höchst merkwürdigen isolirten Berggestalten, als die Sonne hinter der Bergkette unterging, von dem lieblichsten Purpurnebel umflossen wurden, während sich die fernen Bergzüge in schwächeren und schwächeren Bläuen verloren, und die steilen Abfälle der Hauptkette im dunkelsten Schatten wie ein riesenhaftes Amphitheater vor mir lagen. Eine Kaskade stürzte sich 300 Fuss tief in eine Bergschlucht.

Während der Nacht hatte ich das Unglück, meine Stute mit dem Füllen zu verlieren. Sie diente mir als Lastpferd und trug mein Papier und die Felsstücke, welche ich sammelte. Acht Tage lang suchte ich nach ihr; doch vergeblich. Ich hatte deshalb alle meine Sachen auf meine andere Stute zu packen und zu Fuss weiter zu wandern. — Ich besuchte einen Landsmann, Herrn Bracker aus Mecklenburg, welcher die Aufsicht über die Schafheerden eines Herrn

Beathe hat, und machte seine Wohnung zum Mittelpunkt meiner Wanderungen. Die Darlingdowns sind weite mit Gras bedeckte baumlose Ebenen, von niedrigen Bergzügen begleitet, welche von einem sehr offenen Walde bedeckt werden. Diese Züge und die Ebenen und das Klima sind für die Schafzucht, wie auch für Viehzucht ausserordentlich günstig, und Brackers Schafheerden sind wahre Muster. Seine Schafe sind sächsische Merinos, während die meisten Engländer diese mit einer englischen Schafart, dem Leicesterschafe kreuzen. Er behauptet, dass diese Kreuzung die Wolle verderbe, obwohl der Körper der Schafe viel grösser und schwerer wird, da das Leicesterschaf eine sehr grosse Art ist. Um Dir eine Idee von der Ausdehnung, und der ausserordentlich schnellen Verbreitung der Schafzucht über die Downs und Moretonbay zu geben, führe ich nach der Aussage glaubwürdiger Leute nur an, dass die Ausfuhr in diesem Jahre von Moretonbay schon 50,000 £ (350,000 Thlr.) betrug, obwohl Moretonbay nur 2 Jahre und die Downs 4—5 Jahre beweidet werden. Man hat ungefähr 4000 Stück Rindvieh, und die Pferde vermehren sich gleichfalls schnell. — Ich ritt an 90 Meilen nordwestlich über die Downs. Ausserordentlich weite Ebenen (25 Meilen breit, 50 Meilen englisch lang) breiten sich am nördlichen Ufer des Condamine aus. Dieser Fluss scheint dem grossen Flusssystem anzugehören, welches sich nach Südwest, nach South Australia in den See Alexandrina ergiesst. — In den Ufern einiger Bäche fand ich die fossilen Knochen riesenhafter Thiere, welche nach dem Plane der Kängurus gebildet scheinen. Die untere Kinnbacke ist besonders häufig; sie enthält zwei sehr lange horizontal liegende Vorderzähne und vier sehr grosse Backzähne, jeder mit zwei Querleisten und mit einer Art Absatz. Keines der grossen Thiere der bekannten Erdtheile stimmt mit dieser Zahnbildung, besonders der Vorderzähne überein; doch viele der einheimischen Thiere haben eine ähnliche Bildung. Ich fand die Zähne von drei anderen wahren Kängurus, und diese Knochen waren von Muscheln begleitet, welche noch jetzt in den Wasserhöhlen leben. Die Lebensbedingungen dieser Thiere können also wenig von den gegenwärtig bestehenden verschieden sein. Doch solche riesenhafte Grasfresser*) mussten viel Wasser erfordern, und wahrscheinlich war das Austrocknen von Seen und Sümpfen die Ursache ihres Verschwindens. Wahrscheinlich leben ähnliche Thiere noch jetzt in dem wasserreicheren Innern zwischen den Wendekreisen Australiens. Alle fossile Knochen, welche ich fand, waren nach dem

*) Macropus und Nototherium.

australischen Thiertypus gebildet, und ich zweifele ob die Elephantenknochen, welche man vorgiebt in Australien gefunden zu haben, wirklich diesem Erdtheile angehören.

Von den Downs ritt ich südlich nach Neu-England, welches noch höher liegt als die Downs. Man nimmt an, dass der höchste Theil von Neu-England 3000′ über dem Meere gelegen ist. Auf diesem Hochlande entspringen die Wasser, welche gegen Westen zum Darling und zum See Alexandrina fliessen, während die östlichen Bäche sich fast alle in hohen Fällen zu dem Küstenlande gegen Osten hinabstürzen. Ich besuchte die Fälle des Apsley, welche zwischen 3—500′ hoch sind. Einige der Flüsse haben einen langen Kanal in das Schiefergebirge eingefressen, indem das eigentliche Küstenland nah an fast 20 Meilen von dem Hauptfalle entfernt ist. Das ganze Neu-England ist mit Schaf- und Viehheerden bedeckt. 500,000 Schafe weiden auf diesem Hochlande, und doch ist es vielleicht kaum 10 Jahre alt, d. h. vor 10 Jahren war es noch eine unbekannte Wildniss, durch deren Wälder nur der Schwarze schweifte. Die Stämme der Schwarzen sind jetzt fast ganz geschmolzen, wenigstens ist ihr Unabhängigkeitsgefühl gebrochen, und sie begnügen sich mit den Brocken, welche vom Tische des weissen Mannes fallen. Und so wird es überall sein, wo europäische Civilisation auf einmal und ohne Vorbereitung mit den Wilden in Berührung kommt — und so war es überall! Oft habe ich, als ich mich unter mächtigen Stämmen befand, mit Schmerzen der nicht zu fernen Zeit gedacht, wo viele dieser kräftigen Gestalten von der Kugel des Weissen durchbohrt sein werden, viele sich unter bösartigen Krankheiten zum zeitigen Grabe schleppen, und endlich der Rest siech und verkümmert um die Wohnungen der Weissen herumbettelt, oder vor den öffentlichen Schenkhäusern aufblühender Städte nach berauschenden Getränken giert. Ist es nicht möglich diese schwarzen Naturkinder zu civilisiren oder auch nur mit der Civilisation zu befreunden, so bin ich immer zu grosser Freund meiner eigenen Rasse, ein wohlbevölkertes, wohlregiertes Land von Weissen, einem zwecklos hinlebenden Haufen Schwarzer vorzuziehen, und wir müssen in der Oberhand der Kaukasier dasselbe Naturgesetz anerkennen, vermöge dessen die Hinde dem stärksten Hirsche folgt.

Die Bewohner von Neu-England leben schon recht behaglich, während die Ansiedler der Downs und im Moretonbay Distrikt noch oft mit der einfachsten Buschhütte zufrieden sind. Viele der jungen Männer beginnen sich zu verheirathen, und das Weib bringt das Gefühl des Anstandes, das Streben nach häuslicher Behaglichkeit, friedliche Geselligkeit der Nachbarn, ruhiges Denken in die Köpfe vieler dieser wilden Jünglinge, welche, wenn sie aus dem Busche zu den Küstenstädten kommen, sich der Ausschweifung und dem Trunke ergeben, wie der Matrose, wenn er nach einer langen Seereise in den Hafen kommt. Eine fast durchaus männliche Bevölkerung in einer Ausdehnung von vielleicht 600 Meilen ist eine höchst interessante, obwohl nicht sehr befriedigende Erscheinung. Man erkennt es nirgends mehr, warum Gott Eva aus Adams Rippe schnitzte. Die Arbeiter, Schäfer und Viehaufseher sind grösstentheils noch Leute, welche wegen Vergehen und Verbrechen hieher gesandt wurden, doch jetzt ihre Freiheit erhalten haben. Wenige von ihnen sind verheirathet. Sie haben kein Weib zu ernähren, keine Kinder zu versorgen, keine Anverwandten zu bedenken. Sie leben nur sich selbst, und da sie weder ernsterer Gedanken über die Zukunft, oder höherer Gedanken über die Gegenwart fähig sind, geht ihr ganzes Streben auf unmittelbaren Genuss — wenn sie nur immer geniessen können. So bald sie zu einer Schenke kommen, wird ihr Herr, ihr Dienst, ja die Strafe, welche der Pflichtverletzung folgt, vergessen; der Schenkwirth ist ihr Vater, die Wirthin ihre Mutter, sie sind die Einzigen, welche sie freundlich und mit offenen Armen empfangen. Hier bleiben sie denn, bis der letzte Heller ihres Lohnes vertrunken ist, was glücklicher Weise nicht eben lange dauert, und dann kehren sie zu ihrem Dienste zurück, um wiederum ein Jahr zu arbeiten und dann das alte Spiel zu erneuern.

Von Neu-England ging ich nach Port Stephens, welches der Agrikultural-Kompagnie gehört, einer Gesellschaft, welche unter der Bedingung den Ackerbau und die Vieh- und Schafzucht zu befördern, an fast 2 Millionen Morgen Land zum Besitz erhielt. Man wählte zuerst das Land um Port Stephens, um einen Hafen zu haben; doch da es sich wenig für Schafzucht eignete, gewährte die Regierung der Gesellschaft eine Million Morgen Landes im Innern, am Peel, mit vortrefflicher Weide. Port Stephens würde sich indessen sehr wohl zum Weinbau eignen, wenn nur die Gesellschaft diesem Kulturzweige Aufmerksamkeit schenken würde. — Es ist sehr gut, dass Ihr mich nicht leiblich sahet, als ich nach so langem Buschleben in Newcastle einritt. Meine Hosen waren so zerrissen, dass ein rothes Wollenhemde, welches ich als Rock anhatte, kaum die Schwächen der Hosen bedeckte. Man hielt mich für einen Schäfer, für einen Bushranger (Räuber) u. s. w. Ihr könnt Euch vorstellen, wie behaglich ich mich fühlte, als ich wieder reine Kleider anzog. Ich bin gesund und hoffe, dass auch Ihr es seid.

Lebt wohl und vergesst nicht Euren herzlich Euch liebenden

Schwager und Bruder Ludwig.

Campbells Station, Darling Downs, d. 3. September 1844.

39. Mein theuerster Schwager!

Den letzten Brief, welchen ich Dir schrieb, sandte ich von Newcastle am Hunter, als ich von meiner Reise von den Darling Downs und dem Moretonbay Bezirke zurückkehrte. In Sydney fand ich alle meine Sammlungen, welche ich von verschiedenen Orten der Kolonie dort hingesendet, in bester Ordnung d. h. sie hatten alle ihren Bestimmungsort erreicht, uud das Wetter hatte keine derselben beschädigt. Mai, Juni und Juli war ich mit der Anordnung derselben beschäftigt und zu gleicher Zeit arbeitete ich meine geologischen Bemerkungen aus, welche ich während meiner Reise gesammelt. Ungefähr 6 Monate vorher hatte man eine Reise durch das Innere des Kontinents zur Nordküste in Vorschlag gebracht und die gesetzgebende Versammlung hatte zu dieser Expedition 1000 £ bestimmt. Der Gouverneur hatte indessen Einwände dagegen erhoben, und man hatte den Vorschlag der englischen Regierung zur Bekräftigung zugesandt. Die englische Regierung zeigte indessen wenig Neigung ein solches Unternehmen zu unterstützen, oder liess wenigstens lange auf die Antwort warten, und da ich lange Zeit an den äussersten Grenzen der Kolonie mich aufgehalten, und mein Verlangen eine solche Reise zu unternehmen gross war, entschloss ich mich dieselbe auszuführen ohne die Unterstützung der Regierung. Der Plan wurde gemacht, und ich ging mit Eifer und Ausdauer an's Werk mich vorzubereiten und eine Gesellschaft junger Freunde auszurüsten. Wie meine Bestrebungen bekannter wurden, zeigten sich Privatpersonen willig mich zu unterstützen, und mit ihrer Hülfe und mit meinen eigenen schwachen Mitteln war ich endlich im Stande meine Vorbereitungen zu vollenden. Ich verliess Sydney mit 13 Pferden und 5 Begleitern zu Ende August. Man hatte mir freie Ueberfahrt nach Moretonbay zugestanden. In Moretonbay empfing man mich ausserordentlich gastfreundlich und half auf jede mögliche Weise. Ich verliess Brisbane am 28. August und erreichte die Darling Downs am 1. September. Meine Gesellschaft besteht jetzt aus 9 Personen, 15 Pferden, wahrscheinlich 8—9 Ochsen, welche meine Lebensmittel zu tragen haben. Ich habe bis jetzt viel von ungünstigen Winden und Regenwetter zu leiden gehabt, indem fortdauernder Regen die Strassen fast unpassirbar gemacht hatte. Meine Reise nach Port Essington beträgt mit den wahrscheinlich nothwendigen Krümmungen ungefähr 2000 englische Meilen. Ich kann täglich nur ungefähr 10—15 Meilen vorwärts kommen und werde deshalb wohl 5—6 Monate unterwegs sein. Das tropische Innere des Kontinents verspricht meinen wissenschaftlichen Forschungen eine reiche Ernte und wahrscheinlich wird meine Reise selbst für die Kolonie recht nützlich werden, indem sie eine Kommunikation zwischen der Ost- und Nordküste eröffnen wird, vermöge welcher wahrscheinlich die nördlichen Inseln und China mit der Ostküste in nähere Verbindung treten können. Die Darling Downs sind 1800′ über dem Meeresspiegel und eine offene leicht bewaldete, mässig wellige Gegend. Ich hoffe, dass diese Gegend sich weit hin gegen Nordwest erstreckt und mein Vorwärtsdringen erleichtern wird. Ich nehme Mehl, Thee, Zucker und einige andere Lebensmittel, doch keine Fleischvorräthe mit mir, indem unsere Flinten uns die nöthigen Kängurus, Emus, Trappen, Tauben etc. verschaffen sollen. — Wenn Du Dich erinnerst, mit welcher Sehnsucht ich beständig in dieses unbekannte Land hineinschaute, so wirst Du Dir leicht meine Freude erklären können, mich im Stande zu finden, dieses unbekannte Innere zu sehen und zu erforschen. Ich kann kaum meine Gefühle bemeistern, wenn ich hinter der langen Reihe meiner Pferde und Begleiter hinschreite und mir selbst sagen kann: deine Ausdauer ist endlich belohnt worden, du bist im Stande gewesen zu thun, was so mancher reiche Mann weder thun konnte noch wollte. Die Verhältnisse, unter welchen ich mich ausrüstete, waren sehr günstig. Meine Pferde, welche vor 4 Jahren wahrscheinlich 30—40 £ gekostet haben würden, kaufte ich für 8 £ das Stück. Die übrigen Lebensbedürfnisse wurden mir geschenkt. Waffen und Munition sind gleichfalls Geschenke. Meine Instrumente sind die einzige schwere Ausgabe ausser den Pferden. Sollte ich so glücklich sein das Ziel meiner Reise zu erreichen, so wird wahrscheinlich die Kolonie mir meine Ausgaben zurück bezahlen. Doch sollte ich auch nicht nach Port Essington kommen, so werde ich soviel von dem Kontinent sehen, dass die Wissenschaft in geographischer, geologischer und botanischer Hinsicht einen bedeutenden Zuwachs gewinnen wird. — Man hat die Mündungen mehrerer Flüsse an der Nordküste beobachtet; doch keiner scheint gross genug, um auf einen langen Lauf vom Innern schliessen zu lassen. Doch da alle grossen Flüsse vom Lande aus entdeckt worden sind, so ist es auch hier möglich, dass ich 3—400 Meilen von der Küste auf ein grosses Flusssystem komme, welches gegen den Golf von Carpentaria oder gegen die Nordküste mündet. Die Küstenkette, welche sich an der ganzen Ostküste hinzieht, sendet in der Breite von Moretonbay eine Seitenkette gegen Westen, und es ist möglich, dass diese Kette den Hauptrücken bildet, welcher die südlichen und nördlichen Wasser des Kontinents scheidet. Ich beabsichtige die südlichen Abhänge dieser Kette zu verfolgen bis ich zur Länge von Port Essington komme und dann gegen Norden zu steuere.

Meine Reise erfordert 5—6 Monate zu ihrer Vollendung*) und 5 Monate sind für meine Zurückkunft nothwendig. Du kannst deshalb nicht unter einem Jahre auf einen Brief von mir rechnen. Ich werde indessen von Port Essington schreiben, und vielleicht nehmen Schiffe, welche in Port Essington anlegen, meinen Brief nach Ost-Indien mit.

Je länger ich in der Kolonie lebe, je vertrauter ich mit dieser Natur werde, desto heimischer fühle ich mich, und ich würde glücklich sein, hätte ich Euch bei mir; ich wüsste dann, dass befreundete, liebende Seelen mich jedes Mal erwarteten, wenn ich von meinen oft abenteuerlichen Reisen zurück käme, und obwohl ich einen edlen, wackern Freund in Herrn Lynd habe, so ist er zu sehr »alter Junggeselle« um mich schwesterlich und brüderlich zu pflegen.

Tausend Grüsse an Mütterchen und an alle die Meinigen von

Deinem herzlich Dich liebenden Schwager

L. Leichhardt.

Am Bord der Heroine, eines englischen Schiffes, welches von Java nach Sydney segelt, d. 24. Januar, 1846.

40. Mein theuerster Schwager! **)

Ich hoffe Du hast den Brief erhalten, welchen ich Dir vor dem Antritte meiner grossen Reise schrieb, und in welchem ich Dir mittheilte, dass ich im Begriff war den Kontinent von Neuholland zu kreuzen und von Sydney nach Moretonbay und von dort nach Port Essington an der Nordküste von Neuholland zu gehen. Ich habe meine Reise nach 16 Monaten vollendet und habe 14½ Monat in der Wildniss gelebt mit dem blauen Himmel über mir und mit Neuhollands Wäldern um mich. Anfänglich begleiteten mich 9 Personen, 2 schwarze Neuholländer, 1 Neger, 4 junge Männer und ein Knabe von 16 Jahren. Der Neger und ein junger Mann kehrten in einer Entfernung von ungefähr 70 englischen Meilen nach Moretonbay zurück, so dass wir in Allem 8 waren, die die Reise fortsetzten. Ich hatte 16 Ochsen

*) Wie wenig man sich eine Vorstellung von den Schwierigkeiten einer solchen Reise zu machen vermochte, beweist schon der Umstand, dass Leichhardt nur zur Reise nach Port Essington die Zeit von Anfang Oktober 1844 bis zum 17. December 1845, also nahezu 17 Monate verwenden musste.

**) Dieser Brief ist bereits abgedruckt in dem Werke »Dr. Ludwig Leichhardt, eine biographische Skizze u. s. w. von E. Zuchold. Leipzig 1856. Seite 14—22.« In's Englische übertragen ging er auch in mehrere Werke über.

und 15 Pferde mit mir; 9 Ochsen hatte ich zu Lastochsen benutzt. Wir gingen anfänglich zu Fuss, und unsere Pferde trugen einen grossen Theil unserer Lebensmittel. Allmählich wurden diese Lebensmittel verzehrt, und wir ritten. — Ich hatte nicht geglaubt, dass unsere Reise so lange dauern würde, und folglich waren unsere Lebensmittel nicht hinreichend. 7 Monate waren wir ohne Mehl, viel länger ohne Zucker, mehrere Monate ohne Salz und endlich ohne Thee, so dass uns nichts als getrocknetes Rindfleisch übrig blieb. Dies getrocknete Rindfleisch setzte mich in den Stand, meine Reise zu vollenden und da es, soviel ich mich entsinne, in Deutschland nicht bekannt ist, will ich Dir mittheilen, wie ich es zubereitete. Wir schlachteten z. B. am Abend einen Ochsen, zogen die Haut ab, und zertheilten ihn; die Nacht hindurch kühlte das Fleisch hinreichend und den nächsten Morgen schärften wir unsere Messer und schnitten das Fleisch entweder in dünne Scheiben von 8 Zoll bis ein oder anderthalb Fuss Länge und 3—4 Zoll Breite, oder in zolldicke, oder dünnere Stränge von 4—8—12 Fuss Länge und mehr. Diese Scheiben und Stränge hingen wir auf Leinen, Baumżweige und Baumstämme, wendeten sie mehrere Male und trockneten sie so unter dem Einflusse der heissen Sonne. In 2—3 Tagen war das Fleisch hinreichend trocken, um in Säcke gepackt zu werden, ohne zu verderben. War der geschlachtete Ochse fett, so war das getrocknete Fleisch sehr schön und wurde mit jedem Tage schöner und milder; doch war das Thier mager und hatte es durch die Länge der Reise gelitten, so war das Fleisch hart und sehnig, und machte unsere Zähne locker und unsere Gaumen schmerzhaft. Bis zu unserer Ankunft am äussersten Ende des Golfs von Carpentaria, waren unsere Ochsen in gutem Zustande und fett; doch von dort wurden sie schwach und mager und gaben uns wenig und schlechtes Fleisch. 3 Monate lebten wir nur von Wasser und getrocknetem Fleische, welches wir gewöhnlich 8—12 Stunden kochen mussten, um es weich zu machen. Gutes getrocknetes Fleisch war indessen am besten roh und schmeckte besser als geräuchertes Rindfleisch, obwohl mein Urtheil mich täuschen mag, da mein Magen während der Reise alles, was nur irgend essbar war, für gut gefunden haben würde. So assen wir z. B. die Haut der Ochsen, nachdem sie 12 Stunden (während der Nacht) gekocht hatte, und wir zogen sie selbst dem mageren Fleische vor. — An der Ostküste von Neuholland fanden wir wenig Wildbret, und wenn wir es fanden, konnten meine Schützen es nicht erlegen. Ich hatte letzteren zu viel zugetraut und fand, dass sie sehr mittelmässig waren und weder Vögel noch vierfüssige Thiere treffen konnten, es sei denn dass diese sassen und nahe waren. Als ich um den Golf von Carpentaria ging, trafen wir auf zahlreiche Emus (den neuholländischen Strauss), und unser Windhund fing uns eine grosse Menge derselben. Meine Schwarzen bemühten sich gleichfalls mehr, und wir machten dort gute Beute. — Als wir in Port Essington ankamen, hatten wir unsere Ochsen bis auf einen geschlachtet und 6 Pferde verloren. Das eine Pferd hatte ein Bein gebrochen, ein anderes hatte giftiges Kraut gefressen und 4 waren ertrunken in einem Flusse mit steilen morastigen Ufern. Ich ging anfänglich die Ostküste entlang und kreuzte 4 Flusssysteme; ein fünftes verfolgte ich stromaufwärts. Es leitete mich zur Mitte der Halbinsel York (zwischen dem östlichen Meere und dem Golf von Carpentaria). Ich kreuzte ein ausgedehntes Plateau und fand auf seiner Westseite ein anderes System von Wassern, welches ich zum Golf von Carpentaria stromabwärts verfolgte. Auf der Ostseite von Neuholland hatte ich wenig Wasser, keinen rinnenden Bach oder Fluss, obwohl viele trockene Bach- und Flussbetten. Ich war gezwungen täglich zu rekognosciren und Wasser zu finden, zu welchem wir am folgenden Tage gelangen konnten. Das Wasser war meist in tiefen Löchern, in welchen es sich länger hielt. Oft half mir ein Gewitter über trockene Landstrecken, indem es die ausgetrockneten Löcher mit Wasser füllte. Der Fluss, welchen ich bis zu seinem obern Laufe verfolgte, war reichlich mit Wasser versehen und empfing viele Bäche und kleinere Flüsse von dem Hochlande, welches die Wasserscheide der Halbinsel York bildet. Den Dawson verfolgte ich von 26 ° — 25 ° 30 ′, das System des Mackenzie von 24 ° 40 ′ — 23 ° 15 ′, den Isaac von 22 ° 30 ′ — 21 ° 30 ′, den Suttor von 21 ° 30 ′ — 20 ° 35 ′; dieser fällt in den Burdekin, welchen ich von 20 ° 40 ′ — 18 ° 30 ′ verfolgte; er kommt mehr von Nord-Osten, und da ich nach Westen steuerte, musste ich den schönen Fluss verlassen, welcher wahrscheinlich 80—90 englische Meilen höher seine Quellen hat. Auf der Westseite des Plateaus fand ich die Quellen des Lynd, an welchen ich abwärts wanderte, von 18 ° — 16 ° 30 ′, wo er in einen grösseren Fluss, den Mitchell, mündet, welcher wahrscheinlich in 15 ° 15 ′ in's Meer fällt. Ich verfolgte ihn bis zu 12 ° 51 ′ und verliess ihn, da er mich zu weit nach Norden führte. Nun wandte ich mich gegen Westen zum Meere. Hier, zwischen dem Mitchell und dem Meere, wurde ich eines Abends, nachdem wir uns niedergelegt hatten, von Schwarzen überfallen. Gott beschützte mich; doch einer meiner Begleiter, Herr Gilbert, welcher Vögel sammelte, wurde getödtet, indem ein Speer ihm in's Herz drang, und zwei andere Begleiter, die Herren Calvert und Roper, wurden gefährlich verwundet. Die Schwarzen flohen, sobald der erste Schuss fiel. Ich begrub Herrn Gilbert und setzte nach 2 Tagen meine Reise fort, parallel der Ostküste des Golfs von Carpentaria gegen Süden. Ich kreuzte den Nassau, den Staaten, den Van Diemen, einen kleinen Fluss, welchen ich den Gilbert nannte, den Caron, und gelangte zu der Spitze des Golfs. Nun wendete ich mich gegen WNW und kreuzte eine Menge unbekannter Flüsse von bedeutender Grösse. Es ist möglich, dass mehrere von ihnen eine gemeinschaftliche Mündung haben.

Während die Ostküste des Golfs schön und fruchtbar war, bedeckte ein Dickicht kleiner Bäume oder Gesträuche das Land an der Westseite des Golfs. An seiner Spitze fand ich ausgedehnte Ebenen, welche oft mehrere Meilen lang und breit waren. Die Flüsse waren indessen gewöhnlich an beiden Seiten von offenem Walde mit reichlichem Grase begleitet. Sie waren tief und breit, soweit das Meerwasser in ihnen hinaufkam, doch seicht, wo das Süsswasser begann. Ich ging parallel der Küste von der Spitze des Golfs nach Limmenbight (15°) ungefähr 15—30 Meilen von der Küste und kam in Limmenbight zum Ufer des Meeres. Die Reise war hier sehr beschwerlich und wir konnten nur langsam vorwärts schreiten, da die breiten, tiefen Salzwasserflüsse uns zwangen so lange an ihnen hinaufzugehen, bis wir eine Furt fanden. Das Gras war kümmerlich, die Tagesmärsche oft sehr lang und ermüdend; mehrere Male waren wir gezwungen halt zu machen, ohne süsses Wasser gefunden zu haben. In diesem Falle mussten wir unsere Pferde hobbeln*) und unsere Ochsen während der Nacht bewachen. Mehrere Male waren wir am Ufer eines schönen breiten Flusses, doch wir mussten uns mit dem Scheine von Wasser begnügen, da es salzig und ungeniessbar war. In Folge dieser langen Märsche, der schlechten Weide und des Mangels an Wasser, wurden unsere Ochsen mit jedem Tage magerer und schwächer; einer nach dem andern hielt im Marsche an, legte sich nieder und erklärte auf diese Weise, dass keine Macht ihn zum Vorwärtsschreiten bewegen könnte. In solchem Falle liess ich das Thier zurück und setzte meine Reise bis zum nächsten Wasser fort. Dort blieb ich den folgenden Tag und sandte meine Schwarzen zurück, welche das Thier langsam zum Lager zurückbrachten, wo wir es schlachteten, da kaum ein Monat hingereicht haben würde, die zur Vollendung unserer Reise nöthigen Kräfte zu sammeln. — Von Limmenbight setzte ich meine Reise in einer WNW Richtung fort und gelangte, nachdem ich zwei bedeutende Salzwasserflüsse, die sich

*) Ein australischer Ausdruck für das Fesseln der Vorderfüsse.

vereinigten, gekreuzt hatte, zu einem Süsswasserflusse, den ich gegen Westen und WNW weit hinauf zu dem Plateau von Arnhem Land verfolgte. Die Gegend ist bisweilen sehr schön, bisweilen und besonders am oberen Laufe des Flusses sehr gebirgig; ich nannte diesen Fluss den Roper, nach einem meiner Begleiter. Das Hochland ist eben, sandig und mit ziemlich offenem Walde bedeckt. Auf der Westseite dieses Hochlandes kam ich zu den Quellflüssen und Bächen des Süd-Alligatorflusses, zu welchem ich vom Hochlande auf sehr beschwerlichem Wege niederstieg. Ich verfolgte den Süd-Alligatorfluss abwärts bis zum salzigen Wasser und wandte mich nun gegen Norden zum Ost-Alligatorfluss. — Weite Ebenen begleiten diese Flüsse, soweit sie salzig sind; die Hügelzüge begrenzen diese baumlosen Ebenen, ungefähr ¾—1 Meile weit vom Flusse. Auf den Ost-Alligatorfluss stiess ich nicht weit von seiner Mündung, und da er hier sehr breit und tief ist, sah ich mich gezwungen, ihn aufwärts zu verfolgen, bis ich ihn kreuzen konnte. Nachdem ich dies bewerkstelligt hatte, setzte ich meine Reise nach Norden fort, fand mit Hülfe freundlicher Schwarzer die schmale Landzunge der Halbinsel Coburg und gelangte endlich am 17. Dezember 1845*) in Victoria, der englischen Niederlassung von Port Essington an. Meine Gefühle beim Anblick von Häusern und beim Willkommen von civilisirten Menschen, kannst Du Dir leicht vorstellen. Ich hatte eine Reise von 14½ Monat durch die Wildniss vollendet, welche von den meisten nicht nur für sehr gefährlich, sondern mit meinen Mitteln für unmöglich gehalten wurde. Ich hatte ungeachtet schmerzlicher Verluste, selbst einen Ochsen nach Port Essington gebracht, so dass wir immer noch weit vom Hungertode entfernt waren. Ueberdies hatte ich noch 8 Pferde, und keiner von uns war gezwungen, zu Fusse zu gehen, welches in diesem heissen Klima sehr erschöpfend ist und uns wahrscheinlich bald aufgerieben haben würde.

Ich sah Schwarze auf meiner Reise häufig, und mehrere Male kam ich mit ihnen in Berührung. Sie waren mit einer einzigen Ausnahme, welche Herrn Gilbert das Leben kostete, stets freundlich. So oft wir auf unserem Marsche auf Schwarze stiessen, war ihre Furcht vor den Pferden und Ochsen so gross, dass nichts sie zum Stehen bewegen konnte, sie liefen kreischend und heulend hinweg. Doch wenn wir längere Zeit an einem Orte blieben, um unser Fleisch zu trocknen, sahen sie uns auf unsern zwei Füssen und fanden, dass wir, obwohl

---

*) Am 17. December 1860 verliessen Burke und Wills das Depôt am Cooper's Creek auf ihrem denkwürdigen Wege nach dem Golf von Carpentaria.

sehr sonderbare Kreaturen, doch ihnen im Allgemeinen sehr ähnlich waren. Sie schaarten sich deshalb zusammen, und die Menge giebt selbst dem Feigling Muth; nachdem sie uns lange von Ferne und von Bäumen beobachtet hatten, kamen einige ihrer muthigsten Krieger näher und machten Zeichen freundlicher Gesinnungen. Ich ging zutraulich ihnen entgegen, nahm einige Eisenstücke, eiserne Ringe u. s. w. mit mir und machte ihnen Geschenke. Sie erwiderten diese sogleich, indem sie mir Speere, Streitkolben und verschiedene Dinge gaben, welche sie zum Schmucke oder als Zeichen gewisser Altersvorrechte trugen. An der Spitze des Golfs von Carpentaria und an seiner Westseite begegnete ich drei Mal schwarzen Stämmen, und sie zeigten deutlich, dass sie entweder Europäer oder Malaien von den Molukkischen Inseln, von Timor, Celebes, Java gesehen hatten, indem sie die Flinten und unsere Messer kannten, und für letztere selbst ihre Weiber anboten. Am Süd-Alligatorflusse fanden wir zum ersten Mal Schwarze, welche die Niederlassung Weisser gegen Nord-Westen kannten; Einer hatte ein Stück Tuch, ein Anderer ein eisernes Beil. Am Ost-Alligator kannten die Schwarzen einige englische Worte, und wir waren hoch erfreut, als wir hörten, dass einer uns nach unseren Namen fragte. Es scheint, dass sie uns für Malaien hielten. Wie wir endlich der Halbinsel nahe kamen, zeigte die thönerne Tabakspfeife und ihre Kenntniss von Tabak, Reis, Mehl, Brot, dass wir nun dem Ziele unserer Reise nahe waren. Diese Schwarzen waren ausserordentlich freundlich, und als sie sahen, dass wir nichts weiter als trockenes hartes Fleisch hatten, brachten sie uns die mehligen Wurzeln eines Grases, welche einen sehr angenehmen süsslichen Geschmack hatten. Wir waren glücklich genug am Eingange in die Halbinsel einen Büffel zu erlegen, welcher uns wieder mit Fleisch versorgte und meinem letzten Ochsen das Leben erhielt. Der Gedanke diesen Ochsen zu schlachten, machte mich sehr missmüthig; es war mein Liebling, und ich hatte ihn die ganze Reise über mit eigener Hand beladen; er war zuerst wild und unbändig, doch allmählich wurde er zahm und ruhig, obwohl er mir von Zeit zu Zeit mit seinem Hinterfusse einen freundschaftlichen Schlag gab, der mich gewöhnlich für mehrere Tage lähmte. Er ist jetzt in Port Essington; ich vermachte ihn dem Herrn Kapitain Macarthur, dem Kommandanten des Ortes, welcher mir versprach, für ihn Sorge zu tragen. Herr Kapitain Macarthur nahm mich sehr freundlich auf und that alles mögliche, mich die Mühsale der Reise vergessen zu machen. Ich vollendete während meines Aufenthalts in Port Essington meine Karten und den Bericht meiner Reise; glücklicher Weise kam ein Schiff von Singapore, welches der gewöhnlichen Sitte entgegen durch die Torres-Strasse nach Sydney ging. Auf diesem Schiffe (the Heroine) schreibe ich diesen Brief, und obwohl ich mich auf dem Meere gewöhnlich nicht wohlbefinde, hat der Kapitain des Schiffes, Herr Mackenzie, meine Reise bis jetzt recht behaglich und angenehm gemacht, so dass ich im Stande bin zu denken und zu schreiben ohne seekrank zu werden.

In der Wahl meiner Gefährten bin ich im Ganzen nicht sehr glüklich gewesen. *)........

Der einzige, der sich mit wenigen Ausnahmen untadelhaft gegen mich betrug, war ein anderer junger Mann, Herr Calvert, welcher auf demselben Schiffe mit mir von England nach Australien gekommen war.

Keiner meiner Gefährten war während der Reise eigentlich krank. Ich selbst litt heftig an Blasensteinen, welche nach grossen Schmerzen mit dem Urin abgingen und glaubte sterben zu müssen; doch Gott war mir gnädig. Am Ende meiner Reise quälten mich Unannehmlichkeiten mit meinen Gefährten so sehr, dass ich es wahrscheinlich nicht länger als einen Monat ausgehalten haben würde. Ich war tief erschöpft, mehr geistig als körperlich, als ich in Port Essington ankam......

Wenn ich nach Sydney zurückkomme, werde ich meine Reise ausarbeiten und sie zum Drucke geschickt machen. Nachdem ich dies vollendet habe, werde ich versuchen mir Mittel zu einer anderen Reise, von der Ostküste durch das Innere von Australien zur Westküste nach Swan River, zu verschaffen, und ist mir dies gelungen, so werde ich von Swan River an der Westküste entlang nach Port Essington hinaufgehen. Du siehst, ich habe noch genug hier zu thun. Wenn ich alles dies hinter mir habe, werden die Umstände lehren was ich weiter zu thun habe. Ich sehne mich nicht nach Europa, aber nach den europäischen Freunden; hätte ich Euch hier, so würde ich kaum an ein Zurückkehren nach Europa denken. In Sydney glaubt man, dass ich längst entweder ermordet oder verhungert bin, und so wenig vertraute man auf den glücklichen Erfolg meiner Unternehmung, dass man eine andere Expedition unter Sir Th. Mitchell auszusenden in Begriff steht, welche wenigstens 7000 £ kostet, während meine kaum 900 £ gekostet hat. Was die Leute sagen werden,

*) Hier folgt eine Motivirung dieser Ansicht, deren Wiederholung hier keinen Zweck haben könnte.

wenn ich plötzlich aus dem Grabe auferstehe mit einer Menge von Bergen, Gebirgen, Flüssen und Bächen in meiner Tasche, wollen wir sehen! — Ich verlor auf meiner Reise 6 von meinen besten Pferden (2 gehörten Gilbert), und dies zwang mich meine schönen botanischen und geologischen Sammlungen fast gänzlich wegzuwerfen. Ich verbrannte an 3000 trockene Pflanzen; das Berliner Museum mag mit mir jammern, denn ich hatte die Absicht, einen Theil meiner Sammlung nach Berlin zu senden.

Lebe wohl mein theuerster Schwager, grüsse Mütterchen und alle, die an mich denken von

Deinem Dich liebenden Schwager
Ludwig.

Sydney, d. 18. April 1846.

41. Mein theuerster Schwager!

Sir Evan Mackenzie kehrt nach England zurück und gedenkt in wenigen Wochen nach seiner Ankunft nach Deutschland zu reisen. Ich benutze diese Gelegenheit, Dir diese Zeilen zuzuschicken, welche eine kurze Fortsetzung meines Tagebuches enthalten. In meinem letzten Briefe, den ich am Bord des Schiffes Heroine schrieb, gab ich Dir einige Nachricht über den Verlauf meiner Reise von Moretonbay nach Port Essington. Ich kam zu Anfang April in Sydney an, und ein König konnte nimmer mit lebhafterer Freude, mit innigerer Theilnahme von einem ganzen Volke empfangen werden. Unter der Voraussetzung, dass ich längst gestorben oder von den Schwarzen getödtet worden sei, hatte Herr Lynd, mein theuerer Freund, einen Grabgesang gedichtet, welchen ich Dir in Englisch zusende. Das Gedicht ist sehr schön. Ein Musiker, Herr Nathan, der in England die hebräischen Melodien Byrons (Hebrew melodies) in Musik gesetzt, setzte Lynd's Grabgesang in Musik. Mein Name war in Jedermanns Munde, und Jeder trauerte um den armen unglücklichen Wanderer in Australiens Wildniss, den nur wenige seines thörichten Unternehmens wegen zu tadeln wagten. Während dieser fast allgemeinen Stimmung des Volkes zur Theilnahme, Trauer und Mitleiden, stieg ich plötzlich aus meinem Grabe hervor, erfolgreich in meinem Unternehmen, mit Entdeckung schöner, früher unbekannter und fast ungeahnter Länderstrecken in meiner Tasche. Ein einsichtsvoller und allgemein beliebter Tabakshändler, Herr Aldis, hatte mich bei meiner Abreise freundlichst und kräftig unterstützt, und er war der erste, welchem ich bei meiner Landung begegnete. Als er mich erkannte (und das dauerte ziemlich lange), brach er in solch ein jubelndes Willkommen aus, dass ich selbst nicht wusste, was ich denken sollte. Und wie er mich zu Lynds Haus begleitete und Jedem auf der Strasse zurief »das ist Leichhardt, den wir längst begruben, über den wir Todtenlieder sangen, er kommt von Port Essington und hat die Wildniss besiegt«, glaubte ich die ganze Stadt würde sich vor Freuden auflösen. Mein Freund erkannte mich zuerst nicht, da ich viel stärker und kräftiger war, als vor meiner Reise; doch als er mich erkannte, war sein Jubel ohne Ende. Von allen Seiten, von allen Ständen gratulirte man mir zu dem Erfolg meiner Reise, und Du kannst Dir leicht vorstellen, dass diese unerwartete Theilnahme mich angenehm überraschte. Ich war überzeugt, dass einige der mehr gebildeten Männer mein Bestreben das Innere Australiens zu erforschen, willig anerkennen würden, dass im Uebrigen aber engherzige und neidische Bemerkungen über den Fremdling, den Nichtengländer zu erwarten ständen. Doch nicht ein einziges neidisches Wort ward gehört, und Jeder — selbst die Familie Sir Thomas Mitchell's lässt mir Gerechtigkeit widerfahren. Gesellschaften bildeten sich sogleich, Geld für mich zu sammeln, um mich würdig zu belohnen, und von allen Seiten, von allen Enden der Kolonie liefen Dankbriefe und bedeutende Geldsummen ein.

Wie Herr Lynd einen Grabgesang gedichtet, so dichtete ein junger Mann, Herr Sylvester, einen Freudengesang, welchen ich Dir gleichfalls sende. Herr Nathan ist wiederum Komponist — doch ist seine Musik noch nicht veröffentlicht. Während der letzten drei Wochen suchte Jeder, der es irgend möglich machen konnte, persönlich mich zu begrüssen, oder mir in Gesellschaften, zu denen ich stets täglich eingeladen war, zu begegnen. Doch so wenig mich die Beschränktheit meiner Mittel von der Ausführung meines Planes abschreckten, ebenso wenig ist die schmeichelhafte Behandlung und die Auszeichnung, welche man mir überall bezeigt, im Stande, mich eitel zu machen, und über das Gethane das zu Thuende zu vergessen.

Zu Anfang Oktober hoffe ich eine neue Reise zu beginnen, welche, obwohl länger, dennoch interessanter als die letzte sein wird. Ich hoffe in zwei Jahren von Swan-River zurückzukehren; denn ich habe die Absicht, zu den Tropen hinabzugehen und in einer Breite von 22°—23° zu der Westküste von Australien hinüberzudringen und diese gegen Süden bis nach Swan River zu verfolgen. In einer Breite von 23° 30′ kreuzte und verliess ich einen Fluss, der obwohl nicht fliessend, doch mit Wasser reichlich versehen war. Ich wünsche nun an diesem Flusse hinauf zu gehen und von seinen Quellen entweder auf die Quellen der Nebenströme des Burdekin oder auf die Quellen des Wassersystems des Golfs von Carpentaria zu kommen, welches ich in ungefähr 22—23° Breite zu finden hoffe. Auf dem vorausgesetzten Plateau dieses Wassersystems wünsche ich nun gegen Westen zum Cambridge Golf zu gehen und dann mich gegen Süden zu wenden, um ungefähr 150—200 englische Meilen von der Küste, dieser parallel nach Swan River zu wandern. Ich habe nach Indien geschrieben um Kameele zu erhalten, und ich werde auf jeden Fall wenigstens zwei Kameele, die schon in der Kolonie sind, zu erhalten suchen.

Auf meiner letzten Reise sowohl als hier in meinem Glücke und während meiner Träume über die bevorstehende Reise, tönt mir Mütterchens und Vaters Abschiedswort beständig in die Ohren: »Der Herr wird Dich nicht verlassen mein Sohn,« und der einfache Spruch unterdrückt nicht nur aufkeimende Befürchtungen und füllt mich mit neuem Muthe, sondern erinnert mich beständig daran den glücklichen Erfolg eines gefährlichen Unternehmens mit der Fürsorge und dem Schutze eines gütigen himmlischen Vaters zu verbinden.

Kapitain Perry (Deputy Surveyor General) ist eifrig beschäftigt, meine Karten systematisch und zierlich auszuarbeiten, und es ist eine Freude zu sehen, wie das durchwanderte Land aus dem unbekannten, unbeschriebenen Innern Australiens hervortritt.......

Lebe wohl, theuerer Schwager, grüsse meine liebe Mutter von

Eurem Euch liebenden Schwager und Bruder

Ludwig.

Sydney, d. 19. August 1846.

42. Mein theuerster Schwager!

Fast seit meiner Rückkehr von Port Essington bin ich beständig mit der Ausarbeitung meines Reiseberichts beschäftigt gewesen. Während ich 15 Monate hindurch unter Gottes freiem Himmel lebte und kaum während seltener Regentage von einem Zelte Gebrauch machte, bin ich diese letzten 4—5 Monate fast nicht aus dem Hause gekommen. Mein Werk ist vollendet, korrigirt und kopirt und wird in ungefähr 3 Wochen nach England abgehen. Es ist englisch geschrieben; denn meine Beobachtungen waren englisch abgefasst, und es würde mir wenigstens drei Mal so viel Zeit gekostet haben, das Werk in der deutschen Sprache zu schreiben. Ich habe Dir in meinem letzten Briefe mitgetheilt, dass die Kolonie mir 1500 £ geschenkt hat, welche indessen zum Theil auf meine neue Reise verwendet werden müssen. Ich beabsichtige diese neue Reise im Oktober anzutreten, und wenn Du diesen Brief liest, bin ich wiederum in der

Wildniss. Mein Werk und meine Karte werden mir wahrscheinlich gleichfalls einiges Geld einbringen, mit welchem ich meine Schulden an William zu bezahlen gedenke. Mit dem Ueberschusse hoffe ich Mütterchens letzte Lebenstage sorgenloser zu machen.

Ich habe von allen Seiten die grössten Beweise von Achtung und Theilnahme erhalten, und ich erkenne mit Rührung die leitende Hand einer gütigen Vorsehung in meinem wechselvollen Wanderleben an. Gestern Abend gab ich eine öffentliche Vorlesung in Bezug auf meine Reise, und meine Zuhörer empfingen und entliessen mich mit dem lautesten Beifall. Nichts befriedigt mich mehr, als das Bewusstsein, dass diese allgemeine Anerkennung mit keinem Neide getrübt ist, und sollte Neid in den Herzen einiger engherzigen Menschen sich regen, so scheut er sich an das Tageslicht zu kommen. Wir haben einige Nachricht von Sir Thomas Mitchell erhalten, welcher beabsichtigt einen Weg zur Nordwestküste von Australien zu finden. Er war nach allerdings sehr unbestimmten Angaben in 22° Breite. Es würde mir lieb sein, nähere und bestimmtere Nachrichten von ihm zu erhalten, ehe ich meine Reise antrete, welche länger und gefährlicher ist als die letzte, indem ich beabsichtige den ganzen Kontinent zu durchkreuzen und nach Swan River zu gehen. — Ich werde dies Mal Maulthiere und Ziegen mit mir nehmen, doch Pferde und Ochsen ausserdem. Ich glaube, dass die Maulthiere sich sehr nützlich beweisen werden. Ob ich von der Regierung unterstützt werden werde, oder ob ich die Kosten allein zu tragen habe, weiss ich noch nicht; doch dies ist von weiter keiner Bedeutung; die Mittel sind in meiner Hand, und ich bin willig jeden Groschen zu opfern, um meinen Zweck zu erreichen. Ein neuer Gouverneur, Sir Charles Fitzroy, ist angekommen, und ich werde wahrscheinlich in einigen Tagen bei ihm eingeführt werden. Er soll ein liberaler Mann sein und sich für Entdeckungsreisen interessiren; ich habe deshalb gute Hoffnung von ihm unterstützt zu werden, da Herr Kapitain King, welcher die Küsten Australiens erforschte, mein guter Freund ist und mein Werk für mich korrigirt hat. Ich bin im Begriff meine Pflanzensammlung, oder vielmehr die kümmerlichen Ueberbleibsel der Sammlung, welche ich auf meiner Reise machte, an meinen Freund Gaetana Durando in Paris zu senden. Er hat beständig die grösste Theilnahme an mein Schicksal an den Tag gelegt, und ich bin überzeugt, dass er das Seinige thun wird, die möglicher Weise neuen Pflanzen bekannt zu machen. Ich wünschte meine ganze Pflanzensammlung zu ordnen; doch die Zeit war zu kurz, und ich habe es bis nach meiner nächsten Reise verschoben.

Das Land hat an grosser Dürre gelitten. Diese Dürre ist wahrscheinlich für mich sehr günstig gewesen, da ich es schwer gefunden haben würde, über die grossen Flüsse und marschigen Länderstrecken am Golf von Carpentaria zu gehen. Seit einigen Tagen hat es indessen angefangen zu regnen, und ich werde wahrscheinlich Wasser genug für meine neue Reise finden. Es thut mir leid, dass Du meinen Reisebericht nicht sogleich lesen kannst, doch bin ich überzeugt, dass er bald in's Deutsche übersetzt werden wird, da die Entdeckungen für den Geographen von höchstem Interesse sind. Ich habe Dir Musik und Gedichte gesendet, welche vor und nach meiner Ankunft komponirt wurden. Man hat zwei andere komponirt, von denen ein Stück von Herrn Marsh für die Harfe ausserordentlich schön ist. Das Gedicht auf meine Ankunft von Herrn Sylvester ist sehr schön, und ich wünschte, Du könntest eine gute deutsche poetische Uebersetzung lesen. Ich hoffe, dass diese Sachen Dir keine Ausgabe verursachen werden, da Herr Evan Mackenzie, der nach Deutschland reist, mir versprochen hat, sie so weit wie möglich mit sich zu nehmen.

Ich schrieb Dir, dass ich einen theuren Freund in Herrn Lynd in dieser Kolonie gefunden habe. Unsere Freundschaft ist nach einem längeren Zusammenleben nur noch inniger geworden, und der liebe Mann hat nicht nur meinen Grabgesang gesungen, sondern sucht auch den Lebenden auf jede Weise zu erheitern und bei sich heimisch zu machen. Er ist unverheirathet und ungefähr 48 Jahre alt. Während sein Haus der sichere Hafen ist, in welchem ich immer und unangemeldet Ruhe finde, ist gegenwärtig nicht eine Familie in der Kolonie, die mich nicht freundlich bei sich anfnehmen würde. Von dem armen Schäfer bis zum reichsten Länderbesitzer unterschrieb man zu der Geldsumme, mit welcher die Kolonie mich beschenkte, und mein Name ist ein Losungswort für die australische Jugend. Ich glaube und hoffe, dass diese allgemeine Anerkennung dauern werde.

Den 28. August. Ich habe den Gouverneur gesehen, doch hat unsere Unterredung keine Veränderung in meinen Vorbereitungen veranlasst. — Ich habe meine zweite Vorlesung gehalten, und man hat mich mit Beifall überhäuft. — Meiner Schwächen mir bewusst, doch muthig und unverdrossen, strebe ich meinem Ziele nach und fühle mich auf das Innigste überzeugt, dass ich es erreichen werde.

Lebe wohl, grüsse Mütterchen von

Deinem herzlich Dich liebenden

Ludwig.

The woolshed or Mr. Dennes's Station. Darling Downs. Moreton Bay, 6. Dezember 1846.*)

43. Mein theuerster Schwager!

Beklage Dich nicht, dass ich in dem rastlosen Streben meine Zeit auf das Beste zu benutzen, und zu wirken solange ich mich noch jung fühle, dass ich in diesem Gedränge von Gegenständen, die alle meine Aufmerksamkeit spannten, nicht so oft schrieb, wie ich selbst es wünschte. Diese letzten 6 Monate waren eine harte Arbeitszeit. Meine Karten, das Ausarbeiten meines Tagebuches, die Vorbereitung zu der neuen Reise, das Ordnen alter Sammlungen und das Bestimmen vieler neuen Pflanzen, welche ich während meiner Reise gesammelt, mehrere Vorlesungen, die ich in einem Institute in Sydney zu geben versprochen hatte, und dann unaufhörliche Besuche von den Bewohnern der Kolonie, die näher zu wissen wünschten was ich gesehen, alles dies erhielt mich in einer beständigen Gährung und liess mir wenig Zeit, mich dauernd mit den fernen Lieben zu beschäftigen. Alles dies ist vorüber wie ein lebhafter Traum, aus dem sich einige angenehme Eindrücke geschmeichelten Selbstgefühls und gefälliger Mädchenhuld nur noch mühsam erhalten, und der Zweck meiner neuen Reise die Entdeckung des Innern von Australien, die Ausdehnung von Sturts Wüste, der Charakter der West- und Nordwestküste von Australien, der allmähliche Wechsel der Pflanzen und Thierformen von einer Küste zur andern und dann die Bestandtheile und der Haushalt meiner Expedition, der verschiedene Charakter meiner Begleiter und die verschiedenen Thiere die ich mit mir nehme, beschäftigen mich den ganzen Tag. — Hier bin ich wiederum auf den Grenzen der bewohnten Kolonie und in 3 Tagen sagen wir den europäischen Ansiedlern Lebewohl. Es ist ein langes Lebewohl, denn ich kann nicht hoffen, ich kann selbst nicht wünschen, diese Reise nach Swan River in weniger als 2½ Jahren zu vollenden.

Die Subskriptionen der Kolonie hatten mich in den Stand gesetzt 600 £ (4200 Thlr.) auf die neue Reise zu verwenden. Ich kaufte 13 Maulthiere, 12 Pferde, 270 Ziegen und die nöthigen Lebensvorräthe, besonders Mehl, Thee, Zucker und Salz und erhielt 3 Maulthiere, 2 Pferde und 40 Ochsen zum Geschenk. Zwei Schwarze und sechs Weisse begleiten mich, alle freiwillig, alle bereit während der nächsten drei Jahre von getrocknetem Rindfleisch zu leben und Thee zu trinken, denn mein Mehl- und Zuckervorrath ist nicht der Rede werth, und

*) Dieser Brief ist in einer etwas veränderten Fassung schon zum Abdruck gelangt in »Dr. Ludwig Leichhardt von Zuchold«. Seite 27—29.

wird kaum 6—8 Monate reichen. Doch das Beispiel meiner frühern Reise hat zu deutlich gezeigt, dass diese Nahrungsmittel vollkommen hinreichen uns gesund und stark zu erhalten. Ich beginne meine Reise wiederum von einer der westlichsten Stationen der Darling Downs, welche im Westen von Moretonbay liegen und verfolge meinen frühern Weg zu den Tropen bis zu Peak Range in 22° 44′ Breite und wende mich dann gegen Westen, um die Ausdehnung jener interessanten Gegend zu bestimmen und zu versuchen, ob ich in dieser Breite gegen das Innere von Australien vordringen kann. Es ist indessen schwer zu bestimmen, welchen Weg ich einzuschlagen habe. Ich hänge gänzlich von der Gegenwart des Wassers ab und muss vorwärtsschreiten, wo ich Wasser finde. Es ist selbst möglich, dass ich zum Golf von Carpentaria zu gehen und einen der Flüsse bis zu seinen Quellen zu verfolgen habe, um dem Innern von Australien näher zu kommen. Dies wird von Herrn Kapitain Stokes empfohlen, und ich werde diese seine Bemerkung nicht aus dem Auge verlieren. Sir Thomas Mitchell ist noch nicht zurückgekehrt, und ich fürchte, dass ich von seinen Entdeckungen keinen Gebrauch werde machen können. Es ist indessen immer möglich, dass ich ihm im Innern begegne, denn ich muss seine Wagenspuren kreuzen, sollte er weit genug gegen Norden vorgedrungen sein. Ich lebte während meines Aufenthalts in Sydney wiederum mit meinem verehrten Freunde Herrn Lynd, welcher mich wie einen Bruder behandelt und in alle meine Pläne auf das Eifrigste mit eingeht. Er war ein herrlicher Rathgeber, als ich mich unruhig und unsicher fühlte, die Aufmerksamkeit schicklich zu erwidern, welche man mir von allen Seiten erwies. Während der ersten zwei Monate nach meiner Reise litt ich an Erschöpfung und fürchtete, dass meine Kräfte gebrochen wären und ich mich nie wieder hinreichend erholen würde, um eine andere und selbst schwierigere Reise anzutreten und erfolgreich zu vollenden. Doch als ich Sydney verliess und einige Zeit auf dem Lande lebte, gewann der Körper und Geist bald wieder die alte Elastizität, und das Verlangen das Innere von Australien zu erforschen, wuchs um so mehr, jemehr es mich verdross, dass einige thörichte Gesellen es mir zum Vorwurf machten, mich zu sehr zu der Küste gehalten zu haben. Ich hielt mich da, wo ich mich nach meinen Mitteln halten musste, oder ich würde nie nach Port Essington gekommen, nie über fast 3000 Meilen gewandert sein. — Gegenwärtig habe ich eine grosse Zahl von Thieren (Ziegen, Schafen, Ochsen) und kann folglich sorgfältiger rekognosciren, ohne zu fürchten meine Lebensmittel zu erschöpfen. Auf meiner frühern Reise hatte ich nur 16 Ochsen, welche ich überdies als Lastthiere zu sparen wünschte; gegenwärtig habe ich Maulthiere als Lastthiere.

Ich schrieb Dir, dass ich viel Unangenehmes mit meinen früheren Begleitern hatte; nach allem, was ich von meinen gegenwärtigen Begleitern gesehen habe, verspreche ich mir in dieser Beziehung eine sehr angenehme Reise. Es sind junge Leute, zum Theil recht wohl erzogen, deren Charakter mir entweder seit einiger Zeit bekannt war, oder die mir auf das Beste empfohlen wurden. Herr Boecking, ein junger Gerbergeselle, ist vom Rhein und folglich ein Landsmann; Herr Mann ist Surveyor (Geometer), Herr Bunce ist botanischer Sammler, Herr Hely ist der Sohn einer anständigen Familie in der Kolonie, Herr Turnbull ist der Aufseher des Pferde- und Maulthiergestüts der australischen Ackerbaugesellschaft und Herr J. Perry ist ein junger Sattlergeselle; sie alle sind in ihren verschiedenen Fächern sehr nützlich für meine Reise.

Ich hoffe, dass mein liebes Mütterchen, deren Geburtstag (10. November) ich schweigend beging, als ich allein über eine der weiten Ebenen der Darling Downs ritt, sich noch einer guten Gesundheit erfreut. Oft wenn ich mich plötzlich aus meinen gegenwärtigen so verschiedenen Lebensverhältnissen in die Heimath versetze und dann mir vorstelle, wie sie sich ihres armen wandernden Ludwigs erinnert, wie sie ihn doch noch einmal lebend wiederzusehen wünscht, rinnen mir die Thränen über die Backen, und ich wende mich betend für sie und für mich und für uns Alle zu unserem himmlischen Vater, der bis jetzt so gütig für uns sorgte.

Nach Vollendung dieser Reise, werde ich nach Europa zurückkehren und werde ich Euch besuchen; doch dauernd werde ich schwerlich wieder in Deutschland oder selbst in Europa leben. Ich muss zurück zum Lande meiner Wanderjahre, zu dem schönen, zu dem herrlichen Himmel Australiens.

Lebt wohl Schwager, Schwester! grüsst Mütterchen von

Eurem herzlich Euch liebenden

Ludwig.

Sydney, d. 20. Oktober 1847.

44. Mein theuerster Schwager.

Ich bin wiederum von einer Entdeckungsreise zurückgekehrt; doch nicht so siegreich mit fliegenden Fahnen und unter dem Zujauchsen eines ganzen Volkes, sondern erschöpft von Krankheit, mit unzufriedenen Gefährten, sah ich mich gezwungen, selbst ehe ich noch in unbekannte Gegenden eindrang, umzukehren und meine Gefährten nach Aegyptens Fleischtöpfen zurückzuführen. Die Ursachen dieses Misslingens sind ungefähr die folgenden: Die jungen Leute, welche ich mit mir nahm, waren aus Sydney; sie waren an ein weichliches behagliches Stadtleben, aber nicht an das harte Leben des Busches gewöhnt; ihrem Körper fehlte jene Elastizität, vermöge welcher, wenn auch der Krankheit unterliegend, man sich schnell erholt und dem Gemüthe jene Zufriedenheit und Schmiegsamkeit zurückgiebt, welche sich nur der Gegenwart zuwendet und nicht in die Ferne schweift oder zu den verlassenen Freunden des Stadtlebens verlangt. Sie kannten kein anderes Interesse als ein weltliches; sie hofften am Ende ihrer Reise von der Regierung Anstellungen und vom Volke Geld zu erhalten. Sie hatten unsern Empfang in Sydney bei unserer Zurückkunft von Port Essington gesehen und glaubten ohne Schwierigkeit dieselben Lorbeeren ernten zu können. Sobald die Schwierigkeiten der Reise kamen, war ihre Festigkeit erschüttert, und anstatt sich ihrer frühern Dankbezeugungen zu erinnern, betrachteten sie mich nun als einen harten Meister.

Auf meiner ersten Reise hatte ich nur Ochsen mit mir, welche ich zum Fortschaffen unseres Gepäcks benutzte, und welche ich schlachtete, so wie wir ihres Fleisches bedurften. Wir waren von Anfang an in unseren täglichen Rationen sehr eingeschränkt und lebten fast ausschliesslich von getrocknetem Rindfleisch. Die Folge war, dass wir einen ausserordentlichen Appetit und einen gesunden Magen hatten. Auf der letzten Reise bediente ich mich der Maulthiere zum Fortschaffen des Gepäcks; ich hatte 38 Ochsen zum Schlachten, 290 Ziegen und 108 Schafe, welche ich zu schlachten beabsichtigte, ehe ich mit den Ochsen begann. Die Schafe waren sehr fett, und wir schlachteten fast täglich eins, welches von 9 Menschen verzehrt wurde. Dabei genossen wir nur wenig Mehlspeisen und hatten keine anderen Vegetabilien, welche dem frischen Fleische das Gleichgewicht halten konnten. Die Folge dieser frischen fetten Fleischnahrung war, dass unsere Magen häufig in Unordnung geriethen und dass unsere Körper leichter einer Ansteckung ausgesetzt waren zur Regenzeit, als wir lange Zeit an überschwemmten Flussufern hinzogen, nächtlich auf dem feuchten Boden schliefen und endlich in Folge eines angeschwellten Flusses, den wir zu kreuzen hatten, gezwungen waren, drei Wochen lang an einem Orte zu bleiben. Nun war während des vergangenen Jahres die ganze Kolonie ausserodentlich nass, und das dreitägige Fieber zeigte sich an Orten, wo es früher fast nie bemerkt worden war. Als wir nun endlich den Mackenzie kreuzen konnten, hatte Krankheit meine Gefährten so geschwächt, dass wir drei Wochen länger am andern Ufer zu bleiben hatten, bis ich endlich mit Gewalt einen Fortschritt versuchte, der uns ungefähr 70 Meilen weiter brachte. Nun zeigte sich Missvergnügen unter meinen Gefährten; sie wollten nicht die kleinste Anstrengung wagen um mich und einen meiner Schwarzen zu unterstützen, oder wenn sie es thaten, thaten sie es schlecht und schadeten mehr als sie nützten. So verloren wir denn unsere Ziegen, unsere Ochsen und endlich selbst einige Maulthiere und Pferde, und die einzige Rettung war ein schneller Rückzug. Ich hatte nicht soviel vom Fieber gelitten, doch beim Zurückkehren wurde ich vom heftigsten Rheumatismus in den Fingern, Händen, Ellbogen, dem Rücken und den Knieen heimgesucht und war so hülflos, dass ich kaum vom Pferde auf- und absteigen konnte. Als ich indessen ungefähr 14 Tage auf Herrn Russels Station in den Darling Downs zugebracht hatte, fühlte ich mich hinlänglich stark eine andere Reise von ungefähr 5—600 englischen Meilen zu wagen, um den Lauf eines Flusses, des Condamine, zu bestimmen, und die Gegend zwischen meinem und Sir Thomas Mitchells Marsche zu untersuchen. Ich vollendete diese Reise in ungefähr 6 Wochen und gewann auf derselben meine Gesundheit vollkommen wieder, indem ich die leidenden Körpertheile entblösste und den brennenden Strahlen der australischen Sonne Preis gab; diese wirkten wie ein Zugpflaster und endeten die heftigen Schmerzen, die ich bei der leisesten Bewegung empfand. Nun kehrte ich nach Sydney zurück, um die nöthigen Vorkehrungen für meine neue Reise zu machen. Ehe ich die Darling Downs*) verliess, hatte ich noch das Vergnügen zu hören, dass fünf von meinen davongelaufenen Maulthieren ungefähr 600 Meilen weit zurückgekehrt waren, was mir eine bedeutende Geldsumme ersparte. Es wird mir ungefähr 200 £ kosten um mich von Neuem auszurüsten; meine ursprüngliche Auslage betrug ungefähr 680 £ und so würde denn meine ganze Auslage für die verunglückte Reise sowohl wie für die neue 850 £ betragen. Dies ist viel Geld in Deutschland und selbst hier eine recht schöne Summe; doch ich lebe, ich existire ganz in meinen Unternehmungen und lasse Gott für die Zukunft sorgen. Du giebst mir herrlichen Rath in Deinem lieben Brief; doch ich kann ihn nicht befolgen; es liegt ausser meiner Natur. Ein unendlicher unbezwingbarer Drang trieb mich, diese Natur zu studiren und die Räthsel dieses Landes zu lösen; es ist ein schönes weites Feld, und hätte ich gute Begleiter, so würde ich glücklich wie der Sohn eines irländischen Königs durch Australiens Wälder ziehen; doch tüchtige Begleiter zu finden, ist ausserordentlich schwierig. Es

*) 9. August 1847.

sind grösstentheils materielle, bornirte, unmoralische junge Männer, die zu mir kommen, da sie auf keine andere Weise vorwärts können. Auf meiner ersten Reise waren es fast lauter unerfahrene junge Männer, mit zwei Ausnahmen, und die Folge davon war, dass ich die, welche sich gegen mich auflehnten, zum Gehorsam zwingen konnte. Auf der nächsten Reise wird mich Herr Classen *) begleiten, der über zwölf Jahre fast alle Küsten und Meere besuchte, ein recht wohlgebildeter junger Mann ist und Vieles erduldete, das ihn zu einer Reise wie die meinige hinlänglich vorbereitete.

Herr Lynd, mein freundlicher Wirth, hat Befehl erhalten, Sydney zu verlassen und sich nach Neuseeland zu begeben, wo die Eingeborenen die Gegenwart einer grossen Truppenmacht nöthig machen. Ich habe mich folglich nach einer anderen Heimath umzusehen, und obwohl ich selbst für mich überall ein gastfreundliches Dach finde, so muss ich doch für meine grösser werdenden Sammlungen einen sicheren Ort haben, wo sie nicht nur vor der Witterung und den Insekten geschützt sind, sondern auch leichten Zugang gestatten, wenn ich Zeit habe sie zu studiren.

Ich wünsche Euch Alle und Mütterchen noch einmal zu sehen, doch ist dazu keine Hoffnung, ehe ich nicht diesen Erdtheil durchwandert habe, was wahrscheinlich nicht unter 2—3 Jahren geschehen wird. — Ich werde Deutschland kaum wieder erkennen. Die Eisenbahnen müssen ihm nothwendig einen anderen Charakter geben. Was wird aus der Menschheit noch werden? Wohin wird die neue Entdeckung, den Schmerz durch Einathmen von Aether zu bannen, führen? Wird sie nicht dazu dienen, den Menschen zu einem weichlichen, schmerzfürchtenden Geschöpf zu machen, welches unfähig ist, selbst die geringsten Leiden geduldig und männlich zu ertragen? Und kommt dann ein wildes Kriegsvolk aus Asien herüber, so möchten sich die Zeiten erneuern, in welchen das verweichlichte Rom den kräftigen Naturmenschen des Nordens unterlag. So scheint mir auch in der Erziehung ein rückgängiges Element sich einzuschwärzen. Alles wird äusserlich; Diagramme und Figuren erleichtern das Verständniss, und wo man sich früher mit Lesen und Studiren den Kopf zerbrach, fasst das Auge leicht den Sinn beim Anschauen eines Bildes. Doch, wird dies nicht zu weit gehen? Wird man nicht ein ernstes Studium zu fürchten, zu vermeiden suchen? Es ist recht schön beides zu vereinigen; doch die dem Menschen natürliche Trägheit lässt ihn bald die schwierige Seite des Werkes überspringen. William wird

*) A. Classen war in Hamburg den 15. April 1813 geboren und durch Heirath ein Verwandter von Dr. Leichhardt.

Dir wahrscheinlich mitgetheilt haben, dass Herr Boone, ein recht angesehener Buchhändler, mein Journal veröffentlichen wird. Er verspricht mir den halben Ertrag; doch ich fürchte, dass dieser halbe Ertrag nicht eben viel betragen wird. Hätte ich Zeit genug gehabt so würde ich das Werk deutsch geschrieben haben; doch erfordert es ein längeres Studium der deutschen Sprache, um mich wieder sicher und gefällig in ihr ausdrücken zu können.

Ich hoffe, dass unsere gute Mutter sorgenfrei lebt und dass es Gott gefallen wird, sie noch lange zu erhalten, um uns ein Wiedersehen zu gestatten.

Lebe wohl mein theuerster Schwager und behalte lieb

Deinen herzlich Dich liebenden Schwager

Ludwig Leichhardt.

Sydney, d. 21. Oktober 1847.

45. Ich hatte kaum den Brief an Dich vollendet, als Herr Holt bei mir eintrat und einen Knaben mit einer gewaltigen Mappe in mein Zimmer rief. »Ich habe von einem Geschäftsfreunde in Cottbus diese Mappe erhalten, deren Adresse Sie das Nähere lehren wird«, sagte er. Ich las die Adresse und sah Deinen lieben Namen. Sie wurde sogleich geöffnet, unter Zeitungen und religiösen Schriften nach einem Briefe gesucht, Dein Schreiben und der theuern Mutter Bild mit Jubel begrüsst. Unglücklicher Weise war das Glas des Bildes zerbrochen und hatte das Bild selbst ein wenig beschädigt. Jeder, der es sah, gestand, dass er nie ein besseres Daguerrotypenbild gesehen, und Herr Lynd meinte, dass ich dem Bilde so ausserordentlich gleiche, dass ich nur eine Haube aufzusetzen und meinen Bart zu scheeren hätte, um mich mit ihm zu identificiren. Ich danke Dir mein guter Schwager, Du hast mir grosse, grosse Freude gemacht! Du wirst nun auch aus meinem Briefe wissen, dass meines seligen Vaters Bild richtig hier angelangt ist und eingerahmt meinem Freunde Nicholson zur Seite hängt. Was soll ich Dir über Deine freundlichen Bemühungen sagen, mir die Gnade des Königs zu erwirken? Es ist ein beruhigendes Gefühl, mit dem Vaterlande im Frieden zu sein; ungehindert zu ihm zurückkehren, die Meinigen wiedersehen zu können, selbst wenn das Schicksal es wollte, dass meine Wünsche in dieser Beziehung nie in Erfüllung gingen. Es ist das Können, welches dem freien Manne so theuer ist. Ich bin mit der Kabinetsorder vollkommen zufrieden; ich nehme selbst die Klausel willig an; es war dem Könige nöthig konsequent zu sein. Was die Regierung dem unbekannten Bittenden

zu versagen nöthig fand, will sie dem nun bekannten nicht zugestehen; denn wäre es Recht, so würde sie es ihm damals nicht versagt haben. Ich war nicht mit der allgemeinen Militärpflichtigkeit unzufrieden, ich war unzufrieden, dass die Regierung nicht Macht zu haben glaubte, in besonderen Fällen Ausnahmen machen zu dürfen. Als William Berlin verliess, galt es die Frage, ob ich meinem Lande und der Wissenschaft nach einer gründlichen Bildung in den grössten Museen Europas durch Reisen in ferne Welttheile nützlich werden, oder ob ich ein Jahr auf dem Cöpenicker Felde die Exercitien lernen sollte. Die Regierung entschied für das Letztere, ich für das Erstere. Ich that Unrecht, denn ich folgte meinem inneren Drange und überschritt das Gesetz — das Gesetz, als eine todte unabänderliche Gewalt — nicht gemässigt durch den freidenkenden Lenker. Doch genug davon! Glaube mir, dass Engländer mehr geneigt waren das Feuer zu schüren, als es zu dämpfen. Wie sich nun das Gemüth bei dem Gedanken beruhigt, dem Vaterlande wieder anzugehören, so wächst unwillkürlich ein Gefühl des Stolzes, dass ich dieses Glück dem Vorworte von Männern*) zu verdanken habe, deren Thaten dem Knaben wie Wundermärchen entgegenklangen, den Jüngling mit Begeisterung erfüllten und ihn endlich in den ihrigen ähnliche Bahnen hineinriefen. Wie oft hat mich der Adlerflug des Fürsten Pückler mit sich fortgezogen und die Brust mit dem Drange nach den blauen Fernen erfüllt, zu denen er frei und ungehindert hinstrebte, mit dem klugen Blicke, alle die Höhen, alle die leitenden Züge der Länder und Völker, über die er hinzog, rasch auffassend und treu und anziehend darstellend. Und Humboldt? Sein Beispiel war und ist mir beständig vor Augen. Ich strebe ihm nach, und ich fühle, dass meine Mittel immer noch zu gering sind, ihm es gleich zu thun; ich meine ihm, dem Wanderer durch Amerika, nicht dem grossen ruhigen Forscher, der nun den Gewinn seiner Jugend so herrlich ausprägt.

Die Schwierigkeit in meinen Reisen liegt in der Länge der Zeit, während welcher ich von dem bewohnten Theile der Kolonie, von jeder möglichen Unterstützung entfernt bin. Ich bin gezwungen, die Anzahl meiner Begleiter und meine Lebensmittel soviel wie möglich einzuschränken. Ich selbst habe körperlich zu arbeiten und mir fällt gewöhnlich die schwerste Arbeit zu. Unsere Art und Weise in einem tropischen Klima zu leben, verursacht bei der täglichen Anstrengung

*) Es findet sich unter den Papieren der Entwurf zu einem Gnadengesuch an den König, welcher, wie es die Schriftzüge zu erweisen scheinen, von dem Fürsten Pückler-Muskau herrührt und Bemerkungen von der Hand Humboldt's trägt.

eine grosse Müdigkeit der Glieder, besonders der Füsse, und wenn des Tages Arbeit vorüber ist, und wir unser neues Lager aufgeschlagen haben, erfordert es grosse Energie, dieses Gefühl der Müdigkeit zu besiegen und wissenschaftliche Beobachtungen zu machen. Verlassen wir die Flüsse, so bin ich gezwungen oft 30—50 Meilen voraus zu reiten, um Wasser zu finden, während die übrigen Gefährten, mit Ausnahme eines Schwarzen, den ich mit mir nehme, im Lager bleiben, und dann ist es ausserordentlich schwierig, meine Gefährten in Ordnung und Gehorsam zu erhalten. Handeln sie offen, so schadet es wenig; denn meine Sache und meine Motive sind gut, und ich bin bald im Stande, sie oder wenigstens die übrigen von ihrer Thorheit zu überzeugen; doch handeln sie heimlich und hinterlistig, so sind sie im Stande das ganze Lager zu vergiften und meine Pläne zu vereiteln. Dies glaube ich war der Fall in meiner letzten verunglückten Unternehmung. Ein einziger »Sauve qui peut« ist im Stande, die besten Entschlüsse wanken zu machen.

Deine Nachrichten über das grosse Treiben im Staate und in der Kirche sind mir äusserst interessant. Man erwartet viel von der preussischen Konstitution. Man fragte neugierig, wie wird sich die Freiheit in einem Volke entwickeln, welches allgemein als das besterzogene anerkannt ist? Wie werden sich seine Freiheitsgefühle offenbaren, und wie werden seine Häupter die Ausgelassenheit dieser jugendlichen Freiheit ertragen? Der Preusse ist wohl erzogen, aber nicht politisch erzogen; er muss noch durch eine strenge Schule gehen. Würdige Vertreter jedes Volksinteresses, ruhiges Besprechen, klares kräftiges öffentliches Sprechen, eine Regierung, willig den Volksvertretern vorurtheilsfrei ihr Ohr zu leihen und den sich während der Diskussionen in's Gleichgewicht setzenden Volksinteressen, nicht einzelner Interessen, nach zu handeln, sind die Früchte einer langsam sich entwickelnden Pflanze.

Ich würde das Glaubensbekenntniss der Deutschkatholiken willig unterschreiben. Das einfache: »Ich glaube an Jesum Christum unsern Heiland« ist vollkommen genug; doch verstehe ich noch nicht den Werth eines Glaubens an eine allgemeine katholische Kirche! Ist es, dass Eine allgemeine Kirche einst über die ganze Erde anerkannt werden wird? Es wäre zu wünschen. Viele von den Predigten, die Du mir sandtest, sind ausserordentlich kraftvoll und machen der deutschen Sprache, sowohl wie den Männern Ehre, die sie vortrugen.

Doch warum hast Du mir nichts über die deutsche Dichtkunst mitgetheilt? Sind alle die Deutschen Dichter schlafen gegangen? Findet die jetzige Zeit keinen poetischen Ausdruck? Wir sind mit dem Gedanken gross geworden, dass grosse Zeiten grosse Dichter hervorbringen, und ich kann mich nicht enthalten zu denken, dass wir in grossen Zeiten leben. Nach drei Jahren meines Lebens in der Wildniss habe ich Schillers Gedichte wieder gelesen. Welch eine herrliche, edle Sprache! Was für edle Gefühle lebten in der Brust dieses ausgezeichneten Mannes! Niemals hat Musik einen so tiefen Eindruck auf mich gemacht, als während meiner Seereise von England nach Sydney. Es war eine wilde Nacht und dumpf brauste das Meer unter dem Kiele des vorwärts strebenden Schiffes. Ich hatte dem unbestimmten Getöse lange zugelauscht und trat nun plötzlich in die Kajüte des Herrn Marsh, meines Reisegefährten, der ein grosser Meister auf der Harfe war und auf diesem Instrumente fantasirte, als ich eintrat. Die geregelten Töne nach dem wirren, dunklen Gebrause des Windes und der Wellen bewegten mich so heftig und doch so angenehm freudig, dass mir die Thränen in die Augen traten. Ein solches Gefühl bemeisterte sich meiner, als ich Schiller wieder las. Wie ausserordentlich wahr spricht dieser Seher, der es doch an sich selbst nie erfuhr:

Und wie nach hoffnungslosem Sehnen,
Nach langer Trennung bitterm Schmerz
Ein Kind mit heissen Reuethränen
Sich stürzt an seiner Mutter Herz:
So führt zu seiner Jugend Hütten,
Zu seiner Unschuld reinem Glück,
Vom fernen Ausland fremder Sitten
Den Flüchtling der Gesang zurück,
. . . .

Nochmals Dein Schwager Ludwig.

Darling Downs, d. 22. Februar 1848. *)

46. Mein theuerster Schwager!

Vier Monate sind verstrichen, seitdem ich Dir von meiner Rückkehr von Peak Range Kunde gab. Ich habe diese Zeit zur Ausrüstung für eine neue Reise benutzt und bin in wenigen Tagen bereit auf's Neue in das Innere von Australien einzudringen, und wenn Gott mir Kraft verleiht, den ganzen Erdtheil zu kreuzen. Ich habe mich bemüht gute tüchtige Männer zu finden nnd glaube, dass Classen sich für meine Unternehmung wohl eignen wird, obwohl eine Landreise sich gar wesentlich selbst von der schwierigsten Seereise

*) Dieser Brief ist der letzte, den Leichhardt in deutscher Sprache geschrieben hat; erst in jüngster Zeit wurde derselbe von Baron von Müller in Melbourne übersetzt und in einer der dortigen Zeitungen veröffentlicht.

unterscheidet. Ein anderer Freund, Herr Hentig hat sich mir angeschlossen. Ich habe zwei Arbeitsleute gedungen und nehme zwei Schwarze mit, von denen einer mich auf meiner letzten Reise begleitete. Die ganze Gesellschaft besteht folglich aus 7 Personen *) und ich hoffe, dass diese Zahl vollständig hinreichen wird. Ich habe gegenwärtig 20 Maulthiere, 7 Pferde, 50 Rinder, von denen mir 20 von Herrn Robinson und 30 von der Regierung geschenkt wurden. Ich theilte Dir mit, dass ein Herr Kennedy von der Regierung ausgesandt war den Victoria-Fluss bis zu seiner Mündung zu verfolgen, welchen Sir Thomas Mitchell auf seiner Expedition gesehen, aber nicht vollständig untersucht hatte. Herr Kennedy ist zurückgekehrt und hat gefunden, dass der Fluss sich gegen Süden wendet und sich in der Sturts Wüste verliert, und dass er wahrscheinlich mit »Coopers Creek« identisch ist, dessen Kapitain Sturt auf seiner Expedition Erwähnung thut. Ich bin also wiederum allein im Felde und glaube eine Menge interessanter Fragen lösen zu können, wenn es mir nur glückt das nördliche Ende der Wüste zu umgehen.

Sydney verliess ich im Dezember, nachdem ich alle meine Einkäufe gemacht hatte. Eine Reise zum Hunter-Flusse, auf welcher ich mehrere Freunde besuchte, kostete mir ungefähr eine Woche. Ich begab mich nun zu Kapitain King in Port Stephens, um einige Beobachtungen mit meinen Thermometern, die Höhe über dem Meeresspiegel zu bestimmen, zu wiederholen; kaufte hierauf 6 frische Maulthiere und reiste über Neuengland, wo ich 20 Rinder empfing, zu meinem gegenwärtigen Aufenthalt, dem gastlichen Hause des Herrn Fr. Bracker, eines mecklenburgischen Schafmeisters. Ich war kaum unter Dach und Fach, als die heftigen Regen begannen, welche das Ende des Januar und Februar in diesem Theile der Kolonie charakterisiren. Die Kolonie hatte unglaublich von der Dürre gelitten, und der plötzliche kalte Regen, welcher auf die eben geschorenen, der freien Nachtluft ausgesetzten Schafheerden Neuenglands niederkam, schadete selbst mehr als die Dürre. 100,000 Schafe sollen während des Regens in der Kolonie gestorben sein. Ich selbst war Zeuge des Todes von 800 in einer Nacht, während eine ganze Heerde von 1000 Stück sich schutzsuchend in die Pferdeställe und Wohnungen drängten und weder die Drohungen der Leute, noch die Hunde fürchteten. — Sobald der Regen vorüber war und während der Regenzeit, belebte sich die ganze Natur, die dem von dem einfarbigen Gelb vertrockneter Gewächse ermüdeten Auge fast leblos geschienen hatte, und das liebliche sonnige Grün

*) 1. Dr. L. Leichhardt. 2. Classen, den L. jung nennt. 3. Arthur Hentig, gentleman. 4 und 5 Donald-Stuart und Kelly, Arbeitsleute. 6 und 7. Schwarze.

durchwirkte die offene Waldung und die baumlosen Weiden. Dieser Wechsel von einem fast gänzlichen Stillstande im Pflanzenleben, einer trostlosen Erstarrung der Natur zur üppigsten Vegetation und zu einer überall sich regenden, schwirrenden Insektenwelt, erinnert den Augenzeugen an Humboldt's Beschreibung der Savannen beim Eintritt der Regenzeit.

Sobald die heftigsten Regen vorüber, die Bäche und Flüsse wieder fuhrtbar geworden waren, fing ich an alle meine Sachen, die fast über die ganzen Darling Downs zerstreut waren, in Rosenthal bei Herrn Bracker zu vereinigen. Auch hatte ich mich nach Leuten umzusehen, die ich mit mir zu nehmen wünschte. So bin ich denn die letzten vier Wochen beschäftigt gewesen, fast beständig im Sattel und oftmals todtmüde. Morgen oder übermorgen werden wahrscheinlich meine Lebensmittel-Vorräthe hier ankommen und dies würde mich in den Stand setzen, nächsten Montag den 28. Februar von hier aufzubrechen.

Ich hatte das Vergnügen zu hören, dass die geographische Gesellschaft in London *) mich mit einer ihrer Medaillen beehrt, und dass die geographische Gesellschaft in Paris **) mir eine ähnliche Ehre erzeigt hat. Ich freue mich natürlicherweise, dass so kluge Männer mich solcher Ehre für würdig halten; doch habe ich niemals für die Ehre, sondern für die Wissenschaft und allein für die Wissenschaft gearbeitet und werde es fortan thun, sollte auch kein Mensch in der Welt sich um mich kümmern. Ich fürchte mich Gottes Segen zu verlieren, sollte ich meiner Eitelkeit die Zügel lassen und sollte sich das lautere, ruhige, mühsame Streben nach Wissenschaft mit ehrsüchtigem Ringen nach Anerkennung und Berühmtheit mischen.

Herr Durando in Paris schrieb mir, dass die dürftigen Ueberbleibsel meiner botanischen Sammlung glücklich bei ihm angekommen, und dass Herr Descaisne sich mit einer Untersuchung derselben beschäftige. Sollten meine getrockneten Pflanzen sich auch nicht für die Bestimmung neuer Arten eignen, so werden sie doch für die Pflanzengeographie von Neuholland interessant und nützlich sein.

Ich bin mit meinem Samen sehr unglücklich gewesen, indem die hiesigen Anstalten sich nicht für das Treiben und Erziehen tropischer Gewächse eigneten. Du möchtest mich vielleicht fragen, warum ich

*) Diese Medaille wurde dem Freunde L's., Dr. Nicholson, in der feierlichen Sitzung der geographischen Gesellschaft am 24. Mai 1847 in London durch den Vorsitzenden, Lord Colchester, eingehändigt.

**) Die goldene Medaille der Pariser geogr. Gesellschaft wurde Leichhardt in der April-Sitzung des Jahres 1847 zuerkannt.

diese Sammlungen nicht unseren vaterländischen Museen zusandte? Die Antwort ist, dass ich meine Naturstudien vorzüglich in englischen und französischen Museen betrieb; dass ich während meiner Jugendzeit mit keinen Landsleuten in freundlicher Beziehung stand, die es mir zur Pflicht gemacht haben würden, die Freunde zuerst zu bedenken. Durando war Botaniker und mein sehr vertrauter Freund. Seine Lebensumstände waren drückend; ich wünschte ihm Gelegenheit zu geben sich auszuzeichnen, sollte meine Sammlung wirklich von Werth sein. Diese freundschaftliche Beziehung zu Durando bestimmte mich, die Sammlung ihm und nicht einem berühmten englischen oder deutschen Botaniker zuzusenden. Durando hat indessen weder Zeit noch Selbstvertrauen genug, sich dieser Arbeit zu unterziehen und hat folglich die Sammlung Herrn Descaisne übergeben, der sich stets recht freundlich und gefällig gegen mich bezeugte.

Es fügte sich auch recht glücklich, dass mein Journal und meine Karten mir noch vor meiner Abreise zu Gesicht kamen. Die Karten sind sehr schön, und ich weiss Herrn Arrowsmith grossen Dank, dass er meine rohen Entwürfe so schön zusammentrug. Ueber mein Buch lasse ich andere urtheilen; es ist eine einfache Erzählung unserer Reise und eine ebenso einfache Beschreibung der Gegend und der Dinge, die ich sah. Wenn der Reisende nur wahr ist, so wird ihm der Gelehrte in der Heimath danken. Er kann eine kleine Natur niemals gross machen und kann die dürftigen Bergketten Australiens nicht wie die Riesenketten Amerikas beschreiben. Effekt zu machen habe ich nie gesucht, und kaum habe ich es der Mühe werth gehalten, die Känguru- oder Emujagd in der glühenden Sprache eines poetischen Jägers zu beschreiben. Das Publikum scheint dem Buche günstig zu sein; wenigstens ist es in sehr lobender Weise in den öffentlichen Blättern recensirt worden. Einige sehr unangenehme Druckfehler würde ich gern verbessern und sollte Franziska*) wirklich beabsichtigen, es zu übersetzen, so würde sie wohlthun, sich an Herrn Boone in London zu wenden, dem ich das Verzeichniss von Druckfehlern zu zusenden beabsichtige. — Der Gouverneur der Kolonie Sir Charles Fitzroy hat sich meiner Unternehmung fortdauernd günstig gezeigt und hat mir 30 Rinder zum Geschenk gemacht, selbst ehe ich ihn darum bat.

Obwohl ich mich vollkommen stark genug fühle, diese neue lange Reise zu beginnen, so kann ich mir doch nicht leugnen, dass meine Konstitution besonders auf der letzten Reise sehr gelitten, und dass

*) Franziska Leichhardt war eine Nichte von Dr. L. Leichhardt.

ich bei weitem weniger Muskelkraft besitze, als vor 4 Jahren, als ich auf meine erste lange Wanderung ausging. Ich leide besonders an Palpitation des Herzens, welches mich häufig nicht wenig beunruhigt.

Ich hoffe, dass mein Brief Euch alle in bester Gesundheit antrifft, und dass mein liebes Mütterchen uns noch recht lange erhalten bleibt; denn komme ich lebend und gesund von meiner Reise zurück, so beabsichtige ich für zwei Jahre nach Europa zu kommen und Euch allen einen langen Besuch abzustatten.

Du musst glauben, Du musst wagen,
Denn die Götter leih'n kein Pfand;
Nur ein Wunder kann dich tragen
In das schöne Wunderland (ich sollte sagen Mutterland).

Ich wünschte, ich könnte einen meiner beiden Schwarzen mitbringen. Es ist ein äusserst nützlicher und doch gutmüthiger Junge und keineswegs so wild, wie der Schwarze meiner ersten Reise. Er heisst Jimmy oder Wommai oder Killáli. Der andere ist weniger nützlich; doch beide haben ein ausserordentlich scharfes Gesicht, welches sie mir vorzüglich nützlich macht.

Leb' wohl mein theuerster Schwager, grüsse Mütterchen von

Deinem herzlich Dich liebenden Schwager
Ludwig Leichhardt.

47. Doktor L. Leichhardt's letzter Brief an einen Freund in Sydney.*)

»Ich benutze die letzte Gelegenheit, Ihnen einen Bericht über meine Fortschritte abzustatten. In elf Tagen gelangten wir von Birells Station am Condamine zu derjenigen Macphersons auf den Fitzroy-Downs. Obgleich das Land mitunter bedeutende Schwierigkeiten darbot, so ging doch alles gut von Statten. Meine Maulthiere sind in gutem Zustande, meine Begleiter von ausgezeichnetem Geiste beseelt. Drei von meinen Stieren sind lahm; einen davon werde ich jedoch noch heute Abend schlachten, damit wir wieder Vorrath von getrocknetem Fleische erhalten.

Die Fitzroy-Downs, über welche wir ungefähr zweiundzwanzig Meilen von Ost nach West reisten, sind in Wahrheit eine herrliche Gegend, und Sir Thomas Mitchell hat in seiner Schilderung ihrer Schönheit nicht übertrieben. Der Boden ist üppig und steinig, reich mit Gras bewachsen und dem Myall (Acacia pendula) nach zu urtheilen von fetter Beschaffenheit. Ich kam grade auf den Berg

*) Nach der Uebersetzung in dem Werke Zuchold's »Dr. Ludwig Leichhardt«. Seite 30—31.

Abundance zu und ging mit meinem ganzen Zuge durch eine Schlucht an demselben. Meine Messung der geographischen Länge stimmte mit jener Mitchells genau überein. Ich fürchte, dass der Wassermangel auf den Fitzroy Downs im hohen Grade der Kolonisation dieser schönen Gegend hinderlich sein wird. Thermometer-Beobachtungen stellte ich um 6 Uhr Morgens und um 6 Uhr Nachmittags an, die einzige mir passende Zeit. Auch machte ich Versuche mit dem Feuchtigkeits-Thermometer (Psychrometer); aber ich befürchte, meine Beobachtungen an demselben werden sehr mangelhaft sein. Ich werde sie jedoch zu vervollkommnen suchen, wenn ich sie fortsetze. Der einzige ernste Unfall, welcher mir widerfuhr, war der Verlust eines Spatens; aber wir sind so glücklich, den Schaden auf dieser Station ersetzen zu können, da deren Aufseher einen von den seinigen entbehren kann.

Obgleich die Tage noch sehr heiss sind, so sind die prächtig klaren Nächte kühl und machen die Muskitos erstarren, so dass sie aufgehört haben, uns zu peinigen. Myriaden von Fliegen sind unsere einzige Plage.

Wenn ich bedenke, wie glücklich ich bei meinem Vorwärtsdringen bis hierher war, so bin ich von Hoffnung erfüllt, dass unser allmächtiger Beschützer mir gestatten wird, meinen Lieblingsplan zu einem erfolgreichen Ende zu führen.«

Ihr aufrichtiger Freund
Ludwig Leichhardt.

Mr. Macpherson's Station, Cogoon, d. 3. April 1848.

Anhang.

Dr. Ludwig Leichhardt

als Naturforscher und Entdeckungsreisender

von

Dr. G. Neumayer.

Nach dem, was in dem Vorworte über die Herausgabe der Briefe Leichhardt's an seine nächsten Verwandten gesagt wurde, bedarf es kaum mehr an dieser Stelle einer weiteren Ausführung über den Zweck auch dieser hier folgenden Darlegungen über das Leben und Wirken unseres vortrefflichen, der Wissenschaft und der Menschheit so früh entrissenen Gelehrten. Wir können unmittelbar zur Lösung der Aufgabe, die wir uns gestellt, und die an jener Stelle bezeichnet ist, übergehen.

Die Jugend Ludwig Leichhardt's verlief in ihren ersten Stadien ganz so, wie wir uns dies bei einem jungen Menschen, welcher Mitte der Zwanziger-Jahre ein Gymnasium unseres Vaterlandes durchmachte, denken würden. Die politische Abspannung, welche auf die grossen Freiheitskriege folgte, der Mangel eines intensiven öffentlichen Lebens, welcher die Jahre zwischen 1820 bis 1840 charakterisirt, musste auch den Lebensgang und die Entwickelung der Jugend beeinflussen. Allerdings rissen die politischen Zuckungen, welche von Zeit zu Zeit gerade in den Kreisen der Jugend in jenen Tagen hie und da auftraten, einen oder den anderen studirenden Jüngling in den Strudel der nach allen Richtungen sich kundgebenden Reaktion. Allein, wer so vollkommen aufging in den Pflichten eines ernsten und unermüdlichen Studiums, wie uns dies von dem jungen Leichhardt aus jener Zeit berichtet wird, dem konnten unmöglich jene kleinen, jeder fruchtbaren praktischen Idee entbehrenden Bewegungen oder Kundgebungen eines öffentlichen Lebens, einen tieferen über den ersten Augenblick hinausgehenden Eindruck hinterlassen. Dagegen scheint die Zeit, welche der junge Leichhardt auf dem Gymnasium in Cottbus verbrachte, für die Richtung seines Geistes von einem bestimmenden Einfluss gewesen zu sein. Mit Beziehung darauf war wohl der Umgang ganz besonders wichtig, welcher in dem Hause des Schwagers des jungen Menschen, des Malers und Musiklehrers C. Schmalfuss geflogen wurde. Schmalfuss war nämlich bekannt mit dem in der Nähe residirenden Fürsten Pückler-Muskau und erfreute sich eines ziemlich lebhaften Verkehrs mit dem damals in seinen besten Jahren stehenden Schriftsteller und Reisenden. Es ist möglich also, dass die ersten Keime zu Leichhardt's Drang nach Reisen und Durst nach Erlebnissen in fremden Welttheilen auf jene Zeit und auf jene Verhältnisse zurückzuführen sind. Die Familie, welcher Leichhardt entstammte, gehörte den besseren bürgerlichen Kreisen der Gegend um Trebatsch in der Mark Brandenburg (Beeskow-Storkower Kreis), wo Leichhardt am 23. Oktober des Jahres 1813 geboren war, an. Sein Vater, welcher Torfinspektor war, hatte eine zahlreiche Familie. Von den Geschwistern unseres Leichhardt interessirt uns vor allen der noch lebende Adolph Leichhardt, Vater des Herrn Otto Leichhardt, welcher sich um die Sammlung und Herausgabe dieser Briefe besonders verdient gemacht hat. Ferner Hermann Leichhardt, der Schwager des damals jungen Mannes, Adolph Classen, welcher dazu bestimmt war, in der Geschichte des deutschen Naturforschers eine hervorragende Rolle zu spielen, Frau Charlotte Schmalfuss, die Gattin des langjährigen Correspondenten, an welchen eine grosse Anzahl der hier vorliegenden Briefe gerichtet war, und Frau Wilhelmine Barth. Die letztere verdient um deswillen einer ganz besonderen Erwähnung hier, da sie es war, welche die schwergeprüfte, vortreffliche Mutter unseres Reisenden bis an ihr Ende pflegte und tröstete. Und in der That, wenn man erwägt, dass die Mutter Leichhardts noch volle 6 Jahre nach der Zeit des Verschwindens desselben lebte, wenn man weiss, wie sehr die gute alte Frau an dem Sohne hing, der ganz besonders durch seine feinen Gemüths- und Geistesanlagen ihr nahe stand, so wird man begreifen, dass Trost und Pflege hier wohl von Nöthen war, und wir derer, die sie übten, wie Frau Barth, mit besonderer Anerkennung zu gedenken haben. Wir bewundern heroische Thaten auf dem Gebiete des staatlichen Lebens, sowie auf dem Gebiete des geistigen Kampfes; wir verherrlichen kühne Thaten und setzen ewig dauernde Denksteine Jenen, die sie vollbracht. Nur selten aber gedenken wir derjenigen mit Wärme und Anerkennung, welche durch die Bande leiblicher und geistiger Verwandtschaft mit Jenen verknüpft waren und mit ihnen verkettet durch Freud' und Trübsal oft in stiller Zurückgezogenheit dazu verurtheilt waren, den herberen Theil des Ruhmes und des Verdienstes zu tragen. Dieses aber nehmen wir für die Mutter unseres Reisenden in Anspruch. Sie, die eine geborene Straelow war, ist auch sonst und abgesehen von den Qualen, welche ihr das Dunkel über das Schicksal ihres Sohnes bereitete, eine schwergeprüfte Frau zu nennen. Die Würde, mit welcher sie die Schläge des Schicksals trug, erfüllen uns mit Verehrung und lassen auch in diesem Falle wieder den geistigen Zusammenhang einer Mutter mit ihrem, durch Adel der Gesinnung und Opferwilligkeit ausgezeichneten Sohne erkennen. Was wir aus der Cottbuser Zeit über den jungen Leichhardt wissen, ist nicht von solcher Bedeutung, dass man darauf hätte grosse Schlüsse für die Zukunft desselben gründen können. Es wird uns nur mitgetheilt, dass der Knabe ein reges Interesse an seinen Studien bekundete, dass er heiteren Charakters, und dass er, wenn auch schmächtig, doch gesunden Körpers war.

Leichhardt bezog, nachdem er 1833 das Abiturienten-Examen bestanden hatte, im Oktober desselben Jahres die Universität Göttingen, wo er bis zu Ostern des nächsten Jahres verblieb. Er widmete sich um jene Zeit dem Studium der Philologie und machte die Bekanntschaft eines jungen Engländers John Nicholson, dessen Bruder in der Folge in dem Schicksale des jungen Naturforschers eine hervorragende Stellung zugedacht war. Es war nämlich im Jahre 1835, als Ludwig Leichhardt mit William Nicholson zusammen in Berlin studirte und einen Freundschaftsbund schloss, der für beide, so wie es schien, von segensreichen Folgen begleitet war, ganz besonders aber dadurch unser Interesse erregt, dass der jugendliche Freund unseres reisenden Naturforschers diesen nach Kräften in der Durchführung der grossen Pläne, welche schon frühzeitig sein Gemüth bewegten, unterstützte. Es war jener Freundschaftsbund nicht etwa auf dem schwankenden Boden einer vorübergehenden jugendlichen Zuneigung erblüht, vielmehr empfangen wir den Eindruck, als sei Nicholson, indem er frühe schon die bedeutenden Anlagen Leichhardts zur Naturforschung und Naturauffassung erkannte, zu jenem werkthätigen Eingreifen in das Schicksal desselben angeleitet worden, welches noch lange über die Zeit hinaus, da die Beiden zusammen lebten, seinen Einfluss äusserte. Diese Anschauung wird noch dadurch besonders beleuchtet, dass Leichhardt, dem Einflusse seines Freundes nachgebend, sich um jene Zeit von der Philologie ab und den Studien der Naturwissenschaften, insonderheit der Medicin zuwandte. Die beiden jungen Männer fassten ihre Beschlüsse für die Zukunft gemeinsam; ihnen konnte eine gründliche Ausbildung in den Naturwissenschaften allein eines Theils die gediegene Unterlage, andern Theils das Mittel bieten, um in fremden Welttheilen ihren Studien obzuliegen. Wenn wir in unserer Würdigung der grossen Verdienste eines Mannes um die Entwickelung der Wissenschaft innerhalb seiner Zeit und für die Ausbreitung menschlicher Kultur mit Sorgfalt nach allen Zügen spüren und sie verfolgen, welche schliesslich das Resultat der Bestrebungen zu einem glänzenden zu gestalten vermochten, so ist es sicherlich auch eine schöne

Pflicht, Derer in voller Anerkennung zu gedenken, welche in jugendlicher Idealität mit dem Gegenstande unserer Verehrung vereint über die edlen Lebenspläne nachdachten und schliesslich auch die materielle Grundlage zu bieten vermochten, auf welcher all das Gedachte sich zu dem entfalten konnte, was wir bewundern. Dieses Verdienst beanspruchen wir für William Nicholson, dessen Name mit Recht an die unsterblichen Verdienste, welche sich Leichhardt um Wissenschaft und Menschheit erworben, geknüpft sein wird.

Während der Studienzeit in Berlin verkehrte Leichhardt mit Männern der Naturforschung, von welchen einige späterhin eine hervorragende Lebensstellung sich erwarben. Wir nennen darunter nur den jüngst verstorbenen, hochverdienten Pflanzengeographen Professor Griesebach in Göttingen und die Geologen Quenstedt und Girard. Letzterer erwarb sich in der Folge ein ganz besonderes Verdienst um den verschollenen Naturforscher durch die Herausgabe der geologischen Forschungen desselben auf australischem Boden, wovon wir später noch zu sprechen haben werden. Die Ferienzeit wurde meistentheils von Seiten der angehenden Gelehrten zu geologischen Forschungsreisen in dem nördlichen Deutschland benutzt, wodurch in gemeinsamem, eifrigem Streben mit geistig durchgebildeten Collegen der beobachtende Blick und die sachlich richtige Auffassung der Naturerscheinungen, die wir an den Tagebüchern Leichhardts aus Australien bewundern, geübt und gebildet wurde. Griesebach giebt uns über Leichhardt aus jener Zeit eine Schilderung seines geistigen Wesens, welche um deswillen von Interesse ist, weil der hochbegabte und schon in jungen Jahren sehr entwickelte Berichterstatter, wohl anerkennt, wie ernst und tüchtig die Studien Leichhardts waren, aber eine Voraussicht auf eine grosse Zukunft desselben daraus nicht hervorgeht. Es schien, dass das innerliche Leben des jungen Gelehrten, welches nur selten und zwar zur Zeit eifriger Diskussion hervortrat, den beobachtenden Blicken Griesebach's nicht in dem richtigen Lichte erscheinen konnte. »Kurz«, sagt Griesebach weit später und als unser Leichhardt schon berühmt geworden war, »Leichhardt gehört unstreitig zu den stillen, in der Tiefe des Innern sich bildenden Naturen, die weit mehr leisten, als sie zu versprechen scheinen.« Ueber die äussere Erscheinung des jungen Mannes in jener Zeit hören wir nur, dass er gross war, schmächtig und blass aussah und von einer gewinnenden Freundlichkeit im Umgange war.

So vergingen die Jahre der Studien im regen Verkehre mit gleichgesinnten Genossen, und wir erkennen aus den Briefen, welche Leichhardt in den Jahren 1834—37, die er ausschliesslich in Berlin seinen Studien hingegeben, verlebte, dass schon um jene Zeit in ihm der Entschluss feststand, Europa zu verlassen, um in fernen Welttheilen der Naturforschung zu leben. Dieser Entschluss konnte allerdings nicht ohne gewaltigen inneren Kampf, in welchen auch begreiflicher Weise die Seinen verwickelt wurden, zur Reife gedeihen. Die Briefe an seine Eltern legen vielfach Zeugniss ab von diesem Kampfe. So finden wir beispielsweise in einem Briefe aus Berlin, der in der Sammlung mit No. 5 bezeichnet ist, folgende Stelle: »Wenn man von Gütern sich trennt, erkennt man welchen Werth sie haben weit tiefer und schmerzlicher, als wenn man in vertrauter Gemeinschaft lange mit ihnen lebt. Ihr, das weiss der liebe Gott, seid meine höchsten Güter stets gewesen. Ich muss von Euch gehen, weil es der Gang meines Lebens so mit sich bringt. Läuft doch der Strom immer nur da, wo er am leichtesten seine Bahn findet, in dem Thale, das die umgebenden Hügel ihm anweisen. Der Mensch nicht anders. Doch das hat der Mensch vor dem Strome voraus, dass er zurückkehren kann, dass er sein Schicksal in gewissem Grade allmählich in die Hand bekommt. Ich bin mir meines guten Willens wohl bewusst, doch bin ich bescheiden genug anzuerkennen, dass meine Schulden an Euch durch blossen guten Willen nur zum Theil getilgt werden. Lasst uns sehen! Ihr habt mich wie eine Nummer in der Weltlotterie; Ihr wisst nicht, ob Ihr eine Niete zieht. Nur vertrauen und hoffen könnt Ihr. Meine Bestimmung als Mensch zu erfüllen, dazu habt Ihr mich von Jugend angehalten; doch Ihr wollt nicht allein, dass ich meinen Zweck erreiche, Ihr wollt auch Euer Alter durch mich unterstützt, erleichtert, verjüngt sehen.« Dann weiter schreibt er von London. »Und doch, meine Lieben, es ging nicht anders; denn: Jeder gehet seinem Waidwerk nach. ‚Bleibe im Lande und nähre dich redlich‘ ist kein Spruch, der eine allgemeine Anwendung zulässt. Das ‚Nähre dich redlich‘ Ja! — Das ‚Bleibe im Lande‘ Nein!« —

Diese Ideen, sich in der fernen Welt einen seinen Neigungen und Anlagen entsprechenden Wirkungskreis zu suchen, erhielten unverhofft eine Nahrung und Stütze, die sie von dem Stadium des dunklen Drängens nach einem fernen, kaum erreichbar erscheinenden Ziele in jenes der frischen Thatkraft und Unternehmung führte, und zwar durch eine Reise, welche er auf Einladung und in Gemeinschaft mit seinem Freunde William Nicholson nach London und dem Westen von England unternahm. Man erkennt aus den Briefen, welche sich über die Eindrücke, die der jugendliche Gelehrte dort empfing und darin schildert, dass nunmehr alles zurücktrat gegen den Wunsch, sich seinen Lieblingsplänen widmen zu können. Die grossartigen

Museen der englischen Hauptstadt mit unerschöpflichen Schätzen der Naturforschung aus allen Welttheilen, Schifffahrt und Handel, die sich ihm in ungeahnter Grösse und in ihrer Verzweigung über die ganze Erde darstellten, so wie das rege, freie, für einen jungen Deutschen vollkommen neue politische Leben, mussten in seinen inneren Anschauungen einen gewaltigen Umschwung bewirken, welcher sich in erster Linie dadurch zu erkennen gab, dass bei Leichhardt es fest stand, er werde Glück und Zufriedenheit nur in der Realisirung seiner Pläne, die er sich als Lebensaufgabe erdacht, finden können. Sodann wurde der Eifer im Studium und für die Gewinnung einer gründlichen Ausbildung angefacht. Nachdem die wissenschaftlichen Schätze London's ausgebeutet waren, sollte vor dem Einsetzen der ganzen Kraft zu der Realisirung des Unternehmens in Paris ein Abschluss herbeigeführt werden.

So kam es, dass die beiden Freunde Mitte 1838 nach Paris gingen, um dort sowohl die Sammlungen, wie namentlich auch die Hospitäler zu studiren. Nach zweijährigem Aufenthalt in der französischen Hauptstadt verliess unser Leichhardt dieselbe, besuchte und studirte die geologisch interessanten Gegenden von der Auvergne und durchreiste Italien bis nach Neapel. Die Eindrücke, welche die Reise auf das Gemüth des nunmehr mit einem offenen Verständnisse für Gegenstände der Kunst und Wissenschaft ausgestatteten jungen Mannes haben musste, kann man sich denken. Reich an wissenschaftlicher Erfahrung und auf dem Gebiete der Kunstanschauung wohl bewandert, kehrte derselbe um die Mitte des Jahres 1841 nach Paris zurück, um drei Monate später sich abermals nach London zu begeben. Der kurze Aufenthalt in London, der nun noch vor der Reise nach Australien genommen wurde, diente lediglich dazu, die Vorbereitungen für das Unternehmen, welches in's Werk gesetzt werden sollte, zu treffen. William Nicholson hatte, wie schon angedeutet, seinen Plan geändert; anstatt mit Leichhardt sich auf eine Forschungsreise zu begeben, liess er sich als praktischer Arzt in England nieder. Uebrigens war mit seinem eigenen Rücktritte vom Unternehmen, sein Interesse für die Sache und wohl in erster Linie für deren Träger nicht erloschen, vielmehr gewährte er Leichhardt auch jetzt noch eine ansehnliche Unterstützung und die besten Empfehlungen für Sydney, das nächste Reiseziel. Von den wärmsten Wünschen für sein Wohlergehen von Seiten aller Derer, die ihn kannten und zur Betrübniss der Seinen, schiffte sich Ludwig Leichhardt auf dem »Sir Edward Paget« ein und verliess London am 1. October 1841. — Bei diesem Wendepunkt in dem Schicksale unseres Forschungsreisenden angekommen, dürfte es sich empfehlen, in Kürze einen Rückblick auf Ausbildung und gewonnene Lebensanschauung des nun 28jährigen Jünglings zu werfen. Es wird gleichfalls von hohem Interesse sein, alles das zusammenzufassen, was schliesslich als Gründe der Entscheidung für die Wahl des australischen Kontinentes den Ausschlag gab. Allerdings muss gleich hier anerkannt werden, dass Leichhardt selbst sich weder in seinen Briefen, noch sonst wo ausgesprochen hat, was ihn zu dem Entschlusse brachte, sich für jenen fernsten Welttheil, mit welchem sein Name für alle Zeiten in so hervorragender Weise verknüpft sein sollte, zu entscheiden. Möglich, dass er mit seinem Jugendfreunde und Gesinnungsgenossen Nicholson, sei es in mündlicher Erörterung oder brieflich die Gründe aussprach, welche ihn bestimmten. Da es sicherlich von Interesse sein müsste, über diesen Punkt volle Klarheit zu erhalten, so hat man sich, ehe diese Zeilen geschrieben wurden, bemüht, eine Verbindung mit Nicholson zu erhalten, leider aber ohne Erfolg, und zwar bleibt es unsicher, ob auch er bereits nicht mehr am Leben, oder aus einem oder dem anderen Grunde Aufschluss nicht zu geben vermochte. Wenn wir es hier versuchen, die Bestimmungsgründe nach eigenem Ermessen zusammenzustellen, so übernehmen wir damit auch selbstverständlich zugleich die Verantwortlichkeit für dieselben. Bei der Gewissenhaftigkeit, welche wir bei allem, was Leichhardt schrieb, so hoch zu schätzen wissen, vermögen wir uns der Ueberzeugung nicht zu verschliessen, dass derselbe erst nach reiflicher Erwägung des Für nnd Wider, nach einem gründlichen Vergleiche der zu erlangenden Resultate von seinen früheren Absichten nach Westindien oder Afrika zu gehen, zurückkehrte und sich Australien zuwandte.

Wenige Jahre nachdem Cook von seiner ersten Reise um die Erde zurückgekehrt war und von den Eindrücken, welche er und die ihn begleitenden Gelehrten Banks und Solander von dem Küstenlande Australien empfangen, berichtet hatte, fasste man in England den Entschluss, die Ostgestade jenes Kontinentes zu einer Verbrecheransiedelung zu benutzen. Dieser Entschluss kam allerdings erst im Jahre 1788, als Cook bereits 10 Jahre todt war, zur Ausführung, indem eine Expedition unter dem Kommando des Commodore Arthur Philipp nach Botany Bay, mit welchem Namen man damals den Landungspunkt der Küste benannte, entsandt wurde, um daselbst eine britische Kolonie anzulegen. Decennien hindurch erhielt sich in deutschen und auch wohl in englischen Werken der Name Botany Bay, den man einer Stelle beigelegt hatte, wo niemals eine Ansiedlung versucht wurde. Das ungleich günstiger für eine Ansiedlung gelegene Sydney in der Bucht von Port Jackson wurde gleich zu Anfang auch dafür ausgewählt; allein es konnte dasselbe ebenso wenig zur allgemeinen Anerkennung gelangen, wie die Thatsache, dass sich aus der Verbrecherkolonie eine freie und man darf auch wohl sagen eine blühende Kulturstätte entwickelt hatte. Es ist interessant zu beobachten, wie sich trotz aller Berichtigungen solche Irrthümer erhalten. Es genügte nicht, in einzelnen geographischen Abhandlungen von der aufblühenden Kolonie in Port Jackson zu berichten, um aus geographischen Lehr- und Handbüchern ein für allemal die in der Einbildung existirende Kolonie verkommener Menschen in Botany-Bay auszumerzen. Decennien vergingen, ehe in durchgreifender Weise die Ehre der Kolonie gerettet wurde und in Europa richtigere Begriffe über die geographischen Verhältnisse Australiens zur Geltung kommen konnten. Und doch waren bereits zehn Jahre und mehr verflossen seit der Zeit, da einer der hervorragendsten Astronomen dieses Jahrhunderts, Dr. Ch. Rümker, seine 8jährige Thätigkeit an der Sternwarte zu Parramatta (Sydney) abgeschlossen hatte, als unser Leichhardt den australischen Boden betrat. Besser unterrichtet über sociale, wissenschaftliche und geographische Zustände der Kolonie Neu-Süd-Wallis als jene Lehr- und Handbücher, hatte der junge Gelehrte sich dieses Land als das Feld einer wissenschaftlichen Thätigkeit auserwählt. In Wirklichkeit waren denn auch die Verhältnisse in der Kolonie anfangs der Vierziger-Jahre schon so geordnet, wurde den höheren Interessen schon in solchem Maasse Rechnung getragen, und war das Bedürfniss der Ausdehnung des Kolonisationsgebietes über die noch gänzlich unbekannten endlosen Strecken des Innern Australiens so brennend geworden, dass sich einem jungen strebsamen, wissenschaftlichen Manne ein weites Feld der Thätigkeit öffnen musste. Wenn man andererseits bedenkt, wie wenig noch geschehen war, um die Eigenthümlichkeit der naturhistorischen Objecte, der Geologie, der Fauna und Flora, der Eigenart des dort lebenden Menschen und allgemein der Physik der Erde zu erforschen, so kann man sich wohl denken, wie mächtig der Reiz, sich in diese wunderbare Natur zu vertiefen, auf einen jungen, auf der Höhe der Wissenschaft seiner Zeit stehenden Geist gewirkt haben musste, um ihn zu veranlassen, seine Kräfte der Aufklärung über jene Eigenthümlichkeit in der Natur und für die Anknüpfung der Erscheinungen an Aehnliches auf der übrigen Erde zu widmen.

In geographischer Beziehung lagen die Verhältnisse vom Standpunkte eines jungen unternehmenden Mannes angesehen, wohl noch günstiger. Oxley hatte längst die blauen Berge überschritten, um jenseits derselben neue, für die Kultur geeignete Gebiete zu erschliessen; Howell und Hume hatten den Murray-Fluss entdeckt und Kolonien entsprangen in Port Philipp, Süd-Australien und Moreton-Bay, allein das eigentliche Innere war ein vollständig unbekanntes Land, über dessen Wesen die wunderbarsten Sagen in Umlauf waren. Sir Thomas Mitchell, Sturt und Cunningham hatten im Osten und Süden vieles dazu beigetragen, richtigere Begriffe über Gestaltung des Landes, über Flussläufe und die Natur zu verbreiten; aber alles dies war mit Rücksicht auf die Grösse des ganzen Kontinentes doch nur auf ein kleines Gebiet beschränkt. Was man ermittelt hatte, diente dazu, die Begierde nach weiterer Forschung mächtig anzuspornen. Um dieselbe Zeit, in welcher der junge Leichhardt das Vaterland verliess, oder in der Kolonie landete, hatte Eyre die ewig denkwürdige Reise von Süd-Australien nach König George's-Sund vollendet, eine That, die, wenn auch in einem ganz anderen Theile Australiens ausgeführt, dazu beitragen musste, das Interesse an dem Lande zu erhöhen und zwar vorzugsweise deshalb, weil durch dieselbe, die im Südwesten, am Swan River, mühsam sich entwickelnde Kolonie mit den in der Kultur wesentlich weiter fortgeschrittenen östlichen Kolonien in direkte Beziehung gebracht wurde. Die Küste war im Anfang unseres Jahrhunderts durch die unvergänglichen Arbeiten von Bass und Flinders*), von King und Stokes nahezu in ihrem ganzen Umkreise und in allgemeinen Zügen bekannt geworden. Nun handelte es sich darum, die ausgedehnte Ländermasse im Innern zu erforschen, sei es, um die Zwecke der Kultur zu fördern, sei es, um ein wichtiges Glied für die Naturanschauung durch die Gewinnung neuer Thatsachen zu ergänzen. Mit Beziehung auf den ersten Punkt durfte man wohl die Initiative dem wirklich empfundenen Bedürfnisse der Kolonisten überlassen, mit Bezug auf den zweiten Punkt aber fühlte man nur zu sehr, dass von einer Erklärung der Naturerscheinung in ihrem ganzen Zusammenhange nicht die Rede sein konnte, so lange das Wesen der Natur des Austral-Innern unbekannt blieb.

Es war denn auch in Kreisen, welchen die Pflege der Naturwissenschaften oblag, schon frühzeitig auf die Nothwendigkeit der Erforschung der australischen Natur aufmerksam gemacht worden. Man erkannte, dass eine so erhebliche Ländermasse in jener Erklärung der Naturerscheinung unmöglich entbehrt werden konnte. Mit Zuversicht darf man daher annehmen, dass den jungen Leichhardt solche und ähnliche Erwägungen bestimmten, seine Schritte dem australischen Kontinente zuzuwenden.

*) Welchen Rob. Brown, der Vater der Australischen Botanik, begleitete.

Und kein Land der Erde war mehr geeignet, die Wissbegierde und den wissenschaftlichen Ehrgeiz eines jungen Mannes herauszufordern. Ganz abgesehen davon, dass die hochinteressante Natur der Marsupial-Thiere, die dort die Regel bilden, während in anderen Ländern sie als Ausnahme auftreten, den vergleichenden Anatomen in einer Weise zum Studium anregen mussten, wie kaum eine andere Klasse der Thierwelt, musste namentlich auch die Kenntniss der dortigen geologischen Verhältnisse in praktischem, wie in naturwissenschaftlichem Interesse, als von höchster Bedeutung erscheinen. Bleiben wir einen Augenblick bei jenen für den vergleichenden Anatomen wichtigen Beziehungen stehen, um uns später erst zu dem Geologischen zu wenden, so mag hier nur erwähnt sein, dass die Funde thierischer Ueberreste im Diluvium des Wellington-Thales zu jener Zeit bereits unter der kritischen Beleuchtung und wissenschaftlichen Analyse von Richard Owen dargethan hatten, dass auch die Vergangenheit der Thierwelt Australiens nahezu durchweg der Klasse der Implacentalia angehört hatte. Bedenken wir nun, dass in die Zeit der letzten Studienjahre Leichhardt's die ersten, für die ganze Entwicklung der vergleichenden Anatomie so bedeutungsvoll gewordenen Arbeiten Darwins und die mächtige Anregung fällt, welche durch dieselbe gegeben wurde, so begreifen wir vollkommen, dass für das Auge des jungen Naturforschers, der sich medizinischen Studien gewidmet hatte, eine wünschenswerthere Domaine von diesem Standpunkte aus kaum gedacht werden konnte, als Australien und seine Thierwelt. Aber auch in geologischer Hinsicht lag in Australien ein weites Feld offen. Schon um das Jahr 1840 war durch die Arbeiten Sir Roderick I. Murchison's ein Vergleich zwischen den goldtragenden Gebirgsformationen des Ural und den silurischen Gebirgen Australiens gezogen, welcher vielfach den Glauben erweckte und befestigte, dass unermessliche Reichthümer an edlen Metallen in und jenseits der Blauen Berge von Neu-Süd-Wallis zu finden sein würden. Alles dieses zusammengenommen, der geographische, der philosophisch-naturwissenschaftliche und der praktisch geologische Standpunkt mussten die energischsten Bestrebungen zur Aufklärung des Dunkels, das noch über dem Kontinente lagerte, im höchsten Maasse begreiflich erscheinen lassen, und wir erkennen in der Entscheidung des jungen Gelehrten, sich ein Feld zu wählen, auf dem er seine Kräfte und Kenntnisse verwerthen konnte, auf welchem er schliesslich als Opfer wissenschaftlicher Begeisterung fallen sollte, das Resultat einer durch die gründlichsten Studien gebildeten und geläuterten Einsicht.

Wer nur einigermaassen mit den Verhältnissen der Kolonie Neu-

Süd-Wallis zur Zeit, als Leichhardt dieselbe betrat, bekannt ist, vermag sich eine Vorstellung zu machen von den Schwierigkeiten, welche sich ihm in der Ausführung seiner Pläne entgegenstellen mussten. Ohne nähere gesellschaftliche Beziehungen, ohne erhebliche Geldmittel und Erfahrung in australischen Dingen musste dem jungen Manne die Anbahnung einer Thätigkeit, die ihn zu dem ersehnten Ziele führen sollte, ausserordentlich schwer werden. Sein gesunder Verstand sagte ihm, dass die wenigen Beziehungen und die beschränkten Geldmittel, welche er der Fürsorge seines Freundes Nicholson verdankte, nach und nach durch unermüdliches Streben ausgebildet, beziehungsweise vervollständigt werden müssten. Vor allem handelte es sich darum neben gründlicher Kenntniss des Lebens in der Wildniss und der Art und Weise, in Australien zu reisen, die wissenschaftliche Einsicht in die Eigenthümlichkeit der dortigen Naturerscheinungen zu schärfen. Und so sehen wir denn, wie der junge deutsche Gelehrte, nachdem er sich in Sydney die ersten festen Beziehungen begründet, nachdem er ein volles Vertrauen in seine Wissenschaftlichkeit und Selbstlosigkeit errungen, sich mühevoll den Widerwärtigkeiten eines rastlosen Wanderlebens in den halb der Kultur erschlossenen Gebieten von Neu-Süd-Wallis, Moreton-Bay und Neu-England aussetzte. Mit wenig Mitteln, einem guten Klepper, seine Wollendecke auf dem Rücken, den Kopf voll wissenschaftlicher Gedanken und das Herz voll grosser Entwürfe, zieht der junge Forscher von Gebirgszug zu Gebirgszug, von Creek zu Creek, von Station zu Station, überall Pflanzen sammelnd, die Thierwelt beobachtend und geologische Aufnahmen machend. Es waren arbeitsvolle Jahre, welche die Vorschule für die grösseren Reisen Leichhardt's bildeten, die zwischen der Landung und dem Aufbruch zu letzteren lagen. Die Briefe aus jener Epoche sind denn auch voll der interessantesten Schilderungen, theils über Land und Leute, theils über wissenschaftliche Gegenstände von allgemeinem Interesse, und gerade das schlichte Gewand, in welchem die Gegenstände dargestellt sind, verleiht jenen Schilderungen einen ganz besonderen Werth. Treffend äussert sich Leichhardt selbst über die Art der Schilderung der Natur vornehmlich in seinen Briefen, indem er hervorhebt, — und es ist dies sehr bezeichnend für seinen Charakter — wie es nicht möglich sei, ein Land von der landschaftlichen Einfachheit Australiens anders als in der einfachsten Sprache zu schildern.

Leider besitzen wir aus dem Schatze wissenschaftlicher Ergebnisse der Leichhardt'schen Untersuchungen nur weniges. Was wir aber namentlich über die geologischen Forschungen unseres Reisenden besitzen, lässt uns erkennen, dass wir es mit einem Forscher von durchaus gründlicher Bildung und hervorragender Begabung für die Beobachtung zu thun haben. Wir sind in dieser Hinsicht einem Jugendfreunde Leichhardt's, Professor H. Girard, zu Danke verpflichtet, der die geologischen Beobachtungen aus der Periode, von der wir hier sprechen, in einer höchst interessanten Schrift herausgegeben hat. *) Was in dieser Arbeit ein ganz besonderes Interesse beansprucht, ist jener Theil, der sich auf die Ueberreste bezieht, welche derselbe in dem Diluvium an den Ufern des Condamine auffand und von vergleichend anatomischem Standpunkte aus beschrieb. Diese Reste stehen zu den oben angeführten Untersuchungen von Owen über die Funde im Wellington-Thale in enger Beziehung.

Indem wir durch diese wenigen Bemerkungen die Vorstudien Leichhardt's zu seiner grossen Reise nur ganz oberflächlich berührt haben, wenden wir uns nunmehr zu jener Epoche seines Lebens, welche als dessen Glanzpunkt anzusehen ist und die in gewissem Sinne das versöhnende Moment bildet in den Betrachtungen, zu welchen uns das traurige Geschick des opfermuthigen deutschen Naturforschers anregen muss. Ehe wir jedoch darauf des Nähern eingehen, müssen wir den Stand der geographischen Kenntnisse um das Jahr 1844 flüchtig kennzeichnen.

Zur richtigen Beurtheilung der Kenntniss des Innern Australiens um jene Zeit und damit der für die Erforschung gegebenen Basis, ist es vor allem von Wichtigkeit den Ergebnissen der Reisen von Sturt und Eyre einige Aufmerksamkeit zu widmen; denn wie wichtig und folgenreich auch die Expeditionen von Mitchell, Cunningham und Kennedy für die Erforschung der Flussgebiete Süd-Ost-Australiens gewesen sind, so haben dieselben weder für die grosse Reise nach Port Essington, noch auch für die letzte Reise Leichhardt's einen so nachhaltigen Einfluss geäussert, wie die Unternehmungen der beiden zuerst genannten Entdeckungsreisenden. Der Einfluss jener Forscher, welche nahezu um dieselbe Zeit im Felde waren, zeigt sich mit Bezug auf die Unternehmungen unseres deutschen Gelehrten mehr im Lichte des Aneiferns zu neuen Thaten, als in jenem des für die Leichhardt'schen Unternehmungen Bestimmenden oder Verwerthbaren.

Berühren wir der Zeitfolge nach zuerst die Entdeckungsreisen Eyre's. Es lässt sich mit Bezug auf dieselben etwa Folgendes sagen. Die Kolonien im Südwesten Australiens waren von jenen im Osten durch weite und gänzlich unbekannte Länderstrecken getrennt. Eine Verbindung war überhaupt nur möglich zur See und zwar konnte diese Verbindung nur unter ungewöhnlich ungünstigen Verhältnissen

*) Beiträge zur Geologie von Australien von L. Leichhardt, herausgegeben von H. Girard. Halle, Schmidt, 1855.

von Wind und Wetter aufrecht erhalten werden. Daher hatte man schon früh in der Kolonie Süd-Australiens den Gedanken einer Verbindung zu Lande mit Swan-River angeregt und Eyre, der damals sich eifrig um die Erweiterung geographischer Kenntnisse Australiens bemühte, schien für die Lösung einer dahin zielenden Aufgabe sehr geeignet. Dem anspruchslosen Manne war zwar diese Aufgabe durchaus nicht sympatisch, vielmehr war seine Aufmerksamkeit und sein Forschungseifer der Aufklärung des eigentlichen Innern des australischen Kontinents zugewendet. Allein, wie dies so häufig zu gehen pflegt, waren es schliesslich kleine Umstände, welche ihn bestimmten, gegen seinen Willen das Leben für eine Reise von Süd-Australien nach Swan-River einzusetzen, indem er im allgemeinen dem Verlauf der grossen australischen Bucht folgte. Nach einem fehlgeschlagenen Versuche nach Norden, also in das Innere vorzudringen, begab er sich Ende des Jahres 1840 mit nur einem einzigen europäischen Begleiter auf die Reise und erreichte nach unerhörten Gefahren und Schwierigkeiten, und nachdem jener einzige Begleiter von den ihn begleitenden Eingeborenen meuchlings ermordet worden war, um die Mitte des Jahres 1841 den König George's Sund und damit die Kolonie Westaustralien. Durch diese kühne That war die Möglichkeit erwiesen, an der man ja auch kaum ernstlich zweifeln konnte, die getrennt liegenden Kulturstätten durch eine Ueberland-Route zu vereinigen, die freilich heute noch nicht als praktikabel zu bezeichnen ist. Einmal in diesem Umstande, sodann aber auch in der Thatsache, dass nun plötzlich die Aufmerksamkeit in Sydney und den östlichen Kolonien auf die Kolonie am Swan-River gelenkt wurde, erblicken wir den Einfluss auf jene Unternehmungen Dr. Leichhardt's, in deren Durchführungen er zu Grunde ging. Einen unmittelbareren und noch erheblicheren Einfluss auf diese Unternehmungen mussten die Entdeckungsreisen Sturts auf Leichhardt's grossen Plan, den australischen Kontinent zu durchkreuzen, ausüben. Beinahe gleichzeitig mit der grossen Reise unseres Landsmannes von Moreton Bay nach Port Essington führte Sturt jene wichtige Reise nach dem Innern Australiens aus, welche, was Mühsale, Gefahren und Enttäuschungen angeht, nahezu ohne Parallele in der Geschichte australischer Entdeckungen dasteht. Sturt verliess im September 1844 die Kolonie Süd-Australien, drang unter endlosen Schwierigkeiten und einer unerträglichen Hitze nach Norden vor und musste, von einer steinigen, so wie er glaubte, sich weithin nach Norden erstreckenden Wüste, gezwungen, am 6. September 1845, in 24° 23′ S. und 138° O. Länge zurückkehren. Gegen Ende desselben Jahres langten die Entdeckungsreisenden reich an Erfahrungen, aber auch an Täuschungen wieder in den Niederlassungen an. Das wesentlichste Resultat dieser Reise, das auch wie wir sehen werden einen wichtigen Einfluss auf die Entschlüsse Leichhardt's für sein zweites grosses Unternehmen hatte, war, dass nunmehr die Thatsache festgestellt schien, es befinde sich im Innern des australischen Kontinentes, oder doch zum mindesten zwischen den Meridianen von 137 und 140 eine undurchdringbare, weite wasserlose und steinige Wüste. Wie weit sich dieselbe nach Norden erstrecke und ob etwa gar bis zum Meerbusen von Carpentaria, blieb unentschieden.

Wir haben hier unserer Schilderung über Leichhardt's Thätigkeit auf dem australischen Kontinente vorgegriffen und dieselbe unterbrochen, weil es zweckmässig erschien, wenn auch nur im Allgemeinen, das Wesen und die Ziele der beiden genannten Expeditionen zu charakterisiren. Kehren wir jetzt zu der grossen That Leichhardt's zurück, die sich dahin zusammenfassen lässt, dass derselbe durch einen muthigen Zug die östlichen Kolonien, besonders Moreton-Bay mit dem fernsten Norden des Kontinentes, Port Essington, verband und die dazwischen liegenden Strecken geographisch und wissenschaftlich beschrieb. Um dieses Unternehmen in vollem Umfange zu würdigen, verweisen wir auf den Carton, welcher in der oberen Ecke der dieses Werkchen begleitenden Karte beigegeben ist und in ganz allgemeinen Umrissen den Zustand der geographischen Kenntnisse etwa um das Jahr 1843 und 1844 darlegt. Natürlich kann darauf von dem grossen Zuge Sturt's nach dem Innern noch nichts angegeben sein, sowie denn auch weitausgedehnte Züge nach dem Innern oder auch längs der Küste erst durch die schon beregte Expedition zu verzeichnen sind. Zwar hatte Sir Thomas Mitchell bereits die heutige Kolonie Victoria, Australia Felix, entdeckt, und Sturt dem Murray folgend das Gebiet am Spencer-Golf um die Mündung jenes Flusses aufgefunden, so dass in der Folge die Kolonie Süd-Australien gegründet werden konnte; allein das Unternehmen des muthigen jungen deutschen Gelehrten war ganz danach angethan, alle diese Errungenschaften in den Schatten zu stellen. Es kann dies umsomehr behauptet werden, als man in jener Zeit dem von Leichhardt mit Erfolg betretenen Wege durch das Innere beziehungsweise längs der Küste die Bedeutung einer Strasse beilegte, welche die nach damaligen Begriffen isolirt liegenden britischen Besitzungen in Australien in nähere Verbindung bringen musste mit Vorder-Indien. Man legte dem gegenseitigen Schutze, welchen beide Theile aus dieser Verbindung eventuell erhalten konnten, eine grosse, vielleicht etwas zu sanguine Bedeutung bei. Denn wir wissen heute, dass zwar eine telegraphische Verbindung ganz in der Nähe des Endpunktes der Leichhardt'schen Expedition ihre Landungsstelle für das unterseeische Austral-Indische Kabel hat, aber auch, dass eine praktisch verwerthbare, theilweise über den australischen Kontinent gezogene Verkehrs-Strasse zwischen beiden Ländern nicht besteht. Der Verkehr zwischen den östlichen und südöstlichen Kolonien Australiens und Indien wird auch heutzutage ausschliesslich auf dem Seewege bewerkstelligt.

Nach gründlichen Vorbereitungen und eingehenden Studien verliess Dr. Leichhardt mit mehreren Begleitern am 1. October 1844, also gerade drei Jahre nach seiner Einschiffung in London, die Niederlassungen im Moreton-Bay-Distrikt, um sich, anfangs dem Condamine-Flusse folgend, dem unbekannten Innern zuzuwenden. Es ist von Interesse hier zu konstatiren, dass Dr. Leichhardt zwar des gefahrvollen Charakters des grossen Unternehmens bewusst war, von den eigentlichen Hindernissen, von der möglichen Dauer seiner Reise sich aber keine Vorstellung machte. Anstatt 5 oder 6 Monate für dieselbe in Anspruch zu nehmen, wie er glaubte, gelangte er erst am 17. Dezember 1845 in die Niederlassung im Norden, also mehr als 14 Monate nachdem er die Niederlassung im Osten verlassen hatte. Es kann die Absicht dieser Arbeit nicht sein, die Erlebnisse und Ergebnisse, so wie die Einzelheiten der Expedition darin darzulegen, wofür um so weniger ein Grund vorhanden, als dieselbe bereits schon seit Jahren, theils durch Leichhardt's Werk selbst, *) theils auch durch wissenschaftliche Besprechungen in anderen Werken bekannt sind. Für den hier im Auge gehabten Zweck genügt es hervorzuheben, dass diese Reise die erfolgreichste mit Rücksicht auf die geographische und naturwissenschaftliche Ausbeute war, welche bisher ausgeführt wurde, dass sie vollkommen neues Licht über die bereisten Gebiete des Kontinentes verbreitete und endlose Strecken für Weide- und sonstige Kolonisations-Zwecke offen legte. Die Geologie, über welche nur wenig Zuverlässiges vorher bekannt war, erhielt unter dem wissenschaftlich gebildeten und geschärften Blicke Dr. Leichhardt's eine höchst instructive Beleuchtung. Ueber Fauna und Flora des Landes brachte die Expedition die werthvollsten Aufschlüsse mit und ist mit Rücksicht auf das zuletzt genannte wissenschaftliche Gebiet nur zu bedauern, dass die Sammlung an Pflanzen durch ein unglückseliges Ereigniss fast gänzlich zerstört wurde. Was ferner für uns von

*) Journal of an overland expedition in Australia from Moreton-Bay to Port Essington, a distance of upwards 3000 miles, during the years 1844—1845 by Dr. Ludwig Leichhardt. London 1847. Deutsch von Zuchold, Halle 1851.

einigem Interesse, ist das Verhältniss, in welchem der Führer der Expedition sich zu seinen europäischen Begleitern darstellt. Weniger aus dem Tagebuche, als aus den Briefen Leichhardt's an die Seinen geht hervor, dass er vielfach Grund zu haben glaubte, mit seinen Begleitern und deren Benehmen gegen ihn unzufrieden sein zu können. Von Interesse ist dieser Punkt insofern, als er uns manche Schlüsse zu ziehen erlaubt in Bezug auf das Verhalten desselben gegenüber seinen Begleitern auf der letzten Expedition, von der Niemand mehr wiederkehren sollte. Es wird sich Gelegenheit bieten, auf diesen Punkt zurückzukommen, wenn von der zweiten Reise, welche so unglücklich ausfiel, die Rede sein wird.

Nach dem, was soeben über die vorausberechnete Dauer der Reise gesagt wurde, vermag man sich lebhaft vorzustellen, wie man sich in den Kolonien mit dem Schicksale der Expedition beschäftigte und dass man glaubte, es sei dieselbe längst untergegangen. Man kann sich daher das Erstaunen der Kolonisten denken, als Leichhardt mit einem Male in den ersten Tagen des Jahres 1846 in Sydney auftauchte, nachdem er die Reise von Port Essington zur See an Bord der »Heroine« glücklich zurückgelegt hatte. Die Briefe aus der Periode, kurz nach Ankunft Dr. Leichhardt's in Sydney enthalten so viele Einzelheiten über den Jubel und den Empfang der Verlorengeglaubten, dass es an dieser Stelle nur nothwendig ist, auf sie zu verweisen. Die Wirkung dieses bisher in der Geschichte der Entdeckungsreisen auf dem australischen Kontinente einzig darstehenden Erfolges war sowohl in Hinblick auf das Leben und die Entwicklung der Kolonie, als auch mit Beziehung auf die Bestrebungen und die Stellung unseres Leichhardt eine durchschlagende. Wenn man bedenkt, dass die Rückkehr Sturts von seiner unglücklichen Reise nach der »Steinigen Wüste« gerade erst erfolgt war, als die Expedition vom äussersten Norden so grosse Errungenschaften mitbrachte, so wird man den Jubel, der dadurch hervorgerufen wurde, erst vollkommen zu würdigen vermögen. Dieser Jubel war um so aufrichtiger, als die Schilderungen Sturts die Hoffnungen der Kolonisten für das Auffinden eines reichen, der Kolonie zugänglich zu machenden Landes beträchtlich herabgestimmt hatten; man hatte bereits mit Resignation angenommen, dass die Steinige Wüste desselben eine undurchdringliche Barriere gegen das Vordringen nach dem Innern und dem Westen hin sein würde, und nun hatte Leichhardt den Beweis geliefert, dass man im Norden derselben dennoch den Westen sicher zu erreichen vermöge. Dazu kam noch, dass der Charakter des Landes längs der Südküste des Golf von Carpentaria, wie ihn die Expedition Leichhardt's festgestellt hatte, die Hoffnung zuliess, dass sich jene Wüste nicht sehr weit noch Norden erstrecke. Die Freude über diese Erfolge äusserte sich denn auch, wie dieses in den Briefen geschildert, durch reichliche Gaben, welche man den Entdeckungsreisenden zuwandte. Allein in höherem Maasse, als dies die materiellen Unterstützungen zu bewirken vermochten, waren die moralischen Eindrücke und Aeusserungen derselben darauf berechnet, die sociale Stellung Leichhardt's und seinen Ruf als Forschungsreisender zu befestigen. Auf ihn selbst, auf sein inneres Leben war die Wirkung der Art, wie man sie sich bei einem Manne seines Schlages, seiner Geistes Richtung und seiner Lebensanschauung nicht anders denken kann. Weit davon entfernt, ihn zu veranlassen, seine Leistungen zu überschätzen und nun ein Ruhelager auf den mühsam errungenen Lorbeeren zu suchen, spornten dieselben ihn zu neuer Thatkraft an. In seinem Geiste lebte von nun an nur noch der Gedanke, den Südwesten des australischen Kontinentes, welchen Eyre unter so tausendfachen Beschwerden im Süden erreicht hatte, durch das unerforschte Innere dringend, zu erreichen und sich mit Beziehung auf die Wahl seines Weges dahin durch die Forschungen Sturts leiten zu lassen.

Auch in Europa verfehlte der grossartige, glücklich durchgeführte Plan, den Südosten mit dem Norden des Kontinents zu verbinden, nicht, in allen Kreisen, welche sich für geographische Forschungen interessirten, einen tiefen Eindruck zu machen. Beleuchtet ward dieser Eindruck besonders dadurch, dass die beiden grössten und einflussreichsten geographischen Gesellschaften Europas dem kühnen Forscher die grösste Ehre, die in ihrer Macht zu verleihen stand, zuerkannten, indem er in ein und demselben Jahre die grosse goldene Medaille sowohl der Königlichen geographischen Gesellschaft in London, als auch jener in Paris erhielt. *) Aus den Briefen ersehen wir, dass Leichhardt zwar noch vor dem Antritt seiner letzten Reise Kunde von diesen Auszeichnungen erhielt, wir erkennen aber auch aus jenen Briefen, dass die ihm gewordene hohe Auszeichnung seinen bescheidenen Sinn nicht nachtheilig beeinflusste, und dass dieselbe nur wenig an seiner Anschauung über seine Lebenspläne zu ändern vermochte. Allerdings freute sich der vortreffliche Mann darüber, »wenn einsichtsvolle Männer seine Bestrebungen würdigen,« allein er fürchtete auch sein Streben zu entheiligen, wenn er allzu-

*) Die goldene Medaille der Londoner geographischen Gesellschaft wurde dem Freunde Leichhardt's, William Nicholson, in der Jahresversammlung am 24. Mai 1847 überantwortet; die grosse goldene Medaille der Pariser Gesellschaft wurde Leichhardt für seine ausgezeichneten geographischen Leistungen in der Jahressitzung im April desselben Jahres zuerkannt.

viel Nachdruck auf solche Aeusserlichkeiten legte. Wenige Monate später erblicken wir ihn denn auch schon auf's Neue an der Arbeit und in der Ausführung seiner weiteren Pläne begriffen.

Kaum war der erste Rausch der Freude und Begeisterung verflogen, so trat Leichhardt, ausgerüstet mit Hülfe der empfangenen Belohnungen und neuer Unterstützungen, seine zweite Entdeckungsreise an, bei welcher, wie wir aus den Briefen ersehen, er sich das Ziel gesteckt hatte, Swan-River zu erreichen, und die Uebergänge in Flora und Fauna von der östlichen nach der westlichen Hälfte Australiens zu beobachten. Jene Expedition, welche im September 1846 angetreten wurde und eine Kette von Misserfolgen und Widerwärtigkeiten darstellt, schloss, ohne ein wesentliches Resultat ergeben zu haben, um die Mitte des Jahres 1847 ab. Als Schauplatz der Thätigkeit wählte sich Dr. Leichhardt, indem er von Jimba am Condamine ausging, beiläufig dieselben Gegenden, die zu Ausgangspunkten seiner ersten Reise gedient hatten. Von den Reisebegleitern, die bei dieser Gelegenheit Leichhardt folgten, erwähnen wir nur einen Herrn Hely, der in der Folge, als Leichhardt verschollen war, die erste Aufsuchungs-Expedition leitete, und ferner einen Herrn D. Bunce, der sich dadurch eine traurige Berühmtheit erworben hat, dass er das Andenken an seinen früheren Chef in jeder Weise zu trüben für gut befunden. Uebrigens verdanken wir diesem Herrn Bunce den einzigen Bericht über diese zweite Expedition Leichhardt's. Derselbe wurde in dem Melbourner »Argus« veröffentlicht. Herr Zuchold hat sich auch das Verdienst erworben, diesen Bericht in's Deutsche zu übertragen und dem von ihm herausgegebenen Werke über Dr. L. Leichhardt einzuverleiben. *) Es kann kaum die Aufgabe dieser kurzen Abhandlung sein, darin auf alle auch in jenem Berichte enthaltenen Anschuldigungen gegen den opferfreudigen Forscher zu antworten. Wir haben schon hervorgehoben, wie Leichhardt mit seinen Begleitern auf der ersten grossen Reise nicht in den angenehmsten Beziehungen lebte und können uns aus diesem Grunde wohl auch denken, dass seine Begleiter auf der zweiten Reise ihm vielfach Veranlassung zur Unzufriedenheit gegeben haben. Bereitwilligst kann zugegeben werden, dass dieser Mangel an Einklang theilweise in der Natur unseres Forschers begründet lag, indem seine Begeisterung, sein von den edelsten Erwägungen eingegebener Eifer ihn wohl nicht immer gerecht fühlen liess gegen seine nur von Gewinnsucht und Hang nach Abenteuern

*) Dr. L. Leichhardt, eine biographische Skizze. Nebst einem Berichte über dessen zweite Reise im Innern des Austral-Kontinents nach dem Tagebuch seines Begleiters Daniel Bunce, von E. A. Zuchold, Leipzig 1856.

inspirirten Begleiter. Wenn im ernsten Kampfe um die Existenz, um die Erlangung der nöthigsten Bedürfnisse, Menschen von so weit verschiedenen Motiven auf einander stossen, so mag es wohl sein, dass das scharfe Schwert der Begeisterung und rücksichtslosen Hingabe an eine grosse Sache den Indifferentismus oft hart und tödtlich trifft. Wir aber können daraus mit Zuversicht den Schluss ziehen, dass der leitende Geist nicht immer und in allen Fällen nach voller Billigkeit gemessen haben mochte, dass er aber in irgend einer Weise unedel, wie uns Bunce durch einige seiner Schilderungen glauben machen will, gedacht oder gehandelt haben könne, müssen wir mit aller Entschiedenheit bestreiten.

›Die Götter brauchen manchen guten Mann
Zu ihrem Dienst auf dieser weiten Erde‹

wählte Leichhardt zum Motto für sein Tagebuch über die erste Reise; wer aber seine heiligsten Lebenszwecke unter solchem Losungswort erfüllt und von jeder Heuchelei so weit entfernt ist, wie Leichhardt sich in seinen Briefen zu erkennen giebt, bedarf keiner Vertheidigung, wenn wir ihn im Zwiespalte mit alltäglichen Anschauungen erblicken.

Das Jahr 1848 war kaum hereingebrochen, als der rastlose Mann aus den Trümmern der gescheiterten zweiten Expedition sich das Material für eine neue und noch grossartigere Anstrengungen erheischende Expedition zusammen raffte. Es könnte hier keinen Zweck haben, wollte man des Weiteren auf die Motive zu der neuen Expedition eingehen, nachdem bereits früher in grossen Zügen das Ziel der Bestrebungen Dr. Leichhardt's und der ihn dabei leitenden Gesichtspunkte dargelegt wurde. Ebenso wenig erscheint es erspriesslich für die, durch diese kurze Geschichte des Reisenden Leichhardt angestrebten Zwecke, auf die zahllosen Bemühungen zu Gunsten des neuen Unternehmens oder auch auf die in der Realisirung des Planes vereitelten Hoffnungen zurückzukommen, vielmehr geziemt es sich, in einfachen und bestimmten Umrissen die Absichten Leichhardt's darzulegen und in einer möglichst schmucklosen Weise den Verhältnissen und Thatbeständen der zu einer so traurigen Berühmtheit gelangten Expedition Rechnung zu tragen. Wir glauben dadurch in erster Linie den edlen, uneigennützigen Absichten Leichhardt's gerecht zu werden, indem wir gleichzeitig alles das zusammenfassen, was den gründlichsten Aufschluss über seine Bewegungen, nachdem er die Niederlassungen verlassen, giebt. Allerdings ist heute kaum mehr ein Zweifel darüber zu hegen, wo die Expedition ihr Ende gefunden; denn es hat sich bereits der Kreis der eine Beziehung dazu habenden Konjekturen so sehr verengert, dass mit ziemlicher Bestimmtheit die

Stelle angegeben werden kann, wo wir zu suchen haben werden, wenn wir die letzten Spuren, die letzten Aufzeichnungen und vielleicht das letzte Vermächtniss der untergegangenen Expedition retten wollen.

Theils aus den Briefen an die Seinen, und wir verweisen hier nur auf jenen vor seiner zweitletzten Reise geschriebenen Brief No. 41, geht unzweideutig hervor, dass Dr. Leichhardt entschlossen war, von dem Condamine aus eine Breite von 22 oder 23° zu erreichen und den nördlichen Rand von Sturts Wüste umgehend, nach Westen vorzudringen, um sich sodann, sei es der Küste folgend, sei es durch früher sich darbietende günstige Gelegenheiten dazu befähigt, nach Swan River zu wenden. Es ist rathsam, sich diese Grundzüge des Forschungsplanes Leichhardt's stets klar vor Augen zu halten. Denn wenn auch in denselben die Möglichkeit angenommen wird, es könne sich Sturts Steinige Wüste weithin nach Norden erstrecken, so dass die Expedition genöthigt werden würde den Golf von Carpentaria und damit Leichhardt's frühere Route zu berühren, so verliert diese Annahme einer Möglichkeit für uns jegliche praktische Bedeutung, da wir heute wissen, dass die Bedingung für jene Eventualität nicht vorhanden, und daher die Reisenden in den angegebenen Breiten für ihr Vorwärtsdringen nach Westen und sogar nach Südwesten, mit Rücksicht darauf unüberwindliche Schwierigkeiten nicht angetroffen haben werden. Vor allem aber muss man auch ferner an der Anschauung festhalten, dass einem Manne von der Natur Leichhardt's das Verfolgen einer Route nach Nordwesten oder gar nach Norden unter den gegebenen Verhältnissen ein Aufgeben seines grossen Planes bedeutet haben würde. Aus diesen Gründen waren wir stets der Ueberzeugung, dass Leichhardt von Jimba am Condamine oder von Mount Abundance, Mc. Pherson's Station am Cogoon aus, von wo sein letzter, vom 3. April 1848 datirter Brief*) geschrieben, nach dem Alice-Fluss sich gewendet habe und von dort nach Westen oder WSW vorgedrungen sei. Ehe wir übrigens des Näheren auf diese Expedition und auf die sich daran knüpfenden Vermuthungen über das Schicksal Leichhardt's eingehen, möge hier einiges über die Mitglieder, wie über Ausrüstung der Expedition gesagt werden.

Die Expedition zählte ausser dem Anführer Dr. Leichhardt sechs Mitglieder, vier Weisse und zwei eingeborene Australier. Die Namen der Weissen waren: Adolph Classen, Arthur Hentig, Donald Stuart und Kelly. Die Thiere, welche mitgenommen wurden, waren zwanzig Maulthiere, sieben Pferde, fünfzig Rinder; wahrscheinlich kam an

*) An einen Freund in Sydney. Siehe J. F. Woods, a history of discovery and exploration of Australia, vol. II p. 153.

der äussersten Grenze der Niederlassungen noch eine Anzahl Ziegen oder Schafe hinzu.

Die Dauer der Reise hatte Leichhardt auf 2½ bis 3 Jahre festgesetzt und darunter nur die Zeit verstanden, welche nothwendig sein würde, um von den östlichen Niederlassungen nach Swan-River zu gelangen. Wenn man erwägt, dass, um die Strecke von Moreton-Bay nach Port Essington zurückzulegen 14 Monate erforderlich waren, ferner, dass die sich darbietenden Schwierigkeiten um vieles grösser sein mussten auf dem geplanten Schnitte durch das Herz des Kontinents als längs der Küste nach den nördlichen Niederlassungen, so wird man unter allen Umständen zur Ueberzeugung gelangen, dass bei der Durchführung der Reise auf eine regelmässige Ausbeute der Hülfsmittel des Landes durch Jagd, Fischfang und Produkte aus dem Pflanzenreiche kaum gerechnet worden war, und dass daher die Ausrüstung an Lebensmitteln eine ungleich vollständigere zu sein hatte, als sie allem Anscheine nach wirklich war. Man vermag sich der Ueberzeugung nicht zu verschliessen, dass die getroffenen Vorbereitungen nicht der Grossartigkeit des Planes entsprechend waren. Daher war denn auch, als nach Ablauf von 3 Jahren, seit dem Abgange Leichhardt's und seiner Gefährten von den Niederlassungen keine Kunde eintraf, die Besorgniss gerechtfertigt, es möchte der Expedition nach einiger Zeit an dem nöthigen Unterhalte gefehlt haben. Es lässt sich ferner nicht verkennen, dass bei der damals noch sehr mangelhaften Kenntniss über den Zustand des Innern Australiens der Plan, so wie er von Leichhardt entworfen wurde, als über die Verhältnisse grossartig und kühn bezeichnet werden kann. Was 20 Jahre später, nachdem die Expeditionen in der grossen Epoche von Mc. Duall Stuart, von Burke und Wills in allgemeinen Zügen den Charakter und die Hülfsquellen des Innern Australiens dargelegt hatten, ausführbar und als auf festen Grundlagen ruhend erkannt werden konnte, musste in der That zu den Zeiten Leichhardt's als nahezu unausführbar erscheinen. Es gehörte die ganze Begeisterung und der unzügelbare Trieb eines von grossen Idealen geleiteten Forschers dazu, um eine solche Aufgabe überhaupt nur aufzunehmen. Unsere Bewunderung für die Kühnheit des, wie wir heute wissen, dürftig ausgestatteten Unternehmens wird sicherlich nicht vermindert, wenn wir dabei überlegen, dass jener Forscher die Erfahrung einer grossen und erfolgreichen Expedition zur Richtschnur benutzen konnte. Gewiss ist hier nicht der Ort, mit dem Maassstabe der nüchternen Ueberlegung sowohl den Plan, wie die Ausrüstung für dessen Durchführung zu messen; uns geziemt es vielmehr, nur die edlen Motive zu würdigen, und dem erfahrenen Australien-Reisenden und Naturforscher unsere Bewunderung zu zollen.

Wir haben auch in den vorliegenden Briefen wichtiges Material für die Beurtheilung von Personen und Ausrüstung dieser letzten grossen Unternehmung Dr. Leichhardt's. Sein letzter Brief an die Seinen vom 22. Februar 1848 enthält, wie wir aus dessen Wortlaut erfahren, manche interessante Winke und Einzelheiten, die im Verlaufe der Zeit, als der Schreiber derselben längst verschollen war, und die ganze gebildete Welt sich mit Zweifeln und Hoffnungen bezüglich seines Schicksals trug, bedeutend an Gewicht gewannen. Ganz abgesehen von den Andeutungen über Absicht und einzuschlagende Wege treffen wir darin gar manches, was uns über den körperlichen und geistigen Zustand Leichhardt's Aufschluss giebt. Es geht daraus hervor, dass er selbst fühlte, wie seine Gesundheit und seine körperliche Kraft nicht mehr dieselben waren, wie zur Zeit seiner früheren Reisen, dass er aber dem inneren Drange nicht widerstehen konnte und sich trotz alledem den unbekannten Gebieten des Innern Australiens zuwandte. Wer sich darüber klar geworden ist, wie gerade bei den Reisen in Australien gar vieles auch auf die Eigenthümlichkeiten und die Geeignetheit der Mitglieder einer Expedition ankommt, der wird nicht umhin können, auch Aufschluss zu erstreben über Leichhardt's Begleiter, um darauf hin Vermuthungen bezüglich des Schicksals der Expedition bauen zu können. Und hier ist es, wo unsere Kenntnisse allerdings sehr dürftig sind; wir wissen nur, dass Leichhardt Adolph Classen, der ein Seemann *) war und wohl auch eine diesem Berufe entsprechende Ausbildung erhalten hatte, als einen »wohlgebildeten jungen Mann« bezeichnete, dem aber, da er erst wenige Monate vorher australischen Boden betreten, eine Erfahrung mit Bezug auf Reisen in der australischen Wildniss (Busch-Erfahrung) nicht zur Seite stand, und dass die übrigen Begleiter, so weit die Mittheilungen reichen, sich der Zufriedenheit ihres Führers erfreuten. **) Alles das aber war sicherlich nicht genug, um Muthmassungen über Möglichkeit und Art und Weise des Ueberstehens von Gefahren, die sich einer solchen Expedition entgegenstellen mussten, mit einiger Sicherheit aussprechen zu können, Muthmassungen, welche die praktische Unterlage für die Sicherung einer thatkräftigen Hülfeleistung bieten konnte. Faktoren, die hierzu eine Beziehung haben konnten, mussten deshalb ausser Berechnung bleiben, indem man einfach anzu-

---

*) Ein Schiffs-Zimmermann, der am 15. April 1813 laut dem Kirchenbuch zu St. Georg in Hamburg geboren wurde.

**) Siehe den oben erwähnten Brief vom 3. April 1848.

nehmen hatte, dass der kühne Führer seine ihm treu ergebene und ihm vertrauende Schaar nach den uns bekannten Zielen und Grundsätzen geführt habe. Es wird dieser Gesichtspunkt um deswillen hervorgehoben, weil es nicht an Leuten fehlte, die gegen Führer wie gegen die übrigen Mitglieder Zweifel aussprachen — wir erinnern hier nur an das Auftreten des Herrn Bunce — und den Charakter und die Fähigkeiten Leichhardt's in einem Lichte erscheinen zu lassen bestrebt waren, welches den unter allen Umständen zu konstatirenden Misserfolg zum grossen Theil auf die inneren Zustände der Expedition wälzen musste*). Praktisch verwerthbar für die Aufklärung des Schicksals der in den unbekannten Wüsten Australiens Verschollenen konnten allein die Momente sein, dass Leichhardt ein erfahrener, von Erfolg gekrönter Forschungs-Reisender war, dass er unbeugsam dem vorgesteckten, uns bekannten Ziele nachstrebte und von der Ueberzeugung ausging, dass er die Steinige Wüste Sturts zu umgehen und unentwegt nach dem Westen oder Südwesten des Kontinents vorzudringen habe. Es ist zu bedauern, dass man bei den Unternehmen, welche im Laufe der Jahre zur Aufsuchung der Verschollenen in's Werk gesetzt wurden, nicht immer diese Momente klar vor Augen behielt und so die Richtung der einzelnen Forschungszüge gar häufig für die Erreichung des Zweckes wenig günstig wählte.

Es wurde schon hervorgehoben, dass drei Jahre verflossen waren, ehe die erste Expedition ausgesandt wurde, welche die bestimmte Aufgabe erhielt, nach den Spuren Leichhardt's zu suchen. Herr Hovenden Hely verliess im Anfang des Jahres 1852 Sydney und ging über Surat am Condamine-Fluss in der Nähe des Mount Abundance nach Westen vor, um Leichhardt's Spuren zu verfolgen. Leider liess dieser erfahrene Reisende (Buschmann), der ja auch die Eigenthümlichkeiten Leichhardt's kannte, sich durch vage Gerüchte der Ureinwohner über die Ermordung einer Anzahl Weisser irre leiten, und von dem Pfade, den er mit Glück bis zum Alice-Fluss, wo er unzweifelhaft Spuren der Verlorenen fand, verfolgt hatte, abbringen und zu einem ziemlich ziel- und planlosen Suchen verleiten. Nach einer zwar sehr mühevollen, aber erfolglosen Reise kehrte Hely schon am 22. Juni des genannten Jahres nach dem Balonne-Flusse und damit zu den Niederlassungen zurück.

Wenn man in der Folge häufig dem Vorwurfe begegnete, dass

*) Siehe Brief No. 44, durch dessen Veröffentlichung dem Wortlaute nach nicht ganz dem im Vorworte über die persönlichen Bemerkungen Gesagten entsprochen wird; allein es erschien durchaus nöthig, dass auch Dr. L.'s Ansicht über die Gründe des Scheiterns der Expedition bekannt werde.

man nach dem soeben erwähnten Versuche einer Aufsuchung Leichhardt's und seiner Gefährten eine lange Zeit verstreichen liess, bis abermals ein energischer Versuch zu diesem Zwecke gemacht wurde, so darf man nicht vergessen, dass in der auf Hely's Expedition folgenden Zeit ein Ereigniss eingetreten war, welches alle Verhältnisse störend beeinflusste, und auch die Bestrebungen zur Aufklärung des Schicksals Leichhardt's durchkreuzen musste. Wir meinen hier die Auffindung und die ersten Jahre der Ausbeute der Goldfelder Australiens. Durch dieses Ereigniss, welches um die Zeit der Reise Hely's eintrat, war auf geraume Zeit die Aufmerksamkeit aller Kolonisten von dem Innern Australiens abgelenkt, und kaum dachte man auf Jahre hinaus an etwas anderes, als an die Gewinnung materieller Güter.

Erst gegen die Mitte des Jahres 1855 begann man, abermals sich der Pflicht zu erinnern, nach der verschollenen Expedition zu suchen und eventuell derselben Hülfe zu bringen. Es wurde eine Expedition ausgesandt unter der Leitung eines der erfahrensten Entdeckungsreisenden Australiens A. C. Gregory, welcher sich Dr. F. Mueller (jetzt Sir F. Mueller), ein Landsmann Leichhardt's als Botaniker und ein Herr Wilson als Geologe anschloss. Diese Expedition ging an Bord zweier Schiffe nach der Mündung des Victoria-Flusses, welcher seit den Zeiten, da Stokes daselbst seine hydrographischen Aufnahmen machte, von Europäern nicht mehr besucht worden war. Nachdem Gregory an den Ufern dieses Flusses ein Depôt errichtet hatte, unternahm er einen kühnen Zug über die Wasserscheide jenes Litorale hinaus und drang bis 20° Südl. und 128° Oestl. Länge vor, musste jedoch wegen gänzlichen Mangels an Wasser, ohne eine Spur von Leichhardt oder von seinen Leuten gefunden zu haben, zurückkehren.

Am 21. Juni 1856 brach Gregory abermals auf, um nun das Land zwischen dem Victoria-Flusse und dem Golf von Carpentaria zu durchsuchen und folgte einer Route, welche sich jener Dr. Leichhardt's auf seiner ersten Reise ungefähr anschloss. Nirgends wurde auf diesem Wege eine Spur der Vermissten gefunden, und über die Flüsse Albert, Flinders und Gilbert kehrte die Expedition, nachdem sie zwar der Sache der Erforschung Australiens grosse Dienste geleistet, aber hinsichtlich des Hauptzweckes, der ihrer Aussendung zu Grunde lag, nur ein negatives Resultat ergeben hatte, Ende des Jahres 1856 über den Burdekin und den Belyando nach den Kolonien im Osten zurück.

Nach diesen unglücklichen Versuchen, das Schicksal Leichhardt's aufzuklären, trat zwar für einige Zeit eine Pause ein; allein schon zu

Anfang des Jahres 1858 unternahm A. C. Gregory von Moreton Bay aus abermals eine Aufsuchungs-Expedition.

Zehn Jahre waren nun verflossen seit den Tagen, da Leichhardt den Alice-Fluss erreicht haben konnte, und es lässt sich denken, dass nach so langer Zeit die Spuren, welche die Entdeckungsreisenden gelassen hatten, sehr verwischt worden waren. Es kann uns daher nicht Wunder nehmen, wenn Gregory von jenem Flusse an durch dieselben nicht mehr geleitet werden konnte und seinen Weg dem Barcu (Victoria oder Cooper's Creek) folgend über Strzelecki Creek Süd-Australien erreichte. Gregory hatte den Barcu und den Alice-Fluss in einem so schlechten Zustande mit Beziehung auf Wasser angetroffen, dass er zu der Vermuthung geleitet wurde, auch Leichhardt habe seiner Zeit eine gleich wasserlose Gegend angetroffen und sei in Folge davon zu Grunde gegangen. Er gründete seine Schlüsse darauf, dass er auf seinem ganzen Zuge von dem Alice nach dem Süden nirgends eine Spur der Vermissten gefunden hatte. Diese Voraussetzung erweist sich ebenso irrig als jene, welche der Expedition zur Aufsuchung der Leichhardt'schen Expedition nach dem Nordwesten zu Grunde lag. Hätte man von dem Alice aus im vollen Einklange mit den bekannten Absichten Leichhardt's die Nachforschung weiter geführt, so würde wohl schon um jene Zeit das Schicksal der Unglücklichen aufgeklärt worden sein.

Mit dem Jahre 1860 beginnt eine bedeutende Wendung in der Erforschung des australischen Innern. Mc. Duall Stuart durchkreuzte von 1860 bis 1862 sechs Mal *) in rascher Aufeinanderfolge das Centrum Australiens, bis er endlich die britische Flagge an den Ufern des Vandiemens-Golfs aufpflanzte. Burke und Wills durchzogen, dem Meridian von 141 folgend, das Innere, und eine Schaar von Expeditionen durchkreuzte nach allen Richtungen die östliche Hälfte des Kontinents. Sie alle hatten den Auftrag erhalten, eifrigst nach Leichhardt und seinen Gefährten zu spähen, und sie alle brachten mit Rücksicht auf deren Geschick keinen Aufschluss. Als endlich die Trümmer der Expedition, welche durch das eifrige Bestreben des hochverdienten Baron Mueller im Jahre 1865 ausgesandt worden war, unter Mc. Intyre, nachdem sie ein klägliches Ende gefunden, ohne authentische Spuren der Expedition gefunden zu haben, zurückkehrten, glaubte man alle Hoffnung aufgeben zu sollen. Wir werden nun zunächst sehen, worin der Grund für die Erfolglosigkeit aller dieser Bestrebungen nach meiner Auffassung zu suchen ist.

Will man mit einiger Aussicht auf Erfolg nach den Spuren von

*) Auf drei verschiedenen Reisen.

Forschungsreisenden, welche aus irgend welchen Gründen verschollen sind, Nachforschungen halten, so sollte man sich, namentlich wenn es sich um ein sehr ausgedehntes Gebiet handelt, zunächst und in erster Linie durch den dem ganzen Unternehmen zu Grunde liegenden Gedanken in der Ergreifung der Massnahmen bestimmen lassen. In zweiter Linie sollte man vor allen Dingen von der Ueberzeugung ausgehen, dass man einen Erfolg nicht zu erringen hoffen darf, wenn man in flüchtigem Zuge die etwa von den Verschollenen berührten Gegenden durchstreift. Was den ersten Punkt anlangt, so war es geboten, sich über die Bewegungen Leichhardt's und seiner Expedition vor allem klar zu werden, und sodann eine Richtung einzuschlagen, welche in allgemeinen Zügen mit der befolgten Route übereinstimmt. Wir erkennen gerne an, dass man sich in den Kreisen, welchen die Ausrüstung und die Direktive für eine Nachforschungsreise anvertraut war, redlich bemühte, die Ideen Leichhardt's zu erfassen und gemäss der gewonnenen Ueberzeugung zu verfahren. Man schloss, dass die Verschollenen sich nach Nordwest gewendet und etwas südlich von dem Victoria-Flusse des Nordwestens zu Grunde gegangen, oder von feindlichen Ureinwohnern festgehalten wurden.

Indem man die Expedition unter Gregory nach dem Nordwesten entsandte, um von dort aus die Stelle der Katastrophe zu suchen, beging man den Fehler, anzunehmen, es sei möglich, die jedenfalls nur sehr dürftigen Spuren, gleichsam wie vom Glücke bevorzugt, aufzufinden und sich dann je nachdem in den weiteren Massregeln durch die vorgefundenen Verhältnisse bestimmen zu lassen. Es ist wahrlich nicht zu verwundern, ganz abgesehen von den faktischen Verhältnissen, wie wir sie jetzt kennen, dass Gregory von den Reisenden jenseits der Wasserscheide am Victoria-Flusse keine Spuren getroffen. Ebenso aller Vorausberechnung sich entziehend würde der Zufall gewesen sein, wenn die Expedition Gregory's auf ihrem Zuge von dem Lager am Victoria nach den östlichen Niederlassungen, ungefähr in paraleller Richtung mit Leichhardt's Expedition vom Jahre 1845, auf die erhofften Spuren gestossen wäre. Erst am Ende der ganzen Expedition, deren wissenschaftlichen Werth wir wahrhaftig nicht unterschätzen, konnte man eine wohlbegründete Hoffnung hegen, Leichhardt's Spuren zu finden, weil man eben thatsächlich dahin zurückkehrte, von wo Leichhardt ausgegangen war, und weil man aus dem Labyrinthe der Möglichkeiten einen Ausgangspunkt gesucht hatte, der nur eine geringe Wahrscheinlichkeit bieten konnte, auch den Schlüssel zu demselben zu finden. Die Reise Hely's ging entschieden zuerst von der richtigen Voraussetzung aus, dass Leichhardt seinen Weg über die ihm bereits bekannten Gebiete genommen hatte, und dass es nun geboten sei, auf diesem Wege zu folgen. Die Auffindung der Spuren der vermissten Expedition am Alice-Flusse rechtfertigte denn auch das Vorgehen Hely's und es ist nur zu bedauern, dass sich der erfahrene Mann durch das Geschwätz und die Wichtigmacherei der Schwarzen bestimmen liess, planlos nach den angeblich ermordeten Forschungsreisenden zu suchen, anstatt die aufgefundenen Spuren in vorurtheilsfreier und nachdrücklicher Weise zu verfolgen. Auch wir sind heute geneigt, zu glauben, dass dem Gerüchte der Ermordung Leichhardt's und seiner Gefährten etwas Wahres zu Grunde lag; allein gewiss musste man bei einiger Erfahrung im Umgange mit Schwarzen der Ueberzeugung sein, dass dem vorgeblichen Wissen von der Stelle der Katastrophe schwerlich faktische Erhebungen zur Seite standen und also auf diesbezügliche Angaben ein Plan zur Aufsuchung Leichhardt's nicht gebaut werden konnte. Gregory folgte auf seinem zweiten Aufsuchungszuge nahezu den durch Hely ursprünglich gegebenen Richtungen, und es ist demnach die Einleitung zu diesem Unternehmen als eine korrekte zu erachten. Wir haben schon betont, wie sich Gregory durch die trostlose Erscheinung des Gebietes in der Nähe und im Westen des Alice-Flusses die Annahme zu machen berechtigt glaubte, Leichhardt sei in jenen Strichen zu Grunde gegangen, oder aber er hätte sich südwestwärts gewendet. Dass Gregory sich durch diese Voraussetzungen bestimmen liess, einen südwestlichen Kurs zu befolgen und vom Alice-Fluss aus nach den Niederlassungen in Südaustralien zurückzukehren, haben wir stets für bedauerlich erachtet. Bei dem unbeugsamen Geiste des verschollenen Forschungsreisenden, bei der rücksichtslosen Hingabe, mit welcher er seine Ziele zu verfolgen pflegte, konnte nur eine Annahme gemacht werden, nämlich, dass er zwischen 22 und 23° südl. Breite nach Westen vorgedrungen sei und sich dabei nur bestimmen lassen würde durch die Erstreckung von Sturt's Wüste nach Norden hin. Nach dieser Annahme war vom Alice-Fluss aus weiter vorzugehen, wenn die Zwecke der Aufsuchungsexpeditionen erfüllt werden sollten.

Bezüglich des zweiten Punktes, welcher das ganze Verfahren der Nachsuchungsexpeditionen, wie sie geführt werden sollten, in seinem innersten Kerne trifft, können wir nur mit noch grösserer Entschiedenheit die Art und Weise ungünstig beurtheilen, in welcher man vorging. Würde man wenige Monate oder ein Jahr später Nachforschungen organisirt haben, so war die Möglichkeit auf die alsdann noch frischen Spuren zu treffen selbst in dem Falle gegeben, wenn man in flüchtigem Zuge die betreffenden Gegenden durchstreifte.

Wenige Jahre später lagen die Verhältnisse für den Erfolg ungleich ungünstiger: die alsdann schon verwischten Spuren konnten nur durch die eingehendste Erforschung entdeckt und verfolgt werden. Es bedurfte der Durchforschung bestimmter Gegenden von fest begründeten Mittelpunkten aus, und die Wahl dieser Mittelpunkte war lediglich durch die von den vermissten Forschern wahrscheinlich verfolgte Route zu entscheiden.

Man wird sagen, dass die Durchführung der soeben ausgeführten Grundsätze in dem Falle der Nachforschung nach Leichhardt ungewöhnlich grosse Anstrengungen erfordert haben würde, während die Aussendung flüchtig die Gegend durchziehender Expeditionen rascher einen Erfolg verhiess, weil man mehr Gebiet durchstreifte. Darauf ist nur das zu antworten, dass das einfache Durchstreifen in einem solchen Falle nach allgemein menschlicher Berechnung kaum einen Zweck haben konnte, wenn man dabei die Sache selbst, um derenwillen überhaupt die Anstrengungen gemacht wurden, im Auge behält. Dass schliesslich das Resultat einer Durchforschung, rein geographisch aufgefasst, ein ungleich bedeutsameres ist, wenn es von fest begründeten Depôts aus geschieht, anstatt durch flüchtige Züge, bedarf wohl keiner Ausführung.

Wenn die dargelegten Ansichten noch einer gründlicheren Beweisführung, durch Thatsachen gestützt, erheischen sollten, so darf man diese Beweisführung durch die Expeditionen, welche den östlichen Theil des Kontinentes nach allen Richtungen hin seit den letzten 20 Jahren durchschnitten, als völlig erbracht ansehen. Wir wissen heute, vorausgesetzt, dass die neuesten Nachrichten über den Ort der untergegangenen Expedition und die Auffindung der lebenden Spuren von Classen richtig sind, dass nahezu sämmtliche Expeditionen von Burke und Wills bis auf Mc. Intyre und Hodgkinson mindestens einmal die Route Leichhardt's von dem Alice nach dem Innern durchschnitten haben müssen ohne auch nur eine Ahnung darüber, beziehungsweise Gewissheit zu haben. Ist die Chance des Erkennens, der Berührung oder Durchschneidung einer Route, deren Hauptrichtung nahezu 90^{0} davon ab liegt, an und für sich schon gering, so ist auch das Verfolgen der Spuren, gesetzt man hätte solche getroffen, ungleich schwieriger, als wenn man der wahrscheinlichen Route ungefähr gefolgt sein würde. — Von solchen und ähnlichen Erwägungen geleitet, hat der Schreiber dieser Zeilen im Jahre 1868, also gerade 20 Jahre nach dem Verschwinden der Leichhardt'schen Expedition in der australischen Wüste, der Königlichen Gesellschaft *) und der

*) On a Scientific Exploration of Central-Australia by Dr. G. Neumayer. From the Proceedings of the Royal Society, No. 102, 1868.

Königlichen Geographischen Gesellschaft in London den Vorschlag gemacht, eine wissenschaftliche Expedition auszusenden, welcher in erster Linie auch die Aufgabe gestellt war, das Schicksal Leichhardt's aufzuklären; dabei wurde der Ausgangspunkt an der Ostküste in 20° südlicher Breite gewählt und ein Vordringen in Etappen nach dem Innern vorgeschlagen. Es wurde davon Abstand genommen, die Spuren am Alice-Flusse aufzusuchen, weil durch die für die Forschung projektirten jeweiligen Mittelpunkte Gelegenheit genug geboten schien, auf die Leichhardt'sche Route einzuschneiden. Von den vier auf der Route bis zum 140. Längengrad projektirten Depôts würde das vierte, wenn der ganze Plan zur Ausführung gebracht worden wäre, auf die wahrscheinliche Route gefallen und nur wenige Meilen entfernt gewesen sein von der Stelle am Mulligan-Flusse, wo angeblich die Spuren Classen's, wie wir gleich sehen werden, gefunden wurden. Dieser Vorschlag wurde auch in Petermann's Mittheilungen in deutscher Sprache zur Veröffentlichung gebracht und in dem Aufsatze: »Dr. Neumayer's Projekt zu einer wissenschaftlichen Erforschung Central-Australiens« mit dürren Worten hervorgehoben, dass man in erster Linie die Strecke zwischen Burke's und Stuart's Route gewissenhaft durchforschen müsste. *) Die beigegebene Karte enthält den Vorschlag in allgemeinen Zügen eingezeichnet, sowie auch darauf die verschiedenen Routen der Reisenden, die sich der in Frage kommenden Stätte näherten, angegeben sind. Ein Blick belehrt über das thatsächliche Verhältniss, über das wir eben gesprochen, so dass jede weitere Erläuterung als überflüssig erscheint.

Im Jahre 1869 wurde dieser Vorschlag einer wissenschaftlichen Expedition durch Australien nach dem Plane Dr. Leichhardt's und zu dessen Aufsuchung vor der Versammlung der British Association in Exeter wiederholt und auf's Neue der Versuch gemacht, ein thatkräftiges Interesse an der Sache zu wecken. Leider war auch dieser Versuch ohne Erfolg und die bald darauf eintretenden grossen politischen Ereignisse machten die Ausführung des Planes unmöglich und lenkten die Thätigkeit des Schreibers dieser Zeilen einem anderen Felde zu. Mit dem Bewusstsein, seine Pflicht einem unglücklichen Landsmanne und wissenschaftlichen Forschungsreisenden gegenüber erfüllt zu haben, gab er mit schwerem Herzen die Hoffnung auf, seinen Vorschlag jemals in Ausführung gebracht zu sehen.

Anfang der 70er Jahre war ein Ereigniss eingetreten, welches in gewissem Sinne die Sachlage erheblich änderte und das Feld,

*) Petermann's Mittheilungen 1868 Heft XII Seite 250.

welches zur Nachforschung gelassen war, sehr einengte. Als die Ueberland-Telegraphen-Linie in Angriff genommen und rasch gefördert wurde, war sehr bald eine Linie vom Spencer-Golf nach Norden gezogen, über welche hinaus die vom Osten herkommende Expedition nicht gedrungen sein konnte, da man nirgends eine Spur derselben fand. War es schon unwahrscheinlich, dass Stuart sechs Mal dieser Linie entlang ziehen konnte ohne eine Spur von Leichhardt zu finden, so musste die Thatsache, dass dieselbe nicht westwärts gekommen sein könnte, nunmehr als festgestellt angesehen werden.

Wer vor zehn und mehr Jahren in einer der australischen Kolonien lebte, erinnert sich gewiss noch, wie von Zeit zu Zeit die ganze Bevölkerung von der Nachricht in Aufregung versetzt wurde, dass Leichhardt und seine Gefährten im Innern Australiens gefunden worden seien; theils sprachen diese epidemisch auftauchenden Gerüchte von Spuren, die man an Bäumen eingeschnitten oder in der Erde vergraben vorgefunden, theils aber berichtete sie auch, dass noch Einer oder Mehrere der Leichhardt'schen Expedition mit den Wilden lebten und von denselben zurückgehalten würden. Was wir heute über den Verlauf und den Untergang der Expedition wissen, lässt uns vermuthen, dass diese Gerüchte vielfach an Thatsächliches anknüpften, das von Stamm zu Stamme verbreitet, endlich in theilweiser oder gänzlich entstellter Form die Niederlassungen erreichte. Natürlich mussten solche Nachrichten den schon zum grossen Theile in hoffnungslosem Aufgeben der Verschollenen erlahmten Eifer zu neuen Versuchen anspornen, so dass, sei es von Privaten, sei es von der Regierung, in solchen Momenten der Erregung kleinere Partien von Forschungsreisenden ausgesandt wurden, um nach Leichhardt zu suchen; sie alle aber litten an denselben, im Vorgehenden zur Genüge dargelegten Mängeln. So geschah es unter Anderem, dass im Jahre 1871 ein Polizeibeamter Gilmore bis in die Gegend vordrang, welche wahrscheinlich theilweise das Geheimniss über das Schicksal der verlorenen Expedition barg. Es wurden südlich vom Mulligan-Flusse Gräber gefunden, die Ueberreste von Europäern enthielten, darunter Sattelzeug, Haare, die zum Ausstopfen der Sättel benutzt worden waren u. dgl. m. Leider scheint die Untersuchung jener Stelle, die in der Nähe von jenem Punkt liegt, bis zu welchem Sturt im Jahre 1845 vordrang, nicht eingehend genug geführt worden zu sein, um die Bedeutung derselben für die Leichhardt'sche Expedition in's volle Licht stellen zu können. Gilmore und mit ihm Alle, welche sich überhaupt für die Lösung des Problems interessirten, gelangten schliesslich zur Ueberzeugung, dass die gefundene Grabstätte in einem unmittelbaren Zusammenhange mit Leichhardt's Unternehmen nicht stände; oder es bleibt unverständlich, weshalb Spuren nicht verfolgt wurden.

Im Jahre 1874 trat in der Kolonie Queensland ein Mann Namens Andrew Hume auf, welcher vorgab, weit aus dem Innern zurückzukehren, wo er einen weissen Mann und früheren Gefährten Leichhardt's angetroffen und mit demselben im Jahre 1867 zwei Monate zusammen gelebt habe. Hume war ein entlassener oder entsprungener Verbrecher, der sich erwiesenermaassen eine Reihe von Jahren in der Wildniss Australiens herumgetrieben und wie es scheint, dem Arme der Gerechtigkeit entzogen hatte. Es kann daher nicht Wunder nehmen, dass seinen Aussagen von vorn herein kein Glaube geschenkt wurde, man vielmehr allgemein der Ansicht war, dass die Geschichte von dem weissen Manne lediglich Erfindung sei. Dazu trat noch ein Umstand, welcher die verbreitete Ansicht nur zu bestätigen schien. Aus übergrossem Eifer, die Wahrheit zu erhärten, oder wohl auch aus Hang zur Unwahrheit, schmückte derselbe seine Erzählungen noch damit aus, dass er berichtete, er hätte durch die Vermittelung Classens eine Anzahl der der früheren Expedition angehörigen Gegenstände, als einen Octanten, einen Kompass u. s. w. erhalten und bis zu dem letzten Lager vor den Niederlassungen gebracht, allwo ihm dieselben in einer unglücklichen Nacht entwendet worden seien. Hatte nun diese Darstellung des Sachverhaltes an und für sich wenig Glaubwürdiges, so wurde die Unwahrheit derselben später noch dadurch dargethan, dass die Gegenstände erwiesenermaassen nicht Leichhardt, sondern Herrn R. C. Burton gehörten.*) Aus mancherlei Rücksichten, gegründet auf jüngst gemachte Erhebungen, scheint nun hervorzugehen, dass Hume allerdings bis in die Gegenden der Centraltelegraphen-Linie gekommen war; auch müssen wir annehmen, dass er in Wirklichkeit mit Adolph Classen, dem Gefährten Leichhardt's, in der Nähe des Mulligan-Flusses zusammengetroffen ist, und man kann es nur bedauern, dass der, hinsichtlich seiner sittlichen Grundsätze jedenfalls einer ziemlich ungünstigen Beurtheilung unterworfene Mann es für gut befunden, Lüge mit Wahrheit zu vermischen und dadurch die letztere der ihr innewohnenden Macht gänzlich beraubte. Allerdings theilte zum Mindesten ein Herr Du Faur die allgemeine Ansicht nicht, dass Humes Aussage durchaus auf Unwahrheit beruhe, und diesem Umstande verdankte es der unglückliche Mann, dass es ihm möglich wurde nochmals für das Bruchtheilchen von Wahrheit seiner Aussage einzutreten. Auf Kosten jenes Herrn rüstete sich Hume im Jahre 1874 aus und zog im Dezember nach dem Innern, um Classen aufzusuchen

*) Mr. Todd's Bericht (South Austr. Register Oct. 19. 80).

und eventuell nach den Niederlassungen zurückzuführen. Eine aussergewöhnlich grosse Dürre hatte um jene Zeit die Landstriche, die Hume zu passiren hatte, heimgesucht, und derselbe fand hier seinen Tod, wodurch er in gewissem Sinne ein Zeugniss für die Wahrheit seiner Aussage erbracht hatte. *)

Nach diesem Ereigniss sank abermals das Schicksal Leichhardt's und seiner Gefährten in Vergessenheit. Sechs Jahre vergingen, bis dasselbe wieder lebhaft den Kolonisten Australiens in Erinnerung gebracht wurde, indem ein Herr Skuthorpe, der am Herbert-Flusse eine Niederlassung hat, unleugbare Spuren des langjährigen Aufenthaltes von Adolph Classen an dem Mulligan-Flusse fand. Nach den Mittheilungen jenes Herrn wurden mehrere Mischlings-Kinder aufgefunden, welche die deutsche Sprache redeten und mit der Bibel bekannt waren; auch sollen dieselben Mittheilungen über ihren Vater gemacht haben, welche es als unzweifelhaft erscheinen lassen, dass der Name desselben Classen, des Begleiters Leichhardt's, war. Derselbe soll im November 1876 auf einem Fluchtversuche, welchen er zur Erreichung der nur 20 Meilen entfernten Expedition von Hodgkinson unternommen, umgekommen sein. Die Angaben des Herrn Skuthorpe lassen darauf schliessen, dass die Stelle, an welcher Classen nahezu dreissig Jahre unter den Wilden lebte und schliesslich sein Ende gefunden, ungefähr auf dem Wendekreis des Steinbocks und in 138° östlicher Länge sich befinde. Unsere Karte zeigt jene Gegend durch einen rothen Kreis an. In ganz jüngster Zeit sind auf dem Wege der australischen Centraltelegraphen-Leitung Nachrichten nach Adelaide gekommen, welche mit ziemlicher Bestimmtheit darauf schliessen lassen, dass Leichhardt und seine Gefährten ungefähr einige hundert Meilen östlich von »Charlotte waters« umgekommen sind, und zwar sollen dieselben in zwei Zügen ein Gewässer passirend von Schwarzen überfallen und niedergestochen worden sein. Herr Ch. Todd stellt in einem längeren Berichte alle die Thatsachen zusammen, welche durch die Bediensteten an der Telegraphenlinie in den betreffenden Breitegraden im Laufe der Zeit gesammelt wurden und kommt zu dem Schlusse, dass die unheilvolle Katastrophe sich unter dem 25. Breitengrade und zwischen der Telegraphenlinie und der Route von Burke und Wills zugetragen habe. Es bleibt ja nun zu erwarten, ob sich die ermittelten Thatsachen und die darauf begründeten Vermuthungen bestätigen oder nicht, immerhin aber scheint so viel fest zu stehen, dass in den bezeichneten Gegenden entweder

*) Siehe Verhandlung der Gesellschaft für Erdkunde in Berlin. Januar 1875. Seite 28.

ein Theil oder die ganze Expedition Dr. Leichhardt's ihren Untergang gefunden. Wie und auf welche Weise die Geschichte des Lebens und Untergangs von Classen mit dem Untergange eines Theiles der Expedition in Einklang zu bringen sei, das zu ermitteln ist eine Aufgabe, deren Lösung sich die Kolonien so schleunigst als möglich unterziehen sollten. Vor Allem aber muss ernstlich daran gedacht werden, zum Mindesten sämmtliche Spuren und etwaige Dokumente, die in der Gegend der Katastrophe unfehlbar noch vorhanden sein werden, zu untersuchen, beziehungsweise zu retten.

Es wurde, als von den verschiedenen Expeditionen die Rede war, welche im Laufe der Zeit ausgesandt wurden, um nach der Leichhardt'schen Expedition zu suchen, schon dargethan, wie von Berufenen und Unberufenen Vermuthungen über die Route und das Verbleiben der kleinen Schaar geäussert wurden. In der That entsprang dem Bedürfnisse, welches eigentlich ein Jeder in sich fühlen musste, etwas zur Aufklärung des Schicksals der Verschollenen beizutragen, eine ganze Reihe von Schriften, die oft mit mehr oder minderem Geschicke und auch mit mehr oder minderem Glücke die Frage über den Verbleib der Leichhardt'schen Expedition zum Gegenstande hatten. Unter ihnen sind in erster Linie diejenigen des Rev. W. B. Clarke, des verdienstvollen Geologen, eines Freundes Dr. Leichhardt's, zu nennen. Ihm hatte der Reisende bevor er Sydney verlassen, in eingehendster Weise seine Pläne mitgetheilt und sicherlich auch mit ihm die Chancen, auf einem oder dem anderen Wege das Ziel zu erreichen, besprochen. Herr Clarke, welcher erst im Laufe der 70er Jahre in Sydney gestorben ist, hat sich denn auch alle Zeit redlich bemüht, seine Auffassung über die Leichhardt'sche Route darzulegen und Pläne zur Rettung auszudenken und vorzuschlagen. Leider ging er von der Ueberzeugung aus, dass die Expedition niemals den Barcu-Fluss erreicht, und es lässt sich seine Meinung kurz dahin zusammenfassen, dass die Leichhardt'sche Expedition weit im Nordwesten gefunden werden würde und zwar weiter nach dieser Richtung hin, als jemals eine Nachforschung gemacht worden sei. Er glaubte, dass man am Victoria-Flusse, wo, wie wir bereits gesehen haben, Gregory seine Nachforschungen anstellte, suchen müsse. In dem Falle sowohl von Clarke wie in jenem von jedem andern, der über die Sache schrieb, wurde mit einem beträchtlichen Aufwande von Scharfsinn alles das zusammengetragen und beleuchtet, was man bereits an Spuren aufgefunden hatte, oder doch glaubte aufgefunden zu haben. Zuerst waren es die Spuren Leich-

*) Wood's, a history of the discovery etc. Vol. II p. 518.

hardt's, welche Hely am Alice entdeckt, sodann alles das, was Gregory und späterhin in den 60er Jahren Walker, Landsborough und andere in Distrikten gefunden, die der reisende Forscher nur eben berührt und theilweise auch auf seinen früheren Expeditionen besucht hatte. Wo immer ein Baum gefunden wurde, in welchem ein »L« eingeschnitten war, vermuthete man eine veraltete Lagerstätte, und es ist in der That interessant, den Konjekturen zu folgen, welche auf oft sehr dürftigen Anzeichen begründet waren. Aus der grossen Reihe solcher Produkte der menschlichen Spekulation, heben wir blos die sorgfältige Bearbeitung der Leichhardt'schen Spuren von Julian E. Tenison Woods hervor, die als Anhang zu seinem Werke »A History of the Discovery and Exploration of Australia« zum Abdruck gelangte. Indem wir jener fleissigen Arbeit und den derselben zu Grunde liegenden Ideen alle Anerkennung zollen, vermögen wir doch nicht, den darin niedergelegten Resultaten der Spekulation beizupflichten. Es ist in Wirklichkeit schwierig zu verstehen, was Herr Woods damit meinte, wenn er im Jahre 1865 sagte, dass jetzt die Route nahezu mit Sicherheit festgestellt werden könne. Herr Woods vermag die Ansicht Clarke's nicht zu theilen, ohne uns übrigens etwas Plausibles dafür bieten zu können. Heute, wo wir mit ungleich grösserer Sicherheit bis auf eine gewisse Entfernung die Route Leichhardt's verfolgen können, ist es von wenig Werth, jene Spekulationen weiter zu verfolgen, indem dieselben kaum mehr als ein historisches Interesse bieten. Gewiss entsprangen alle Bestrebungen, Vermuthungen über die wahrscheinliche Route und über das wahrscheinliche Schicksal der Leichhardt'schen Expedition aufzustellen, menschlich guten Motiven, und wir hätten auch insofern nichts gegen dieselben einzuwenden; wenn aber diese Vermuthungen zum Kern und zur Grundlage von Unternehmungen zu Gunsten der Verschollenen benutzt wurden, so müssen wir nicht sowohl mit Rücksicht auf die Vergangenheit, als in Hinblick auf fernere Eventualitäten ähnlicher Art dagegen Einsprache erheben. Selbst die Autorität vermag sich, vor eine solche Frage gestellt, wie sie die Aufklärung des Schicksals verschollener Reisenden in grossen Gebieten in sich schliesst, zu irren, und sie hat sich geirrt, wie uns dies die Geschichte verschollener geographischer Expeditionen zur Genüge erweist. Wir vermögen solches zu entschuldigen und bedauern nur, wenn durch vorgefasste Meinungen das Einschlagen des richtigen Weges zur Rettung oder Hülfe verhindert wurde. Das Breitmachen von Ansichten durchaus Unerfahrener, namentlich wenn sich dieselben in vollen Widerspruch setzen mit den vorliegenden

Thatsachen, müssen wir aber auf das Entschiedenste zurückweisen, weil dadurch vielfach das Gute verhindert und Unheil gestiftet werden kann. Wir ziehen aus dem Falle, mit welchem wir uns hier zu beschäftigen hatten, die Lehre, die auch wohl durch eine Reihe anderer in ähnlicher Weise gewonnener Thatsachen gestützt wird, dass man zwar alles, was zur Feststellung einer wahrscheinlichsten Route und Aufenthaltsstelle führen kann, reiflich zu erwägen, aber niemals mit einer unfehlbaren Sicherheit darauf hin seine Entschlüsse zu fassen habe. Wo so viel auf dem Spiele steht, sollte man der Möglichkeiten mehrere gelten lassen und demgemäss seine Anordnung treffen. Die Annahme der Ansicht des Herrn Clarke, dass Dr. Leichhardt im fernen Nordwesten zu suchen sei, mögen wir selbst heute, da wir wissen, wie irrig sie ist, als zur Zeit berechtigt gewesen gelten lassen; aber daraufhin eine Nachforschung vom Victoria und nur allein vom Victoria-Flusse aus angestellt zu haben, kann nur als ein Irrthum in der Beurtheilung der Sachlage bezeichnet werden, welcher nicht ohne tiefgreifende Folgen für die Sache der Nachforschung nach Dr. Leichhardt und seinen Gefährten war.

Es würde diese, die Briefe Leichhardt's abschliessende Arbeit als unvollkommen zu bezeichnen sein, würde nicht noch ein kurzer Rückblick auf dieselben geworfen und einige Betrachtungen über Eigenthümlichkeiten sowohl der Form, wie des Charakters derselben noch dem hinzugefügt werden, was schon in der Vorrede darüber gesagt wurde. Dabei mag gleichzeitig nochmals auf die Erscheinung unseres Gelehrten als Naturforscher und Entdeckungsreisenden flüchtig zurückgekommen werden.

Was bei einem einigermassen aufmerksamen Durchlesen der vorliegenden Briefe ganz besonders auffällt und anspricht, ist der Grundton, welcher sich durch dieselben hindurchzieht und überall da anklingt, wo es sich darum handelt, Gesehenes, Erlebtes zu schildern. Frische der Auffassung verbindet sich mit strenger Wahrheitsliebe und dem Bedürfnisse, sich seinen eigenen Eindrücken hinzugeben und denselben volle Rechnung zu tragen. Wir finden dies ebensowohl in den ersten brieflichen Aeusserungen, die der junge Göttinger Student an die Seinen gelangen lässt, wie in den hochinteressanten Briefen, welche Dr. Leichhardt von Australien aus nach Deutschland sandte. Beim Durchlesen der Briefe, welche der junge Gelehrte von London oder Paris schrieb, stellt sich uns auch heute noch, nachdem die geschilderten Verhältnisse sich grösstentheils verändert, eine solche Summe selbstständigen Reflektirens und der darauf gegründeten Auffassungen dar, dass man nur mit dem höchsten Interesse den gebotenen Ausführungen zu folgen vermöchte, auch wenn der Schreiber nicht, wie wir es heute wissen, ein bedeutender, selbstständig denkender Geist und Forscher gewesen wäre. Der Umstand aber, dass derselbe das letztere war, giebt diesen Auslassungen, die ursprünglich gewiss nicht für die Öffentlichkeit bestimmt waren, eine erhöhte Bedeutung, und zwar um deswillen, weil hier einmal eine Gelegenheit geboten wird, wie wohl selten, die schrittweise Entwickelung des Keims zu edlem Streben von Anfang an zu belauschen und in seiner Entwickelung zur Blüthe und zur vollen Thatkraft zu folgen. Ohne Vorbedacht, ohne etwas anderes im Herzen zu tragen als das Bedürfniss, die Seinen mit den Eindrücken, die die junge Seele ganz erfüllten, bekannt zu machen, sie zu den erhabenen Zielen, die sich nach und nach immer klarer vor dem wachsenden Geiste darstellten, hinanzuziehen, überlässt sich der vortrefflich angelegte, einfach erzogene und für alles Schöne empfängliche Jüngling ganz seinen Impulsen, die uns aus den Briefen, wie eben so viele Perlen, ersichtlich werden. Ohne Zweifel sind die Empfindungen, welche in uns durch diese Briefe wachgerufen werden, wohlbegründet und werden demgemäss auch die tiefste Nachwirkung bei allen Denen haben, deren Erfahrungen, Kenntnisse und Lebensstellung sie zu einem vollen Verständnisse für die Bedeutung des Menschen und für die Erhabenheit der Ziele, die sich derselbe gesetzt, befähigen. Aber auch die Jugend, welcher die Erfahruug noch mangelt, deren Verständniss für die Erhabenheit der Ziele des Forschers durch den poesiereichen Hang nach Abenteuern beeinträchtigt wird, muss in den Auslassungen Leichhardt's, wie sie in den Briefen an seine Angehörigen enthalten sind, gewichtige Fingerzeige für das Einschlagen der rechten Wege und einen gewaltigen Sporn zur Nacheiferung empfinden. Die schmucklosen, einfach auf persönlicher Auffassung beruhenden Schilderungen, mögen dieselben sich über Gesehenes in London oder Paris verbreiten, oder Eindrücke geben von Naturerscheinungen in Süd-Frankreich, Italien, England und Australien, tragen so durchaus den Stempel der Wahrhaftigkeit an sich, dass Jung und Alt davon Nutzen und Erbauung zu ziehen vermögen. Wir vermeiden es auch, für die Mittheilungen das Verdienst der Belehrung zu sehr zu betonen, weil unser Geschlecht mit der unerschöpflich auf dasselbe einstürmenden Belehrung kaum noch zugeben wird, aus der Schilderung von Verhältnissen, wie sie vor 40 und mehr Jahren da oder dort waren, Nutzen ziehen zu können. Dabei müssen wir selbst übrigens gestehen, dass uns vieles in diesen Briefen, wenn nicht ganz neu, doch in originellem Lichte beleuchtet erschien. Nach dem, was soeben gesagt wurde, bedarf es natürlich nicht mehr des Hervorhebens, dass der Geist, welchem diese Mittheilungen zu verdanken sind, als ein durchaus wissenschaftlich und allgemein menschlich gebildeter angesehen werden muss. Ueberraschend tritt uns nur entgegen, und es bedarf dies vielleicht einer besonderen Betonung, wie es möglich war, dass sich der junge Mann so rasch in neue Verhältnisse, in einen neuen Gedankenkreis hineinleben und uns allenthalben den Eindruck einer gewissen Gereiftheit der geäusserten Ansicht machen konnte. Es ist gewiss nicht aus Mangel der Würdigung unserer nationalen Bildung — sowohl was das positive Wissen, als auch was den Charakter anlangt — wenn hier die Ansicht geäussert wird, als habe der frühzeitige Umgang mit einem gut gearteten, von Jugend auf an einen weiteren Gesichtskreis gewöhnten jungen Engländer vieles zu seiner frühzeitigen Emancipation von Althergebrachtem beigetragen und ihm das Abschütteln des Schulstaubes erheblich erleichtert. Heut' zu Tage ist wohl der deutsche Jüngling mit Rücksicht auf diese Anschauungen anders gestellt als vor 50 Jahren, da Leichhardt die Hochschule bezog. Deutsche haben nun weit mehr eine weltbürgerliche Auffassung ihrer Stellung gewonnen, und was damals nur hier und da und in vereinzelten Fällen geschah, dass Deutsche nach jahrelanger Wanderung in allen Welttheilen zur Heimath zurückkehrten, vollzieht sich jetzt alle Tage. Was dem Engländer schon Jahrhunderte zu eigen war, wurde nach und nach Gemeingut fast aller Nationen und ganz besonders auch der deutschen: diese Erde doch nur als ein kleines Gebiet des Weltalls anzusehen, das der strebsame Mensch in einem Lebenslaufe, wenn er glücklich ist, durchwandern kann und muss.

Es ist dem Gesagten zur Erläuterung der Briefe wohl kaum noch Weiteres hinzuzufügen. Wir bewundern die Echtheit der Schreibweise darin, weil sie ein getreues Abbild der Vorzüge im Geiste des Schreibers gewährt. Begegnen wir doch auf jeder Seite dem Bestreben, sich von dem Alltäglichen und Hergebrachten frei zu machen, um eigene Wege zu betreten. Allein bei aller Bewunderung für die Ursprünglichkeit und Selbstständigkeit, vermögen wir nicht gerade darin die Stärke in der Ueberlieferung eines ausgezeichneten Mannes zu erblicken, sondern verehren dieselbe vielmehr als eine Hinterlassenschaft und als ein Zeugniss edlen Denkens und Strebens von einem Gelehrten, dem es selbst nicht vergönnt war, die letzte sichtende und feilende Hand an dieselben zu legen.

Ein Mann, der seine eigenen Wege wandelt, Wege, die weit abführen von dem, was uns alltäglich begegnet, zumal wenn er sich mit Kampf und äusserster Anstrengung auf diesen Wegen ein Verdienst um die Menschheit erworben hat, kann nicht ausnahmslos auf die volle Würdigung seiner Handlungen von Seiten Aller, die mit und um ihn leben, rechnen. Ein solcher Mann kann auch nicht nach dem landläufigen Maasse beurtheilt werden. Meistens wird in solchen Fällen die Wohlthat der Berechtigung zu einem anderen Maasse der Beurtheilung dort in Anspruch genommen werden müssen, wo Interessen der einzelnen Individuen verletzt werden mussten, um dem Ganzen zu nützen. Zweifellos hat auch Leichhardt auf seiner mühevollen Laufbahn mannigfach das Interesse Einzelner, zunächst seiner Begleiter nicht überall strengstens berücksichtigen können, aus welchem Grunde ihm denn auch, wie wir das ja schon erwähnt haben, eine tendenziöse Beurtheilung nicht erspart bleiben konnte. Die Leichhardt'schen Briefe, welche einen klaren Einblick in die Denkweise unseres Gelehrten geben, werden ihm für alle Zeiten einen Schutz gewähren gegen Vorwürfe, und ihm die Zuerkennung der Klarheit, der Einsicht und der Reinheit der Motive in der Durchführung seiner grossen Pläne sichern.

Als Dr. Ludwig Leichhardt auf seine letzte grosse Entdeckungsreise auszog, von welcher er nicht mehr zurückkehren sollte, da ging gerade ein grosser Zug freiheitlicher Bewegung durch sein Heimathland, wie fast durch die ganze civilisirte Welt. Der Tag, an dem er von den Fitzroy-Downs die letzten Zeilen in seiner Muttersprache nach der Heimath sandte, der 22. Februar 1848, ist derselbe, an welchem in der Seine-Hauptstadt das Signal zu jenem Freiheitszug gegeben wurde, auf welchen wir die Umgestaltung der staatlichen und politischen Verhältnisse zurückzuführen haben. Sowohl davon, als auch von den unendlichen Verirrungen, welche als Folge davon die deutschen Lande für geraume Zeit in Unruhe und Hoffnungslosigkeit stürzten, hat Leichhardt nie etwas erfahren. Dreissig Jahre der gewaltigsten politischen Bewegungen und grossartigsten Umgestaltungen sind über Europa dahin gezogen, aus welchen schliesslich sein Vaterland glorreich hervorging. Dieses Vaterland wird im Glücke und in der Grösse niemals seiner grossen Geister uneingedenk werden. In dieser festen Ueberzeugung wissen wir auch, dass der Name Ludwig Leichhardt's für alle Zeiten von ihm geehrt werden wird als einem der tüchtigsten und edelsten Forscher angehörig. Wir wissen auch, dass jenes Fleckchen unserer Erde, das die Gebeine des in der Ausübung seines der Ehre der Menschheit gewidmeten Berufes Untergegangenen birgt, immer geheiligt bleiben wird. Andere Zeiten werden kommen, und jenes Fleckchen Erde wird nicht mehr von wilden Horden bewohnt, sondern der Kultur zugänglich gemacht worden sein. Wenn dann Deutsche nach dem Innern Australiens reisen, um blühende Pflanzstätten der Civilisation zu besuchen, so mögen sie in Dankbarkeit und Verehrung an der die Ueberreste Leichhardt's bergenden Stelle des traurigen Geschickes gedenken, welches den edeln Geist rasch an das Ende seines Wirkens führte, als er kaum noch zur vollen Reife gediehen war.

Anmerkung: Die während der Drucklegung vorstehender Abhandlung eingetroffenen Nachrichten über das Auffinden von Spuren Classen's durch Herrn Skuthorpe scheinen sich nach neueren Mittheilungen nicht zu bestätigen. In den Kolonien nimmt man, wie mir berichtet wird, denn auch an, dass das Schicksal der unglücklichen Expedition auch heute noch unaufgeklärt ist und nur die von Herrn Todd längs der Telegraphenlinie gesammelten Gerüchte einigen Anhalt über dasselbe zu bieten vermögen. Unerachtet dieses Sachverhaltes erachtete ich es nicht für geboten, an der bereits gedruckten Arbeit Aenderungen oder Berichtigungen vorzunehmen, und zwar hielt ich dies um so weniger angedeutet, als an meiner Ueberzeugung, dass die Katastrophe sich an der von mir angeführten Stelle abgespielt hat, nichts geändert wird.

Dr. N.

Druckfehler:

Seite 20, zweite Zeile von oben, lies: Wasserkresse anstatt Wasserkrebse.
" 20, achte Zeile von oben lies: clo' clo' anstatt cloak, cloak.
" 44, dritte Zeile von oben lies: zugigen anstatt zugichen.
" 162, achte Zeile von oben lies: Freuden anstatt Freunden.

Druck von Ackermann & Wulff.

Petermann: Australien (Stieler's Hand-Atlas.)

125
130 Östl. Länge v. Greenwich
Troubadour
Lynedoch Bank
Timor
Sahul Bank
Echo Rock
Bathurst I.
Melville I.
Port Darwin
V. Diemen Golf
Wellington Mt.
Port Essington
Mount Norris
Leichhardt
NORD-AUSTRALIEN
NORTHERN TERR
Admiralty Golf
Cambridge Golf
Queens Channel
Osborne I.
Mt. Casuarina
Adolphus I.
Forsyth Cr.
Prince Frederick Hr.
Roes R.
Pr. Regents R.
Glenelg Distrikt
Mt. Cockburn
Murchison Ra.
PLATEAU LAND
Offene grasige Ebenen viele Quellen
Schönes Land
Jasper Cr.
Mt. Warburton
Mt. Wollaston
Mt. Sandford
Camfield Cr.
Fitz Roy R.
Wasserreiches Land
Denison Ebene
Wittenoom Mt.
Sturt Creek
Booker Cr.
A. C. Gregory Febr. 1856
Mt. Müller
Mt. Wilson
A. C. Gregory 5 März 1856
Joanna Spr.
Soda Spr.
Warburton 1873
L. Isabella
Lady Edith Lag.
Trockene Pfannen
Mt. Hughes
Philipson Ra.
Florence Spr.
L. White
Mary Spr.
Mt. Russell
Whites Well
Waterloo Wells
ALEXANDRA
Mt. Turnbull
Arthur Hill
Mt. Rennie
Mt. Farewell
Mt. Singleton
Mt. Denison
Pyramid Hill
Mt. Leichhardt
Mt. Hardy
Mt. Davenport
Mt. Stanley
Bluff Ra.
Mt. Liebig 3428
Warburton 1873
Giles 29 Sept. 1872
Mt. Udor
Ehrenberg R.
Mac Donnell Ra.
Glen Edith
Wendekreis des Steinbocks
Carnarvon Ra.
Mt. Destruction
L. Christopher
Buzoe's Grab
Giles 1876
Warril Pass
Giles 1872
Seymour Ra.
Mt. Olga
Ayers Rock
Mt. Connor
Mt. Humphries
Gibson Wüste
Sand Wüste
Telegr. St.
Daly W.
Newcastle Water
L. Woods
Hunter Cr.
Tomkinson Cr.
Stuart 1860
Short Range
Mt. Samuel
Murchison Ra.
Bonney Cr.
Davenport Ra.
Central Mt.
Reynolds R.

135
140
RAFURA MEER
TORRES
C. Wessel
Jervis I.
Mulgrave I.
Bank I.
Endeavour Str.
Melville B.
C. Arnhem
Arnhem B.
HEM LAND
Mt. Alexander
Caledon B.
C. Grey
Woodah I.
Bickerton I.
LIEN
CARPENTARIA
Groote Eylandt
ITORY)
GOLF
Limmen Bight
Low Rock
Maria I.
Limmen B. R.
Sir Edward Pellew I.
Observation I.
Vanderlin I.
Sandy Head
Abel Tasman R.?
R. Van Alphen
Wellesley In.
I. Mornington
Bountiful I.
Bentinck I.
Sweers I.
Leichhardt R.
A. C. Gregory 1856
Batavia R.
Coen R.
Duyfhen Pt.
Pera Head
Archer R.
C. Keer weer
(C. Turnagain)
Vereenigde R.
Water Plaets
R. Nassau
Staaten R.
York
Halbinsel
Mt. Garnet
Cook
Nonda Country
Leichhardt
Ashburton
Range
Chillinglaw
Mt. Hawker
Whitington Ra.
Hayward Creek
Mt. Woodcock
Winnecke's Forschungen
1879
Mc. Douall Ra.
Mt. Blyth
Mt. Fisher
A LAND
Burketown
Plains of Promise
Chandos
Donor Hills
Hull Ra.
Premier Ra.
Smith Ra.
Barkley Tableland
Gregory R.
Kennedy
Mary Lake
Landsborough, 27 Dec. 1861
Buchanan Lagoon
Bennets Wolds
Leichhardt Diggings
Fort Constantine
Mt. Nicholson
Cloncurry Kupferminen
Munroe Lgn.
Mt. Forbes
Mt. Standish
Mt. Flora
Mt. Henry
De Little Ra.
Cairn Range
Richmond Downs
Mt. Walker
Minna Mere St.
Observation Hill
Mt. Müller
Crawford Ra.
Forster Ra.
Mt. Stuart
Barclay 1878
Mt. Murphett
Mt. Ultim
Playford
Mt. Leighton
Mt. Powell
Angebliche Spuren
von Leichhardt
Wanderungen des Steinbock
QUEENS
Leichhardt 1848
Neumayer's 1868 vorgeschlagene Route
L. Philipp
Sturt, Sept. 1845
Ende der Leichhardt'schen
Expedition nach Ch. Todd
Gregory
Thomas Ra.
Mt. Felix

150
10
15
20
NEU-GUINEA
Woodlark I.
Goodenough I.
Fergusson I.
Normanby I.
Louisiade Archipel
Rossel I.
Barrier Riff
KORALLEN
MEER
Osprey Riff
Bougainville Riffe ?
Diana Bank
Holmes Riffe
Willis Gruppe
Magdelaine Cays
Herald Cays
Heralds surprise
Flinders Riffe
Lihou Rf u. Cays
Tregrosse In
Great - Barrier - Rf
Flinders Passage
C. Tribulation
Cooktown
Rockingham B.
Halifax B.
Cumberland In
Northumberland In
Percy In
Port Bowen
Flat I. Capricorn
Channel
Keppel B.
Curtis I.
Lady Elliot I.
Break Sea Spit
Saumarez Riff
Swain Riffe
Z
E
A
N
O
C
E

W E S T - A
Perth
Lake Austin
1400
Lake Moore
Fremantle
Rockingham
Bunbury
Albany
King George Sound
Flinders B.
Pt. D'Entrecasteaux
C. Naturaliste
C. Leeuwin
Sharks B.
Dorre I.
Dirk Hartog I.
Houtman Abrolhos
Geraldton
Champion B.
Victoria Distrikt
Moore R.
Mt. Kenneth 1580
Mt. Jackson 1600
Mt. William 3600
York
Northam
Bridgetown
Williamsburg
25
30
35
110
115
Maafsstab 1:10.000.000.
Kilometer (111,3 = 1°)
Engl. Statute Miles (69,16 = 1°)
Höhen in Engl. Fuss (3,28 Engl. Fuss = 1 Meter)
Hauptstädte
Leuchtfeuer
Salz- u. periodische Seen
Eisenbahnen
Missionen
Riffe
Brunnen, Quellen
Telegraphen

KARTE

VON

AUSTRALIEN

zur Übersicht der

LEICHHARDT'SCHEN REISEROUTEN

sowie derjenigen Expeditionen, welche sich der Gegend, wo Leichhardt aller Wahrscheinlichkeit nach seinen Tod fand, genähert haben.

Gezeichnet von L. Friederichsen.

Leichhardt's Route 1845. *Leichhardt's wahrscheinliche Route*

Die Routen wirklicher Aufsuchungs-Expeditionen sind blau angegeben

125 130

GOTHA : JUSTUS

STRALIEN
NEU-SÜ
Eyria Halbinsel
Spencer Golf
Adelaide
Princeland
Encounter Bai
Port Phillip
BASS STR
Darling Distr.
Albert Dist.
Investigator Strasse
1848.
135
140

PERTHES

Druck von C. Hellfarth in Gotha.

MIX
Papier | Fördert gute Waldnutzung
FSC® C083411

Zeitfracht Medien GmbH
Ferdinand-Jühlke-Straße 7
99095 Erfurt, Deutschland
produktsicherheit@kolibri360.de